使用 GPS、GALILEO 和增强系统的应用卫星导航系统

Applied Satellite Navigation using GPS, GALILEO, and Augmentation Systems

［丹］ 拉姆吉·普拉萨德 （Ramjee Prasad）
［意］ 玛丽娜·鲁吉耶里 （Marina Ruggieri） 著

胡 敏 张 锐 潘升东 赵玉龙 译

国防工業出版社

·北京·

内 容 简 介

本书全面介绍了卫星导航系统的基础知识，对 GPS、GALILEO 和增强系统进行了深入研究；系统介绍了 GPS、GALILEO 导航系统的结构组成、技术原理及其相关的法律、市场政策等；分析了卫星导航系统的未来发展趋势，讨论了卫星导航系统与现有和未来系统集成的问题。

本书可以作为高等院校导航工程相关专业研究生、高年级本科生的参考教材，也可供航天研究院所、航天工业部门的技术人员参考。

著作权合同登记　图字:01 - 2022 - 6246 号

图书在版编目(CIP)数据

使用 GPS、GALILEO 和增强系统的应用卫星导航系统/(丹)拉姆吉·普拉萨德，(意)玛丽娜·鲁吉耶里著；胡敏等译.—北京：国防工业出版社，2022.12

ISBN 978 - 7 - 118 - 12752 - 2

Ⅰ.①使… Ⅱ.①拉… ②胡… Ⅲ.①卫星导航 - 全球定位系统 Ⅳ.①P228.4

中国国家版本馆 CIP 数据核字(2023)第 006096 号

Applied Satellite Navigation Using GPS, GALILEO, and Augmentation Systems

ISBN:9781580538145

※

国防工业出版社出版发行

(北京市海淀区紫竹院南路 23 号　邮政编码 100048)

北京虎彩文化传播有限公司印刷

新华书店经售

*

开本 787 × 1092　1/16　**印张** 13½　**字数** 304 千字

2022 年 12 月第 1 版第 1 次印刷　**印数** 1—1000 册　**定价** 88.00 元

(本书如有印装错误，我社负责调换)

国防书店：(010)88540777　　书店传真：(010)88540776

发行业务：(010)88540717　　发行传真：(010)88540762

译 者 序

卫星导航系统是涉及众多学科领域的复杂系统，也是科学理论与工程实践结合最紧密的前沿领域。从总体上把握全球卫星导航系统的设计、建设与运行，分析其未来发展趋势，不仅需要掌握卫星导航相关的基本理论知识，而且需要了解现有全球导航系统的发展历程和技术对比。

现有全球卫星导航系统相关的著作重点对导航基础理论和卫星导航系统的技术和原理进行论述，本书系统地对各导航系统相关的结构组成、技术原理及其相关的法律和市场政策等进行对比论述，通过对全球卫星导航系统技术基础、用户应用及其相关法律/市场政策等问题的深入介绍，分析了全球导航系统未来可能的发展趋势，提出了对该领域发展的新建议、新思考。

本书共 10 章，内容涉及导航系统的发展历史、导航基础知识介绍，重点论述了 GPS 全球定位系统、增强系统、GALILEO 系统和第三代 GPS 系统相关系统结构组成、技术基础和性能等关键问题；讨论了导航领域未来发展趋势的诸多关键方面，包括法律政策和市场政策、与现有和未来系统的融合等问题；最后，本书还总结了导航技术辉煌发展历程中的公开争议问题和前景。

本书由胡敏、张锐、潘升东和赵玉龙翻译、校稿，胡敏副教授负责策划、统稿、审定，第 1 ~ 3 章、第 9 ~ 10 章主要由张锐博士负责，第 4 ~ 6 章主要由潘升东博士负责，第 7 ~ 8 章由赵玉龙博士负责。近年来，随着高科技的飞速发展，卫星导航技术也日新月异，书中第 6 章和第 9 章中涉及的部分技术已有较大发展，望读者在学习中把握。

本书适合作为航空宇航科学与技术学科的研究生参考教材，也可以作为航天领域的工程技术人员和系统工程管理人员的学习参考书籍。

限于译者水平，书中不足之处在所难免，望读者批评指正。

译　者
2021 年 8 月

前　言

在 2000 年 5 月 1 日，美国总统比尔·克林顿下令解除对全球定位系统（GPS）的人为降低性能前，基于卫星的导航技术在整个空间市场中占据的份额很小，其主要用户是军方。

这一天对卫星导航的命运造成了巨大的改变：实际上，由于克林顿的决定，民用 GPS 接收机精度提高了，从而衍生出了一系列全新的服务、新的用户类型以及现有和新构想中系统的先进融合架构。

此后卫星导航经历了快速而令人着迷的发展；如果书是永久记录一个值得纪念时刻的形式，那么现在就是为卫星导航著书立说的时候。而问题在于，当前我们需要的是一本关于导航的什么样的书？

GPS 及其现代化计划在数项民用领域的应用已经成熟；美国国防部正在研究新一代的 GPS Ⅲ系统；欧洲通过欧盟委员会和欧洲航天局的合作机构，正在开发 GALILEO 系统，并且其初始阶段已经完成。同时，由于 GPS 的成功，导航用户对于全球卫星导航系统所蕴含巨大潜力的认识正在不断增长。在这一背景下，多个国家的天基增强系统开发项目（如美国和加拿大的 WAAS、欧洲的 EGNOS、日本的 MSAS、印度的 GAGAN、中国的 SNAS），以及陆基和空基增强系统，已经从某种程度上填补了导航用户的期望和开发第二代全球卫星导航系统（如 GALILEO 和 GPS Ⅲ）所需时间之间的空白。

导航领域的另一个有趣方面是关于与通信系统的融合。无线网络设计者已经深刻认识到定位功能在高级服务中的重要性，并且乐于将卫星导航技术植入新一代用户终端。

这些动向凸显了对于一本聚焦于卫星导航未来趋势，立足历史并紧跟当前发展和挑战，同时对未来以用户为中心的全球导航服务的有效开发方向提出设想的专著的需求。

本书针对不同国家且处于不同开发阶段的导航系统进行了深入的研究，包括技术层面、科学层面以及战略层面。作者对于卫星导航的技术/结构方面和用户相关方面（终端、服务、安全、保障）均进行了深入研究，并将其与法律/市场问题以及对该领域的新建议和趋势的线索和思想相结合。

由于其多重目的性，本书可用于多个层次的教学，包括理科硕士和博士生，他们可将本书用作参考/设计书籍。同时，本书也适合于专业工程师和经理人，为他们整合导航领域未来前景以及未来的计划和战略决策过程提供辅助。

本书的 10 个章节为读者详细地展现了导航领域的图景，内容包涵从导航历史的和解析的基础知识（分别对应第 1 章和第 2 章）到当前和未来卫星导航发展蓝图的里程碑——GPS 全球定位系统（第 3 章）、增强系统（第 4 章）、GALILEO（第 5 章）、GPS Ⅲ现代化发展转型（第 6 章）的描述——再到导航领域未来趋势的关键方面，包括法律政策和市场政策（第 7 章）、服务（第 8 章），以及与现有和未来系统的融合（第 9 章）。本书还总结了导航技术辉煌发展历程中的公开问题和前景（第 10 章）。

目　　录

第1章　绪　　论

导航是为某人在两点之间运动时提供引导的过程，这实现了人类一个久远的梦想：随时了解所在位置。这一需求根源于每个人都有的探索发现的精神，这也是我们共同特质的一个标志：

思考你的根源，并展示：
你是人类，而非浑噩的野兽，
生而为了追求德操，还有知识。

——但丁《神曲·地狱篇》

我们拥有了地图，我们征服了地球附近的太空，我们还登上了月球；我们正致力于征服整个宇宙。

旅行是我们生活不可或缺的部分，不论是仅仅几千米的旅程或者去从未有人涉足的地方，都需要到达正确地点的指引。

1.1　导航介绍：历史介绍

数千年以来，陆上导航都依赖于地图、标记和人的方向感[1-2]；仅仅从近现代以来无线电信号才开始辅助导航。大多数重要导航工具的发明都是用于确保航海安全。

最早用于辅助导航的建筑是灯塔。世界上最早的灯塔修建于大约2000年前：希腊的罗德岛巨像和埃及的亚历山大灯塔。直到19世纪，菲涅耳透镜的发明才极大地增加了灯塔的照射距离，从而提高了灯塔的效率。

航海在很长一段时间内都被认为充满危险，而诸如迪亚斯、麦哲伦、德雷克、维斯普西和哥伦布等著名航海家，都被认为是勇敢的船长[3]。这些航海家使用原始的工具，计算船的位置和速度[4]。任何海员都未考虑依靠新的（对当时而言）天文学研究来确定纬度。哥伦布在没有对纬度进行任何精确测量的情况下穿越了大西洋。当时用于计算纬度的主要工具是四分仪、星盘和夜间定时仪。哥伦布尝试使用这些工具，但结果令人失望。所有这些工具都需要对准海平面上的一个天体。四分仪是最先用于天体导航的工具，最早出现于15世纪。它的样子是一个四分之一圆，弧线上有刻度。星盘与四分仪相似，这个仪器悬挂在垂直于海平面的绳索上，航海者通过其中可移动的瞄准板上的两个小孔观测太阳或者星星。夜间定时仪，又称夜盘，由两个不同半径的同心圆环组成，圆环的材质为木质或铜质，这一仪器还用于在夜间计算时间。所有这些工具都会受到船只运动的影响，因此，在恶劣天气条件下，会给测量造成困难。哥伦布仅在其第一次航行时于1592年10月30日在古巴尝试使用四分仪读取纬度，但测量结果显示他位于北纬42°而非大约20°。他将错误结果归咎于四分仪，并评论说他将不再使用四分仪进行读数，直到四分仪修好为止。最近的研究显示哥伦布错读了仪器上的刻度，实际上该仪器精度颇高！

这可以看作是以非用户友好界面提供有效服务的绝佳例子。近期的历史已经明确显示，用户需要服务，但他们又不想要复杂或者具有干扰性的技术。

哥伦布和与他同时期的多数航海家都通过演绎（或者航位）推测法进行导航。这一手段的基础是，参照某些已知点进行航线和距离的测量。罗盘被用于测量航线，这一工具在欧洲开始使用的时间，至少可追溯到 12 世纪。距离则是通过每小时测量航行速度来进行测量。测量方法是从船舷向外扔一块浮板；船舷栏上有两个刻度（一个靠近船首，另一个靠近船尾）。船员在浮板到达前方刻度时开始喊号子（古老的中世纪航海口号传统的一部分），在浮板到达后方刻度时停止。所到达的每个音节都代表了一个时速。在一天结束的时候，将每小时测算的距离和航线都一起记录到航海图上。

航位推测法可以被视为现代惯性导航系统的鼻祖。惯性导航系统通过对速度、距离、时间和航向的瞬时和持续测量，可从一个已知点为用户提供任意时间的位置信息。其最初设计目的是为潜艇提供导航，但现在也已经用于水面、空中和陆地导航。由于航位推测法导航不需要任何天文观测，惯性导航也不需要任何无线电导航辅助。

如果使用得当，四分仪测量纬度的精度误差约为 1°，但在当时没有能够持续测量且具有足够精度的经度测量方法。英国人敏锐地发现了经度测量的问题，当时最重要的科学家们聚集到伦敦的 Grisham 学院，要“找到经度”：

学院向测量界宣示
要实现不可完成的任务
航海者们欢欣鼓舞
经度从此被发现
从此航行将轻而易举
任何航船都能到达彼岸

——无名氏，约于 1661 年

1662 年，之前提到的科学家为了促进自然科学发展，建立了伦敦皇家学会，虽然经度测量问题没有得到立即解决。1690—1707 年，数艘船只由于错误估计自己位置而迷失在海上。1707 年，在持续 12 天的风暴之后，海军上将 Cloudesley Shovel 爵士错误地认为自己处于法国乌艾桑群岛的西部，结果导致四艘战舰在锡利群岛附近触礁，超过 2000 人丧生。1714 年，安妮女王设立了由科学家和海军上将组成的“经度委员会”，并按照第 12 号国会法案通过精确测试检查委员会提案和检验测量结果。法案声明如下：

任何这类方法的第一作者，发现者……应被授权，并奖励以下提到的内容；即是说，如果委员会确定经度误差为 1°，或者 60 英里，奖励 10000 英镑；误差为上述距离的三分之二，奖励 15000 英镑；误差为上述距离的二分之一，奖励 20000 英镑……[5]

很明显这么一大笔钱（目前价值超过 1000 万美元）激发了科学家和炼金术士们对于经度问题的热情[6]。本书无法一一列举为了获得这笔奖金而被提出的科学的或者凭空想象的方法[7]。然而，委员会预期的一种天文学解决方法却是通过其他方式得到解决的：经度可以通过测量午夜时间（或者当地月亮，或者太阳最高点）与已知地点（如格林尼治）午夜时间（或者月亮）的差值来计算。地球每 24h 自转一周（360°），因此其每小时自转 15°。这意味着如果当地月亮比格林尼治月亮提前 1h，则该地经度为西经 15°。当地月亮和午夜时间可以分别通过日晷和夜间定时仪来确定[8-9]。

这一著名的方法由 Gemma Frisius 于 1530 年提出；不幸的是船上的时间是通过沙漏测量的，误差非常大，一名船员负责翻转沙漏（约每半小时一次）。那个年代钟表匠技术已经成熟，但正如艾萨克·牛顿所说：

人们通过钟表确定时间：但能够在船只运动，冷热变化，干湿交替，以及不同纬度引力变化环境下准确报时的钟表还没有出现。

要达到赢得全额奖金的精度，所使用的钟表（更准确地说法是计时器）在整个航程中的计时精度必须在2min以内。

> 那时我将见证经度的发现、永动机、万能药和很多其他重大发明臻于完美。
>
> ——乔纳森·斯威夫特《格列佛游记》，1726年

William Whinston 和 Humphry Ditton 提出了一种光学越洋电报[10]，方法是将大量灯塔船按相等间距锚泊在主要航道上。这些灯塔船能够通过发射照明弹传递格林尼治午夜时间信号；这一同步信号之后将会依次传递至下一艘船。尽管这一方法由于一些技术原因无法实现，但现在我们却能够找到很多使用了类似概念的技术，包括从射电桥和短波无线广播站电波时钟校时到甚高频全向无线电信标（VOR）和航空导航测距仪（DME）站点等。

科学家、天文学家和数学家们相继失败，而一个没有接受过正规教育、自学成才的木匠的儿子却赢得了经度奖励[5]。

1730—1759年，John Harrison 制造了四台当时世界上最精确的计时器。最后一台被命名为H4，是一块怀表，直径仅13cm，重1.45kg。1764年3月28日，在一次乘坐 Tartar 号前往巴巴多斯的航行中，47天航程之后这块表的误差仅为39.2s（比赢得奖励的标准精确约3倍）。

历史总是惊人地相似。我们不需要引用相对论来理解空间和时间的严格关系。全球导航系统的设计前提是拥有非常精确的计时器，它要比普通石英钟表精确得多。现在，通过 GPS 接收机，每个人都能知道自己的精确位置，误差在几米以内。我们对此已经习以为常，这归功于 GPS 卫星上搭载的精度达到十亿分之一秒的原子钟[11]。导航的概念是基于已知参照点建立的。正如同天体导航，基于三角测量法，用天体作为已知点一样，很多世纪之后的 GPS，是基于三边测量，使用卫星作为已知点，而远程无线电辅助导航系统（LORAN）使用固定站点作为已知点。

1.2 卫星导航的发展

描述卫星导航系统发展的一种具有启发性的方式是描绘这一发展历程对于历史、政治、社会和经济等人类生活重要方面的影响。

这一方式将在下文中用于分析卫星导航发展中的里程碑：GPS、GLONASS 以及 GALILEO。

1.2.1 先驱

1.2.1.1 全球定位系统

毫无疑问在大多数人心目中，卫星导航几乎是 GPS 的同义词。卫星导航诞生于20世纪60年代初期，当时美国海军决定建立一套精确的导航系统。这一系统被命名为海军导航卫星系统，其更为人熟知的名字是 TRANSIT。海军潜艇部队无法在不进行定期更新自身精确位置的前提下使用惯性导航；然而，说服美国政府对该系统进行投资的更重要的应用在于为潜射弹道导弹发射程序提供精确的坐标。该系统由约翰·霍普金斯大学应用物理实验室开发，至1996年退役，被更先进的 GPS 替代。尽管这一系统与 GPS 区别明显，它是基于测量400MHz 上广播的一个音节的多普勒频移，但 TRANSIT 证明了导航系统的重要性和美国军队的需求。1964年，海军研究实验室海军空间技术中心建立了 TIMATION（时间/导航）项目。开发并分别于1967年和1969年发射了两颗 TIMATION 卫星，卫星上携带的精确石英振荡器定期通过陆地主时钟进行更新。这两颗卫星开辟了 GPS 的道路，因为用户的位置由被动测距确定。实际上，TIMATION 以及美国

空军名为621B的项目(该项目已经发展出了基于伪随机噪声的卫星测距信号)共同推动了NAVSTAR,即导航卫星计时与测距,GPS的诞生。与此同时,美国国防部将所有这些项目纳入同一战略,命名为国防导航卫星系统(DNSS),由位于加利福尼亚州埃尔赛贡多空军空间及导弹组织的联合计划处管控。在TIMATION项目支持下,1974年和1977年还发射了两颗卫星,分别是名为NTS Ⅰ NTS Ⅱ的导航技术卫星[12-13]。这两颗是世界上首次携带原子钟的卫星,分别携带了铷原子钟和铯原子钟,它们可以被视为GPS卫星的原型。因此NAVSTAR GPS项目取得进展,并且在1978年发射了第一颗GPS卫星。在此期间,所有这些项目都处于军方的绝对控制下,并且联合计划处有如下座右铭[14]:

本项目的任务是:

(1) 连续投放5颗炸弹至同一个弹坑;

(2) 建造低成本的导航设备(< $ 10000)。

时刻牢记!

自1978年开始,GPS卫星不断发射,直到1986—1989年[15]。国防部在1986年的"挑战者"号航天飞机事故后决定修改其项目。第一代GPS卫星由12颗卫星组成;其中11颗成功发射,1颗由于发射失败被毁,还有1颗从未发射。这一被称为Block Ⅰ的卫星星座于1978—1985年间发射部署。

第二代(Block Ⅱ)由9颗卫星组成,于1989—1990年密集发射。第一次对GPS的重要检验毫无疑问是1990—1991年的海湾战争。大约16颗现役GPS卫星引导了"沙漠风暴"行动;军队使用了大量危机期间紧急定购的商用设备(超过10000部),这些设备定位精度约为30m。阅读当年的报告,能够清晰地看出GPS带来的技术和战术上的巨大优势:

"NAVSTAR GPS扮演了关键角色,并且在作战的各个领域均有多种应用。陆上导航是最大的受益者,使得联合部队面对伊拉克部队时拥有巨大优势。"

——国防部国会报告,海湾战争行动指挥部,1992年4月

海湾战争期间新卫星的发射并没有停止,但第二代NAVSTAR GPS卫星的第二发展阶段是1990—1997年被发射入轨的[18]。这一批(Block ⅡA)发射的19颗卫星中有一部分在本书写作时仍在服役。1993年,初始运行能力正式宣告形成,但6个轨道平面的24颗卫星形成的卫星星座(Block Ⅰ和Block Ⅱ/ⅡA卫星)是在进入1994年几个月后才完成的。1995年,在发射了24颗Block Ⅱ/ⅡA卫星后,全运行能力宣告形成。表1.1总结了GPS卫星的发射历史。当前一代已经发射的卫星(Block ⅡR,补充)由21颗组成,其中12颗已经于1997—2004年成功发射,1997年由于发射失败损失了1颗,还有一些被改装为Block ⅡR-M(现代化升级)。后者引用了一个新的军事代码(M编码;见第3章和第6章)。M编码将赋予军队在强干扰环境下使用卫星导航的能力。自2006年开始,已经预见了Block Ⅱ卫星第四发展阶段(Block ⅡF及后续型号)的发射。这一卫星群由12颗卫星组成。

表1.1 GPS卫星发射总结

GPS卫星星座	年份	发射成功	发射失败
Block Ⅰ	1978—1985	10	1
Block Ⅱ	1989—1990	9	0
Block ⅡA	1990—1997	19	0
Block ⅡR	1997—2004	12	1

当前一代及下一代的GPS卫星(GPS Ⅲ)将分别在第3和第6章中进行讨论。尽管GPS是

为军事目的而设计的，自 1993 年（宣布达到初始运行能力那年）以来，美国交通部和国防部已经通过联合特别工作组共同合作，确保将 GPS 最大程度地投入民用。实际上，可以认为 GPS 技术的民用化是从 1993 年开始的[19]。民用终端可接收的信号被人为弱化，称为选择可用性。选择可用性可达到的精度被限制在水平定位 100m（95% 概率）和垂直定位 140m（95% 概率）[20]。导航服务的一般经验表明，这样的精度不足以实现迄今为止设想的大多数应用[21]。选择执行选择可用性是由于敌对势力可能使用 GPS 作为对抗美国的手段[22-23]。GPS 卫星的现代化和反干扰技术显示选择可用性已经成为了过时的手段。实际上，根据科罗拉多的施里弗空军基地发言人 Jeremy Eggers 所述，在出现危机时，国防部可以下令针对特定地区非授权用户执行“选择性拒绝”。他说：“我们已经展示了在特定地区选择性拒绝 GPS 信号的能力……当我们的国家安全受到威胁时。”因此，2000 年 5 月 1 日，克林顿总统发表声明：

中断选择可用性的决定是正在进行的最新举措，旨在使 GPS 对全球民用及商用用户的响应更快……精度的提高将使新的 GPS 应用的诞生成为可能，并将继续为全球范围内的人们造福。

1.2.1.2 全球导航卫星系统（GLONASS）

与 GPS 一样，GLONASS 是 20 世纪 60 年代美苏冷战期间作为技术工具发展起来的，是特定历史时期的产物。俄罗斯的 GLONASS 与 GPS 十分相似，并且尽管在 80 年代开始发射卫星（GLONASS 发射始于 1982 年 10 月 12 日），该系统直到 1993 年 9 月 24 日才根据俄联邦总统令正式宣布开始运行，进入初始运行能力阶段[24-28]。

1996 年下半年，国际民航组织和国际海事组织正式接受俄联邦政府提议，通过 GLONASS 向全球民用机构提供标准定位的服务。实际上，在为用户提供导航服务之外，全球导航卫星系统也能出色地进行精确校时。全球的校时用户深刻认识到 GPS 和 GLONASS 用于精确协调世界时转换的重要性。1996 年 3 月 13 日举行的秒定义咨询委员会第 13 次会议中形成的建议 S4 中表达了针对该项应用结合 GLONASS/GPS 能力和优势的兴趣[29-30]。

尽管潜力巨大，GLONASS 系统却未能完成，这可能是由于冷战结束后缺乏必要资金和强烈动机，以及缺乏可靠的民用前景和相关市场机遇等原因导致的。

协调科学信息中心担负着军事（特别是 GLONASS）及民用空间系统相关活动的计划，管理和协调任务。GLONASS 在俄联邦国防部控制下运行。

当前，有 11 颗 GLONASS 卫星处于运行当中，这比设想中完整部署卫星星座所需数量少很多；其中 4 颗运行中的卫星是 2003 年第一期发射的。2004 年 12 月发射了第 12 颗卫星。当前这一系统的未来前景很不明朗①。

1.2.2 GALILEO：欧洲的挑战

最近 15 年以来，欧洲航天工业在多个领域的进展引人注目，这些领域包括制造、运载火箭、管理、控制以及服务。这一发展也使得欧洲的“产品”在国际空间站建造等跨欧洲工程中具备竞争力。

欧洲具有挑战性的技术和能力发展中的关键一步就是发展 GALILEO 导航系统，这是一项欧洲航天局和欧盟的联合项目（代表了欧洲战略、技术和空间相关政策核心的机构）。

GALILEO，来源于 20 世纪 90 年代形成的想法与概念，将会是一个处于国际民用控制下的民用系统。在欧盟内部，GALILEO 被视为交通系统设施，受能源与交通总理事会控制。此外，该系

① 译者注：在 2016 年，GLONASS 已经满星座运行，在轨 28 颗卫星，其中 24 颗正常工作。

统也对欧洲以外的参与方开放，如中国和印度。

欧洲从未涉及过如 GALILEO 这样大规模的自主项目。设计这样一个复杂且令人着迷的系统需要诸多专业和技术领域的无间合作，包括那些并非与空间领域密切相关的专业和领域。

因此，GALILEO 从技术角度观点来看是一项关键的挑战，能够帮助欧洲相关产业在价值链的所有环节中都变得具备竞争力。调查研究显示 GALILEO 带来的收益将能为 100000 人提供就业岗位[31]。

GALILEO 还将进一步带来社会收益。未来，了解自己的位置将会和现在人们了解时间一样必要。在这一方面，交通系统将会因为诸如 GALILEO 等先进导航系统而变得更加高效和安全。人们可以享受到创新型和更完善的服务[32-34]。例如，导航辅助和实时更新的最佳路线信息将会成为必备设施，从而减少道路拥堵，进而减少空气污染。

到 2000 年末，GALILEO 项目完成了系统可行性和定义阶段，根据泛欧交通运输网项目，获得了欧洲委员会提供的 1 亿欧元资金。在这一阶段，欧洲委员会和欧洲空间局（简称欧空局）将大多数欧洲太空工业以及潜在的服务运营商纳入在内，以定义主要设计要素。

自 2001 年开始，GALILEO 进入开发阶段并持续至今[35-41]。相关举措主要面向任务需求整合、地面及空间组件的开发，以及第一颗卫星原型的制造。这一阶段由欧洲委员会通过泛欧交通运输网项目投资 4.5 亿欧元并由欧空局投资 5.5 亿欧元，这些资金通过公共和私人基金共同募集，这标志着 GALILEO 项目活动和服务的开发向前迈出了重要一步。事实上，在 2001 年 5 月，欧洲委员会和欧空局就成立了 GALILEO 联盟[42]。联盟在 4 年内对 GALILEO 所有的开发活动进行管理、协调和投资，目的在于吸引私人基金注资合资企业，进而促进系统开发（图 1.1）。欧洲航天工业涉及的制造商、空间运营商以及广大的服务运营商面临的机遇和挑战，使得合作各方很早就成立了联合财团，从而促进了联盟的成立和运行。

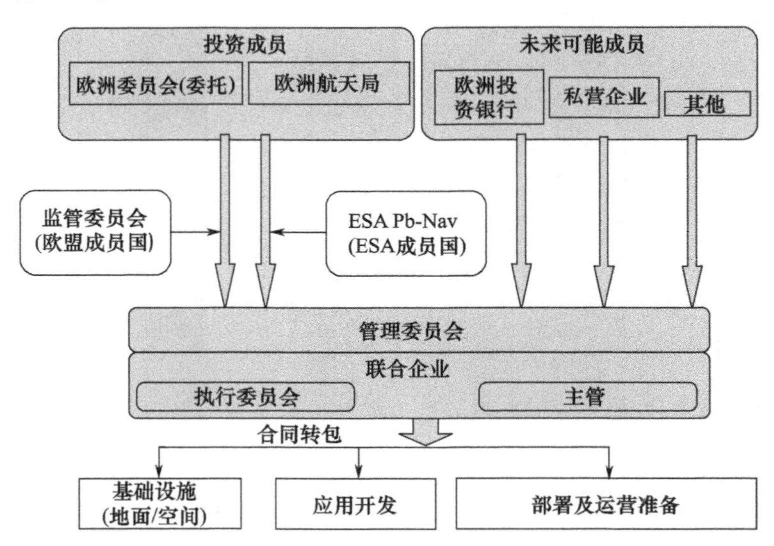

图 1.1　GALILEO 联盟组织结构

联盟章程规定，欧洲投资银行和其他企业可以最低价值 5 百万欧元的股权加入联盟；中小企业则可以投资 25 万欧元加入。

2006—2008 年部署（制造和发射）了包含 30 颗卫星的 GALILEO 卫星星座，同时包括建造地面基础设置。相关资金将由联盟提供，其中包含公共基金提供的 6 亿欧元和私人基金提供的 15 亿欧元。达到运营阶段之前，该项目预计总花费 32 亿欧元，而运营阶段每年预计费用约 2.2 亿欧元。增值服务预期能够弥补管理费用。GALILEO 的运营阶段,即初始运行能力,预计于 2008 年开始①。

2003 年 10 月 20 日,联盟公开招标 GALILEO 特许权授权方,这一选择程序分两个阶段进行:确定候选名单和竞争谈判。尽快完成这一进程是成功开发 GALILEO 系统的关键一步,进而才能全面发展构想中的市场,而这一市场潜力巨大。

这一市场已经成长到每年 100 亿欧元的规模,且正以每年 25% 的速度继续增长,并将在 2020 年达到 3000 亿欧元。到 2020 年,预计将有超过 30 亿接收设备投入使用[31]。预期的收入引起了投资人的极大兴趣,也使他们有意通过成为特许权授权方的形式管理这一系统,成为这一公私合营企业的参与方。

GALILEO 系统将对所有交通方式产生影响。

GALILEO 将为用户的管理和信息建立上层建筑,这将为道路交通带来便利。通信渠道与导航信息的结合将允许移动信息能够独立为地面网络提供服务。因此,GALILEO 接收机将能够为用户提供信息,使其能够通过"智能"导航获得最佳路线。全球覆盖和标准化格式——至少符合欧洲标准——将使用户能够在跨越国境时无须担心任何信息内容的丢失。

实时的交通状况或停车位空余数量信息能够汇集至公共或私人机构,从而提高道路交通系统的效率。

关于公共和私人交通工具(火车、飞机、船只、公共汽车)的信息能够通过 GALILEO 的本地设施发送至用户。之后当地管理机构即可将信息网络与交通管理相结合,通过官方确认的信息,将使得移动信息作为公共事业服务得以发展。就这方面而言,从 2008 年开始,GALILEO 用户终端可能成为交通工具的必备安全设备。移动信息服务也可以提供关于影院和剧院表演、体育比赛结果、天气预报、金融等各类信息。GALILEO 的开发还能够提供车队管理服务。除此以外,GALILEO 功能和潜力开发还能够提高公民安全,包括交通事故或侵害的责任调查认定、自然灾害危机管理、群众防护行动,以及危险品运输及军事或警方行动路线规划。

铁路交通能够从 GALILEO 的功能及其对全欧洲的覆盖中获益,如本地化和程序自动化,从而降低人为错误造成灾难的风险。相对于道路交通而言,对列车组的集中化管理将对提高服务质量和用户安全起到关键作用。GALILEO 还将对铁路货运效率起到积极影响。

海运和河运也将受益,能够简化航线确认和变更,以及提高船只入坞效率。自动识别系统将植入 GALILEO 定位功能,从而提高海运交通安全。GALILEO 还能够极大地推动联合运输的发展,从而再次确立河运在货运中的关键地位。

此外,GALILEO 能够被开发用于欧洲卫星的高精度定位,GPS 已经在数个新构想的平台中用于同样的目的。

GALILEO 还将在航空运输的多个领域中扮演战略性角色。实际上,航空交通管制问题正推动欧盟成员达成共同战略,从而在欧洲范围内合理化分布控制点并进行任务整合[43-45]。在这一背景下,开发现代卫星定位技术能对正在进行的标准化进程产生重要贡献。空域是一项重要但受限制的资源,需要通过新兴技术的辅助进行合理的管理。随之而来的进步将对确保航班准点率、优化空中及地面人员配置起到极大作用,从而降低飞行费用并提高乘客安全性。

导航系统的精度越高,它在辅助各个飞行阶段方面的作用就越广。就这方面而言,GALILEO 能够成为空中交通系统不可或缺的一项技术。

已经讨论的关于 GALILEO 的蓝图对于理解 GALILEO 在欧洲技术、政治和社会生活上公共

---

① 译者注:事实上,GALILEO 的初始运行能力从 2016 年开始。

及私人方面提供备受期待的体验具有关键作用(图1.2)。使GALILEO实现这一突出角色,达到目标的技术手段将在第5章中进行讨论。

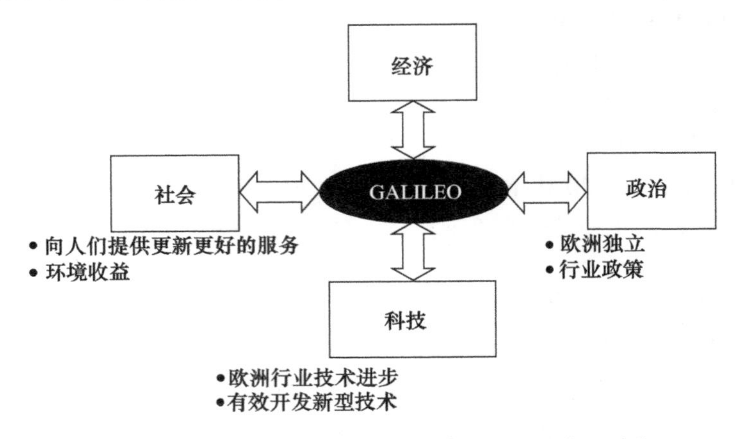

图1.2 GALILEO的四个论点:经济、政治、社会和科技

1.3 本书预览

本书共分10章。

在本章中,从历史、政治、社会和经济发展角度描述了导航系统的发展,为读者提供了理解技术选择的关键,这些将在接下来的章节中详细讨论。

第2章中,讨论导航基础知识,重点突出所需的导航性能和导航公式。

第3章描述GPS,详细描述这一系统的各个部分,及其信号特点、性能和安全问题,以及构想中的GPS改进方向。

第4章中,对诸如GPS的先行系统,与诸如GALILEO的未来网络间的连接一环进行讨论,即增强系统概念(所谓的1.5代导航系统)。重点突出这一类型的主要系统,以及它们相较第一代(GPS和GLONASS)性能提升的主要特征。

第5章专注于欧洲系统GALILEO及其数项创新特性、服务、待开发潜力和安全问题。

从GPS现代化概念,第6章提出下一代GPS及其特性,命名为GPS Ⅲ。

第7章讨论卫星导航在商业、公共事业以及生命安全应用背景下的法律和市场政策。

第8章提出了一种全新的基于层次对导航服务进行的分类。层次主要按照接受导航服务所处的环境进行区分(即陆地、海洋、天空、太空)。重点突出各层次的共性和特性。

第9章专注于成功发展未来导航系统的一个关键话题:与现有及未来通信系统的融合。包括第三代无线(3G)和3G之后的无线系统。

第10章重点突出开放问题,当前问题的可能解决方案,以及未来在协调且趋向融合的通信业中发展导航系统的展望。

参考文献

[1] Wilford, J. N., The Mapmakers, New York: Vintage, 2001.
[2] Brown, L. A., The Story of Maps, Boston, MA: Little, Brown, 1949.
[3] Armstrong, R., The Discoverers, New York: Time Life Science Library, 1966.
[4] Howse, D., and N. Maskelyne, The Seaman's Astronomer, New York: Cambridge UniversityPress, 1989.

[5] Sobel, D. , Longitude: The True Story of a Lone Genius Who Solved the Greatest ScientificProblem of His Time, New York: Penguin, 1996.

[6] Dash, J. , and D. Petricic, The Longitude Prize: The Race Between the Moon and the Watch – Machine, New York: Frances Foster Books, 2000.

[7] Chapin, S. , "A Survey of the Efforts to Determine Longitude at Sea, " Navigation, Vol. 3, 1953, pp. 1660 – 1760.

[8] Forbes, E. G. , "The Scientific and Technical Bases for Longitude Determination at Sea, " NTM Schr. Geschichte Natur. Tech. Medizin, Vol. 16, No. 1, 1979, pp. 113 – 118.

[9] Howse, D. , Greenwich Time and the Discovery of the Longitude, Oxford, England: Oxford University Press, Oxford, 1980.

[10] Il cielo dei navigatori (The Sky of Navigators), the Astronomy Disclosure Committee andthe Italian Astronautical Society, Florence, CD – ROM, Vol. 27, No. 9518, 1998.

[11] Taubes, G. , The Global Positioning System: The Role of Atomic Clocks, Washington, D. C. : National Academy of Sciences, 2003.

[12] Lasiter E. M. , and B. W. Parkinson, "The Operational Status of NAVSTAR GPS, " Journalof Navigation, Vol. 30, 1977.

[13] Easton, R. L. , "The Navigation Technology Program, " Institute of Navigation, Vol. I, Washington D. C. , 1980, pp. 15 – 20.

[14] Parkinson B. W. , and J. J. Spilker Jr. , Global Positioning System: Theory & Applications, Vol. I, American Institute of Aeronautics and Astronautics; 1st edition, January 15, 1996.

[15] Baker P. J. , "GPS in the Year 2000 and Beyond, " Journal of Navigation, Vol. 40, 1987.

[16] Parkinson B. W. , "Overview, Global Positioning System, " Institute of Navigation, Vol. I, Washington D. C. , 1980, p. 1.

[17] Burgess, A. , "GPS Program Status, " Proc. Nav 89: Satellite Navigation, Royal Institute of Navigation, 1989.

[18] Rip, M. R. , and J. M. Hasik, The Precision Revolution: GPS and the Future of Aerial Warfare, United States Naval Institute, April 10, 2002.

[19] Ho, S. , "GPS and the U. S. Federal Radionavigation Plan, " GPS World, Vol. 2, 1991.

[20] U. S. National Aviation Standard for the Global Positioning System Standard PositioningService, U. S. Department of Transportation, August 16, 1993.

[21] Beser, J. , and Parkinson B. W. , "The Application of NAVSTAR Differential GPS in the Civilian Community, " Global Positioning System, Institute of Navigation, Vol. 2, 1984.

[22] Baker, P. J. , "GPS Policy, " Proc. of the Fourth International Symposium on Satellite Positioning, University of Texas at Austin, 1986.

[23] Pace, S. , et al. , The Global Positioning System: Assessing National Policies, Santa Monica, CA: Rand Corporation, 1995.

[24] Lebedev, M. , et al. , GLONASS as Instrument for Precise UTC Transfer, Warsaw, Poland: EFTF, March 1998.

[25] Smirnov, Y. , et al. , GLONASS Frequency and Time Signals Monitoring Network, Warsaw, Poland: EFTF, March 1998.

[26] Contreras, H. , "GPS + GLONASS Technology at Chuquicamata Mine, Chile, " ION – 98, Nashville, TN, September 1998.

[27] Coordinational Scientific Information Center of the Russian Space Forces, GLONASS Interface Control Document, 4th revision, 1998.

[28] Coordinational Scientific Information Center of the Russian Space Forces, GLONASS Interface Control Document, 5th revision, 2002.

[29] Allan, D. W. , "Harmonizing GPS and GLONASS, " GPS World, Vol. 5, 1996, pp. 51 – 54.

[30] Coordinational Scientific Information Center of the Russian Space Forces, GLONASS Interface Control Document, October 4, 1995.

[31] Inception Study to Support the Development of a Business Plan for the GALILEO Programme, Final Report, Price Waterhouse Cooper, November 14, 2001.

[32] Antonini, M. , et al. , "Broadcast Communications Within the GALILEO Commercial Services, " Proc. GNSS 2003—The European Navigation Conference, Graz, Austria, April 2003.

[33] Antonini, M. , R. Prasad, and M. Ruggieri, "Communications Within the GALILEO Locally Assisted Services, " Proc. IEEE Aerospace Conference, Big Sky, MT, March 2004.

[34] Ruggieri, M. , and G. Galati, "The Space System's Technical Panel, " IEEE System Magazine, Vol. 17, No. 9, September 2002, pp. 3 – 11.

[35] 2420th Council Meeting—Transport and Telecommunications, Brussels, March 25 – 26, 2002.

[36] "Commission Communication to the European Parliament and the Council on GALILEO, " Commission of the European Communities, Brussels, November 22, 2000.

[37] "Council Resolution of 5 April 2001 on GALILEO, " Official Journal C 157, May 30, 2001, pp. 1 – 3.

[38] Progress Report on GALILEO Programme, Commission of the European Communities, Brussells, December 5, 2001.

[39] "Communication from the Commission to the European Parliament and the Council: Stateof Progress of the GALILEO Programme, "

Official Journal C 248, October 10, 2002, pp. 2 – 22.

[40] "Communication from the Commission to the European Parliament and the Council: Integrationof the EGNOS Programme in the GALILEO Programme," COM(2003)123 Final, March 19, 2003.

[41] "Proposal for a Council Regulation on the Establishment of Structures for the Managementof the European Satellite Radionavigation Programme," COM(2003)471 Final, July 31, 2003.

[42] "Council Regulation(EC) No 876/2002 of 21 May 2002, Setting Up the GALILEO Joint Undertaking," Official Journal L 138, May 28, 2002, pp. 0001 – 0008.

[43] "Communication from the Commission to the Council and the European Parliament," Action Programme on the Creation of the Single European Sky, Commission of the European Communities, Brussels, November 30, 2001.

[44] Single European Sky, Report of the High Level Group, European Commission, GeneralDirectorate for Energy and Transportation, November 2000.

[45] Iodice, L., G. Ferrara, and T. Di Lallo, "An Outline About the Mediterranean Free Flight Programme," 3rd USA/Europe Air Traffic Management R&D Seminar, Naples, Italy, June 2000.

第2章 导航基础

当前的导航系统(GPS和GLONASS)以及正在开发中的导航系统(如GALILEO)均通过到达时间定位测距来确定用户终端位置。

总体而言,这类测距技术是通过测量从处于已知位置的发射器(如卫星、无线电导航台)发送信号至用户接收机的时间间隔来实现的。

传输时间的定义如下:

$$传输时间 = 到达时间点 - 播送时间点 \tag{2.1}$$

这是由用户接收机测量的。

若接收机知道信号传输速度,就能通过用传输时间乘以信号速度值确定与发射器间的距离[1]。在卫星导航中,所使用电磁信号的传播速度为光速(约 $3 \times 10^8 m/s$)。因此,卫星导航的基本方程式为

$$光速 \times 传输时间 = 距离 \tag{2.2}$$

由式(2.2)可知卫星和接收机之间的真实(即几何)距离可通过测量真实传输时间进行计算,这就意味着,按式(2.1)所示,接收机能获取卫星信号的精确到达时间点和播送卫星信号的时间点。前者可通过直接读取接收机时钟获得,而后者则包含在信号(更多细节见第3章)中,其名为导航信号。要获取这些时间段间的真实差值,卫星和接收机时钟必须同步到相同的时间尺度。

用户接收机从多个已知位置的卫星获得足够数量的距离值,就能获得其自身位置。在卫星导航中,发射器位置不像陆上导航那样是固定的。因此,接收机就必须要在每次测距时能够对卫星进行定位。为了达到这一目的,每个导航信号都调制了包含卫星轨道参数的信息(即卫星星历),使接收机能够预推卫星轨道,从而在任何时间对发射器位置进行求值。

轨道参数由主控中心(见第3章)进行更新并每天向卫星发送一至两次,但增加卫星上传的频率已经提上日程,并能实现优于10cm误差的精度水平[2](关于GPS现代化的信息见第6章)。在写作本书时,诸如国际地球动力学服务机构(IGS)这样的机构能够为用户提供精确的星历数据,精度甚至能达到1dm[3]。

要确定位置就需要选择一个参考坐标系,要能同时表示卫星和用户接收机。

另外,要提出一个能满足卫星和接收机时钟之间进行时间同步所需要的唯一时间系统。基于以下考虑,需要了解一个时间系统的存在,即GPS系统时间(更多细节见2.2节)。这一时间基准是操控由空间部分(卫星)和地面部分(控制中心和用户接收机)组成的整个卫星系统的基础。GPS和GLONASS卫星均使用原子钟,其精度达到十亿分之一秒;但是,尺寸、质量/重量以及原子钟的造价都限制了其在用户接收机上的使用。因此,测量的卫星时间和接收机时钟时间之间不可避免地会出现误差,从而会导致测距的误差。

另一个误差来源于GPS系统时间和卫星时钟时间之间的差异。用于修正这些差异的信息通过GPS控制段(见第3章)上传至卫星,之后自卫星作为导航信号的一部分发送至用户接收机,使其能够计算恰当的修正值[4]。

除了由于 GPS 系统时间和卫星时钟时间以及卫星时钟时间与接收机时钟时间之间的差异造成的误差外,测距还会受其他因素影响,包括不正确的卫星星历、电离层和对流层信号延迟、接收机噪声以及多路径效应[4-5]。关于这些误差来源的处理细节见第 3 章。

所有这些原因都导致测距不能和卫星和用户接收机间的真实(即几何)距离完全一致,从而导致有人将这一测距方法称为伪距。第 3 章描述了利用 GPS 导航信号进行伪距测量的方法。

卫星导航系统采用的测距方法是单向法,其优势在于可以同时为无数的用户服务而无须从他们的接收机接收任何传输的信号(即是说,接收机是被动而非主动的)。

本章专注于卫星导航的基础知识,以便使读者能够了解现有和将来导航系统面临的实现问题。本章专注于主要的坐标系统和时间系统、三边测量概念、导航方程和相关求解方法,以及相对而言较新的被称为所需导航性能的概念。

更多的话题包括卫星轨道确定、电离层及对流层误差建模、多路径效应建模、GPS 的相对论效应研究以及卫星信号无线电频率干扰及其抑制方式,均不在本书的讨论范围之内,因此作者建议读者从文献[4-6]中寻找相关信息。

2.1 坐 标 系

正如之前所述,卫星导航方程只有在建立对卫星和接收机均有效的参考坐标系后才能确定。一般而言,卫星和接收机依据位置和速度矢量在笛卡儿坐标系中相互独立[5]。

在对卫星导航采用的坐标系进行概述之前,必须进行一些解释。

为了表述清晰,需要区分坐标系统、参考系统和参考坐标系[7]。

坐标系统是一组说明坐标和点之间对应关系的规则;坐标是 N 组数字中的一组,在 N 维空间中确定出一个点的位置。坐标系在确定一个称为原点的点,一组 N 条称为轴线的穿过原点且彼此相关的直线,以及建立比例尺之后就被定义了。

在 GPS 应用中,一个点在坐标系中的位置可以表达为(图 2.1):

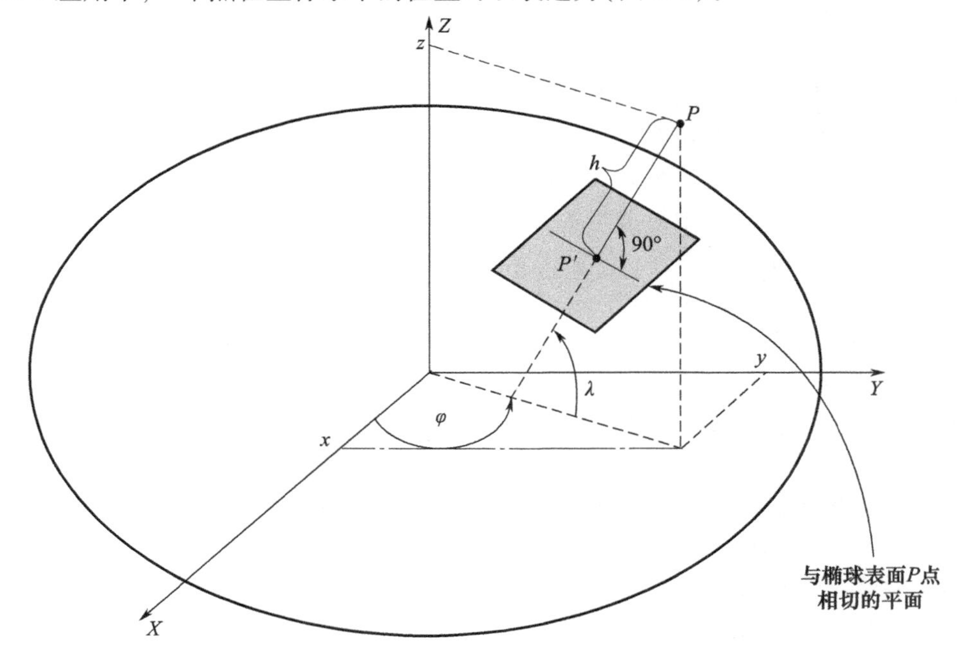

图 2.1　笛卡儿椭圆坐标或称为测地坐标

- 笛卡儿坐标(x,y,z)；
- 椭圆或测地(也称地理[3])坐标(λ,ϕ,h)：λ为纬度，ϕ为经度，而h为距地球表面的高度[6]。

参考系统是关于一个特定坐标系的概念。参考坐标系是参考系统通过观察和测量(受误差影响)得到的实际实现，这就意味着参考坐标系是一系列位于相关区域中的位置的坐标和速度(与地壳板块运动相关)，并包含相关数值中的预估误差。

GPS 使用了三套坐标系以适应三种不同需求[5]：用于确定卫星轨道的地心惯性坐标系，更适用于估算接收机位置坐标的地心地固坐标系，以及二者的用户友好形式(即常见的经纬度和高度的地理坐标)。

从惯性坐标系至地固坐标系的转换关系见文献[8]。

2.1.1 地心惯性坐标系

地心惯性坐标系(ECI 系)经常用于预测地球轨道人造卫星的位置。这是因为地心惯性坐标系与恒星的空间相对关系是固定的，因此是惯性的。地心惯性坐标系常称为笛卡儿坐标系，其中位置(坐标)是以通过原点垂直相交的三条轴线上的距离进行表示的。

XY 平面与地球赤道平面重合；*X* 轴从地心延伸至与天球相关的一个方向，因此是固定的；*Z* 轴是 *XY* 平面上指向北极的法线。

然而，由章动和进动造成的方位缓慢变化形成的地球不规律运动使得 ECI 系并非真正的惯性系，因为 *X* 轴相对地球运动固定，但 *Z* 轴随着由地球运动引起的赤道平面运动而运动。

因此，J2000 地心惯性坐标系通过选择相对于特定时刻的赤道平面的坐标轴方向进行定义：如 2000 年 1 月 1 日，12:00:00.00 UTC(USNO)，其中 UTC 代表协调世界时而 USNO 代表美国海军天文台。因此，J2000 ECI 的定义为(图 2.2)：

- 原点：地球质心；
- *X* 轴：2000 年 1 月 1 日 12:00:00.00UTC(USNO)春分点方向；
- *Z* 轴：2000 年 1 月 1 日 12:00:00.00UTC(USNO)地球旋转轴北极方向；
- *Y* 轴：形成以地球为中心，右手直角坐标系。

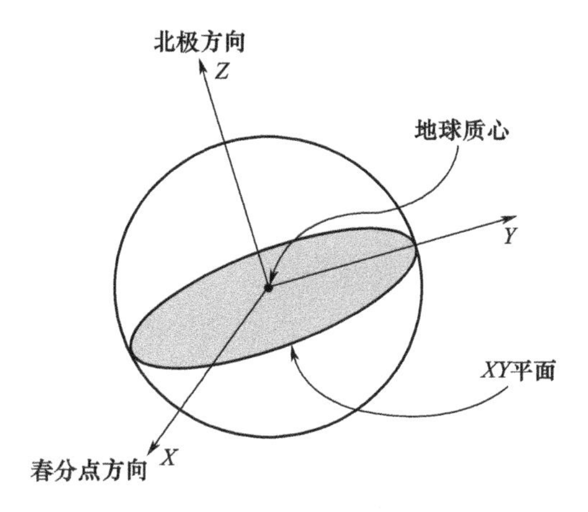

图 2.2 地心惯性坐标系

如此定义之后，ECI 坐标系可视为惯性的[5]。

2.1.2 地心地固坐标系

惯性坐标系中对接收机位置的描述不能做到用户友好；因此，引入了随地球旋转的坐标系，称为地心地固坐标系。这一坐标系不是惯性的，并且可以用于在笛卡儿坐标系中定义三维位置，然后可以容易地转换为经纬度和高度[9-13]。

地心固连坐标系中原点和 XY 平面与地心惯性坐标系中一样，原点为地球质心，XY 平面与地球赤道平面重合。然而，轴的定义不同（图 2.3）：

- X 轴：自原点起，与本初子午线和赤道平面的交点共同确定的直线（即 0°经线方向）；
- Z 轴：自原点指向地理北极的方向（即子午线在北半球的交点）；
- Y 轴：与 X、Z 轴形成以地球为中心的右手直角坐标系（即指向东经 90°方向）。

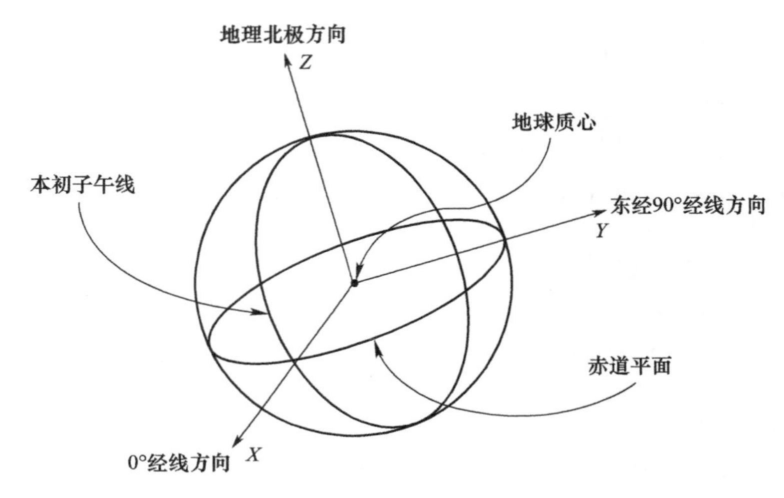

图 2.3 地心固连坐标系

地心地固坐标系属于笛卡儿坐标系范畴，但 GPS 接收机以经纬度和高度的形式显示其位置，其参考了地球的物理模型。

2.1.3 WGS-84

世界大地坐标系-1984（WGS-84）是一个地固坐标系，并且也提供地球综合模型及其引力不规律性信息用以计算卫星星历[5]。WGS-84 可视为用于绘制地图、定位或导航等各类应用的最佳全球测量参考系统[14]。

在介绍关于 WGS-84 的技术和历史细节之前，为了更好地理解之后的问题，必须先介绍相关术语。

2.1.3.1 传统地球参考系及参考坐标系

地球参考系统（TRS）是一个空间参考系统，参考系统中位于地球固态表面的点的坐标位置仅会由于地壳构造或潮汐随时间变化而有微小的改变。换句话说，地球参考系统随地球旋转[15]。

地球参考坐标系（TRF）是特定的笛卡儿坐标系或地理坐标系中拥有精确坐标的物理点的集合[15]。因此，如之前针对广义参考坐标系和参考系统的说明一样，地球参考坐标系是对地球参考系统的实现（也见文献[16]）。

在定义了规则集合、算法和提供原点、比例尺和地球参考系统指向以及其时间变化等常数后,这样的系统即称为传统地球参考系统(CTRS)[15]。

根据国际测地学与地球物理学联盟(IUGG)1991 年在维也纳通过的第 2 号决议,国际地球自转和参考系服务(IERS)肩负有定义、实现和传播国际地球参考系统的任务[17]。国际地球参考系统产品中心(ITRS - PC)以国际地球参考坐标系(ITRF)为名,对国际地球参考系统进行实现,其产品自 1984 年被称为 1984 国际时间局(RIH)大地系统(BTS84)的地球参考坐标系开始,该系统通过使用从诸如特长基线干扰测量法、月球激光测距、卫星激光测距以及多普勒/经纬仪等技术获得的站点坐标进行实现。国际报时局大地系统实现在 BTS87 时结束,因为 1988 年,国际测地学与地球物理学联盟与国际天文学会成立了国际地球自转和参考系服务。本书写作时,最新的国际地球参考系统参考实现是 ITRF2000,是通过使用获取自 VLBI、LLR、SLR、GPS 和星载多普勒无线电定轨定位(DORIS)的站点坐标,加上通过阿拉斯加、北美及南美、欧洲、亚洲、南极洲和太平洋等地的区域 GPS 网络实现的观测建立起来的[18-19]。这约 800 个站点的坐标涉及 2000.0 历元,并可用于通过特定方程和站点自身速度值来获得其他历元的站点坐标。

2.1.3.2 WGS - 84:坐标系定义和历史背景

WGS - 84 是一个传统地球参考系统,其坐标系是根据国际地球自转和参考系服务技术摘记 21[20]定义的,后者包含以下标准[14]:

- 坐标系以地球为中心且在确定质心时考虑海洋及大气层。
- 根据引力相对论,坐标系比例尺为当地大地参考坐标系比例尺。
- 其方向最初由 1984.0 的国际时间局大地系统方向确定。
- 其方向随时间的变化不会造成涉及地壳的残余全球自转。

如图 2.4 所示,WGS - 84 坐标系的原点和轴线为[14]:

- 原点:地球质心;
- *Z* 轴:国际地球自转和参考系服务参考极方向,其与 1984.0 历元国际时间局大地系统传统地极方向一致,误差 0.005″[20];
- *X* 轴:国际地球自转和参考系服务参考子午线(与 1984.0 历元国际时间局大地系统零子午线一致,误差 0.005″)与穿过原点且垂直于 *Z* 轴的平面相交;
- *Y* 轴:形成右手的地固直角坐标系。

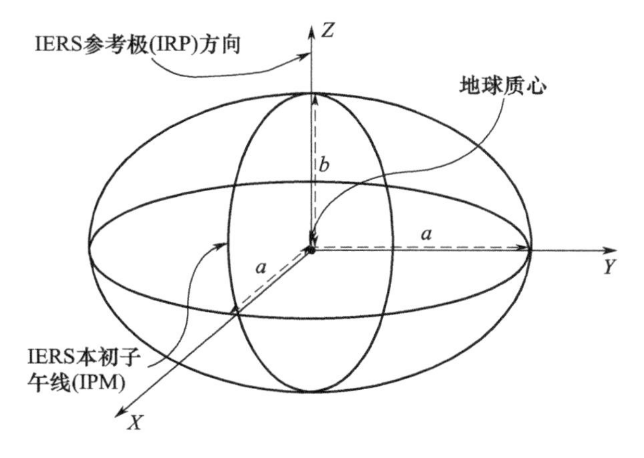

图 2.4 WGS - 84 坐标系

给出坐标系定义后,如之前解释过的,需要实现一个全球大地参考坐标系。原本的 WGS - 84 参考坐标系是于 1987 年通过一组海军导航卫星系统或者 TRANSIT(多普勒)站点坐标,并修改 80 年代前期使用的美国国防部参考坐标系 NSWC 9Z - 2 获取的校准后的参考坐标系,使其尽可能与1984.0历元的国际时间局大地系统一致[14-21]。

这一TRANSIT实现的WGS-84参考坐标系自1987年起被用于计算美国国防测绘局TRANSIT星历,后被用于获取国防部GPS固定监视站(见第3章)的WGS-84位置。在1994和1996年分别成功搜集了修正后的数组站点坐标,这些过程中多个部门进行了合作,包括DMA(现在的美国国家图像与测绘局或NIMA)、海军水面作战中心Dahlgren处、IGS,并且涉及了除国防部GPS监视站之外的其他站点。这些改进措施形成了两组不同的坐标(即两个TRF):WGS-84(G730)和WGS-84(G873)。后一个"G"代表GPS,因为在两个案例中都使用GPS技术进行了坐标估算;跟在"G"后的数字表示相关坐标用于NIMA星历计算时的GPS星期数[14,22-24]。

当前实现的WGS-84地球参考坐标系被定为WGS-84(G1150),其坐标被用于计算六支美国空军、11个NIMA监测站网络、两个NIMA MSN开发测试、三个NIMA差分GPS基准站点(DGRS)、两个NSWCDD和两个IGS地点[25]。WGS-84(G1150)是每个坐标要素包含速度估算的第一个地球参考坐标系。WGS-84(G1150)中每个要素的坐标估算精度为1cm。

NIMA和GPS运行控制部门(见第3章)均于2002年1月20日开始采用WGS-84(G1150)。

更多关于以往和将来WGS-84发展的细节可见文献[26]。

2.1.3.3 WGS-84椭球体

最初的WGS-84开发委员会选择了一个以地球为中心的旋转椭球体(图2.4)作为与地球近似的几何参考面,以符合国际测地学与地球物理学联盟在对1980测量参考系(GRS 80)定义时选择的方式。定义第一个WGS-84椭球体的参数有长半轴a、地球引力常数GM、归一化的二阶带谐项引力常数$\bar{C}_{2,0}$以及地球角速度ω。经过文献[14]改进之后,由表2.1中列出的四个参数定义的WGS-84椭球体就此确定。

表2.1 WGS-84四个定义参数

参数	名称	WGS-84值
半长轴	a	6378137m
逆扁率	$1/f$	298.257223563
角速度	ω	$7.292115\times10^{-5}\mathrm{rad/s^1}$
地心引力常数(包含地球大气层质量)	GM	$398600.5\mathrm{km^3/s^2}$

表2.1中显示的GM值与文献[14]中类似表格中显示的不同,因为美国航空航天局建议保留原始的GM值。由于在四个定义参数中对扁率f的引入,归一化的二阶带谐项引力常数$\bar{C}_{2,0}$如今被认为是导出的几何常数。

其他导出的几何常数包括:

- 短半轴b,其长度为地球极半径,即6356752.3142m,其与扁率关系由以下方程定义:

$$b=a(1-f) \tag{2.3}$$

- 第一离心率e由以下方程给出:

$$e=\sqrt{1-\frac{b^2}{a^2}}=8.1819190842622\times10^{-2} \tag{2.4}$$

关于描述WGS-84椭球体的所有参数和常数的详细列表,读者可参考文献[14]。

2.1.3.4　WGS－84 与其他测量系统的关系

WGS－84 自诞生以来几乎没有经历过改动；其一直希望与国际地球自转和参考系服务，或者在 1988 年之前，与国际时间局大地系统采用的传统地球参考系统尽可能保持一致。WGS－84 结构一直与国际地球参考系统一致；在绘图和制图应用方面，可以将两者看做完全相同，因为两种参考坐标系的全球差异是以厘米计算的。

在欧洲民航协会范围内，EUROCONTROL 在欧洲空中交通管制协调和集成项目范围内管理 WGS－84 的执行，以回应国际民航组织委员会的请求，该委员会在 1989 年 3 月接受了来自其下属未来航空导航系统特殊委员会的一条建议[27]，该建议声明：

建议 3.2/1——WGS－84 的运用

国际民航组织采用 WGS－84 测量参考系为标准，并开发相应的国际民航组织材料，特别是涉及附件 4 和 15 的，以确保 WGS－84 系统的快速全面执行。

国际民航组织为 WGS－84 准备的指导材料见文献[28]。

EUREF 是国际测地学协会在 1987 年建立的附属委员会，负责根据欧洲 1989 地球参考系（ETRS89）处理欧洲参考坐标系的定义及实现问题，由 EUREF 永久网络（EPN）负责其维护，该网络由装备有 GPS/GLONASS 接收机的站点组成。按 1990 年在意大利佛罗伦萨通过的 1 号决议所述，ETRS89 与 ITRS89 相符；可通过两种不同方式实现[29]：

- 通过 ITRFyy（yy 表示搜集参考坐标系定义所需坐标的年份），可获得与其对应的 ETRFyy[30]；目前可获得 ETRF2000 参考坐标系[30]；
- 通过对运动或固定站点进行 GPS 测量定位[30]。

2.2　时间系统

选择诸如传输时间等测距技术需要卫星导航系统拥有全球时间参考。GPS 使用称为 GPS 系统时间的技术，它参考了协调世界时（UTC）。当前版本的协调世界时始于 2004 年 7 月 14 日[31]，使用一组 59 个原子标准（包括 10 个氢微波激射器和 49 个 HP－5071 铯原子钟）和天文数据对其进行维护。

协调世界时是一个合成时标，因为它是由两个不同时标输入组成的，其中之一基于原子钟，即国际原子时，另一个则基于地球旋转率，称为国际标准时间 1（UT1）。

国际原子时是一个统一时标，通过原子秒这一国际单位系统的基本时间单位定义，并由国际计量局负责。

UT1 属于一个时标家族（还有 UT0 和 UT2），国际标准时间，依赖于地球绕轴自转；它用于定义地固坐标系相对于天球的方位，并被视为导航基本时标[32]。但是，由于地球转动周期的不同，导致这一时标不能统一。UT1 由国际地球自转和参考系服务负责维护。

由于 UTC 在历元被设为天文时间时并与国际原子时同速，因此，需要引入闰秒以保持 UT1－UTC 的误差绝对值低于 0.9s。引入闰秒的决定是由国际地球自转和参考系服务组织作出的，通常在 6 月 30 日或 12 月 31 日进行闰秒增减；首次闰秒是在 1972 年 6 月 30 日执行的。

GPS 系统时间与协调世界时一样是合成时标；其合成时钟或“纸面”时钟由监视站点（见第 3 章）和 GPS 卫星上的原子钟组成。GPS 系统时间是通过对来自所有这些原子钟的时间信息进行统计处理获得的。另外，GPS 系统时间还给位于 USNO 的主时钟（MC）提供参考，以确保与协调世界时（USNO）偏差不超过 1μs。GPS 系统时间与协调世界时（USNO）在 1980 年 1 月 6 日是一致的。

GPS 系统时标是连续的，其表示历元的时间线上的一点是通过自周六/周日午夜起经过的秒数以及 GPS 周数进行识别的，其中后者自 1980 年 1 月 6 日起从第 0 周起计数。

GPS 系统时间与协调世界时（USNO）间有一个巨大的不同，就是在 GPS 中没有使用闰秒；因此，协调世界时（USNO）可以通过 GPS 系统时间加上协调世界时（USNO）引入的闰秒数得出[4-5,33]。

2.3 导航方程

2.3.1 陆地测量技术：三角测量、三边测量以及导线测量

三角测量，之后结合三边测量和导线测量，在 19 世纪到 20 世纪初被用于绘制整块大陆的地图。

三角测量是将测量区域划分为三角形，并在每个三角形的每个角上设置测量站（图 2.5）的一种测量手段。假设已知三角形某边（如图 2.5 中的AB）的长度，每条边两个端点（A 和 B）的经纬度以及边的方位角（即方向）；要测量的量包括这条边两端点处相对于第三个顶点的角度（$\angle BAC$ 和$\angle ABC$）；现在，就能计算三角形另外两边长度（AC和BC）以及第三个角（$\angle ACB$）了，从而也计算出第三个角顶点（C）的经纬度和两边（AC和BC）的方位角。之后在所有其他测量站进行同样的操作（图 2.5 中的 D 和 E），考虑其他三角形（图 2.5 中的$\triangle BCD$ 和$\triangle CDE$）以获得站点坐标和连接站点的线段长度[34]。

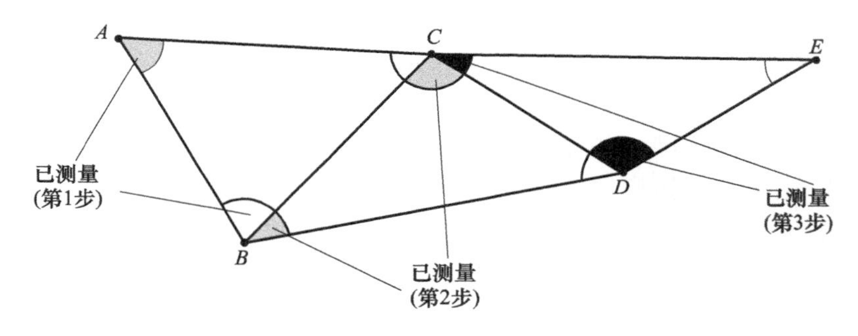

图 2.5　三角测量法

在三边测量法中测量区域也划分为多个三角形，但与三角测量法不同，测量的是三角形的边的长度而不是角度（图 2.6）。假设前提与三角测量法相同（AB长度已知，A 和 B 点经纬度已知，AB方位角已知）。

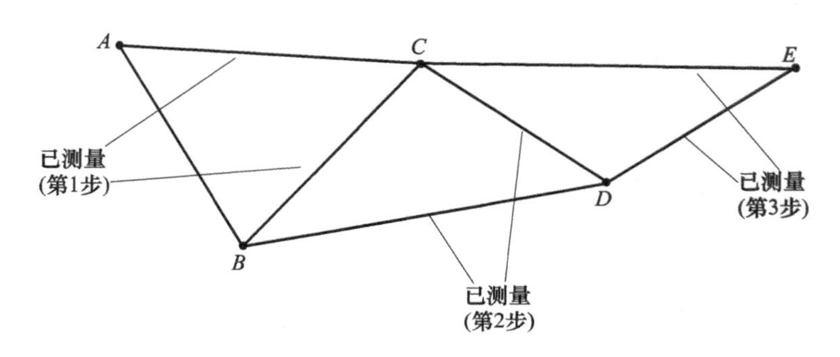

图 2.6　三边测量法

测量三角形其他两边长度（AC和BC）就可以计算出三角形第三个角顶点（C）的经纬度，以及其他两边（AC 和 BC）的方位角。将这些测量和计算扩展至所有其他三角形，就可以就算出所有其他测量站点的经纬度，以及所有其他连接测量站点的线段的长度和方位角（图 2.6）[34]。

导线测量法同时使用角度和长度测量（图 2.7）。假设已知一点经纬度（如 A）和该点与其他点间线段（线段AB）方位角，测量从已知位置（A）到另一个测量站点（C）的线段长度，以及这两条线段形成的角度（∠BAC）。由此可计算出该点经纬度以及导线边（AC）的长度和方位角。在所有其他测量站点重复这一程序，就可得知其地理坐标及连接所有测量站点的线段的长度和方位角（图 2.7）[34]。

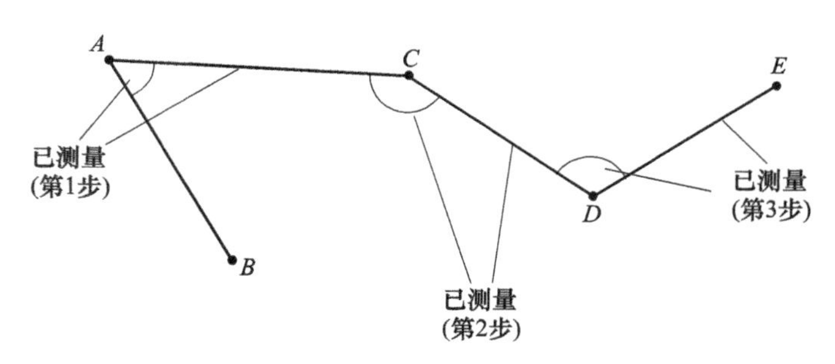

图 2.7　导线测量法

2.3.2　通过卫星测距信号定位

三边测量法的概念被用于卫星导航系统，以在三维空间中确定用户的位置。从一个已知点进行的单一测距定义了一个不确定球体，如图 2.8 所示。

如前所述，测距是通过测量电磁波传播时间进行的。与之不同的是，卫星位置对用户而言是已知的，因为这是接收到的导航信息的一部分。

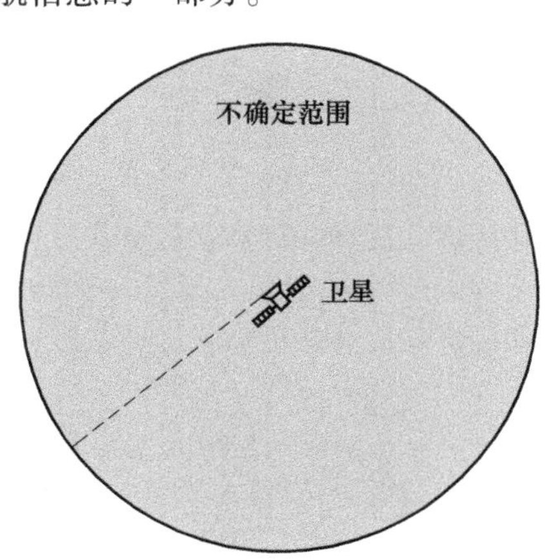

图 2.8　单一卫星定位

在第一测距同时，从较远处的一个已知点（即卫星）进行第二次测距，可将用户位置确定至由两个以卫星为中心的不确定范围的交集形成的环形不确定线上，如图 2.9 所示。

再增加一个从第三个已知点（即卫星）同时进行的测距，其不确定范围与之前提到的环形线相交，可确定两个用户可能处于的位置。这两个备选位置与卫星位置形成的平面是等距的。因此，可以很容易地排除其中的错误位置，因为这一位置会将用户定位至地球表面很远处的一点（图 2.10）。

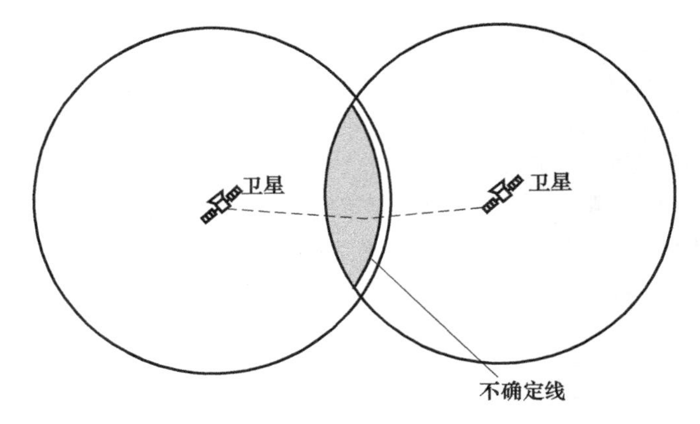

图 2.9　双星定位

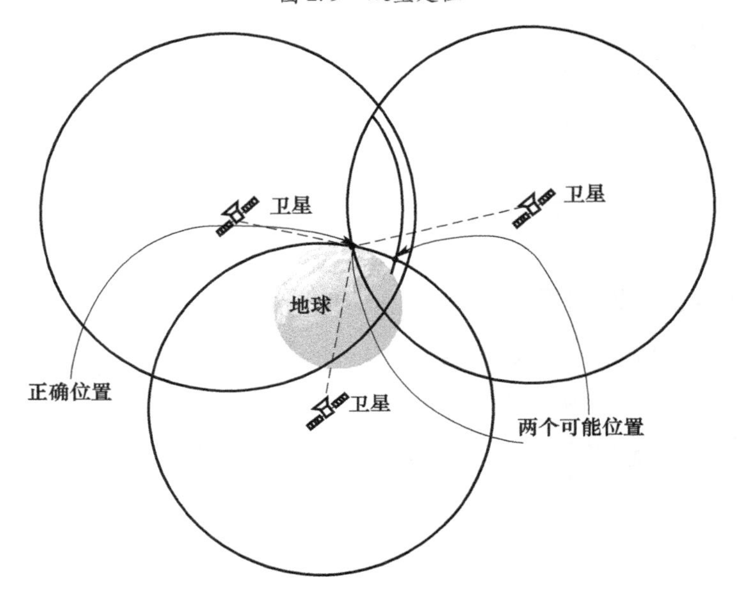

图 2.10　三星三边测量法

测距中的任何不确定因素都会导致定位的不确定性,如图 2.11 所示。

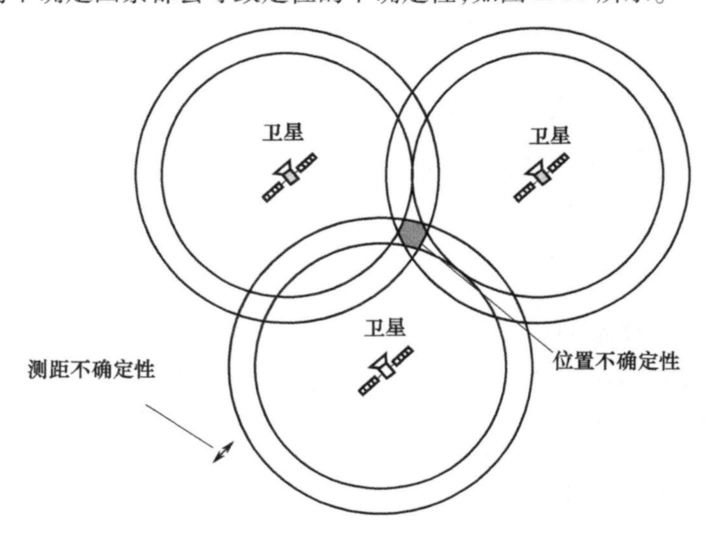

图 2.11　三星三边测量法受误差影响的测距

2.3.3 基础导航算法

本章的引言部分列出了各类引起用户接收机与卫星之间测距误差的因素;用于阐明用户定位的基础数学公式,其中仅考虑 GPS 系统时间、卫星时钟以及接收机时钟不同步造成的误差。

考虑如图 2.12 所示结构,其中矢量 $\boldsymbol{s}$ 由导航信息已知,导航信息包含卫星星历,$\boldsymbol{r}$ 是传输时间与光速 c 相乘所得距离矢量的估值,而 $\boldsymbol{u}$ 是需确定的未知矢量。

接下来就在地固坐标系里分析,它假设卫星坐标可以从星历中获得。从这一问题的几何学出发:

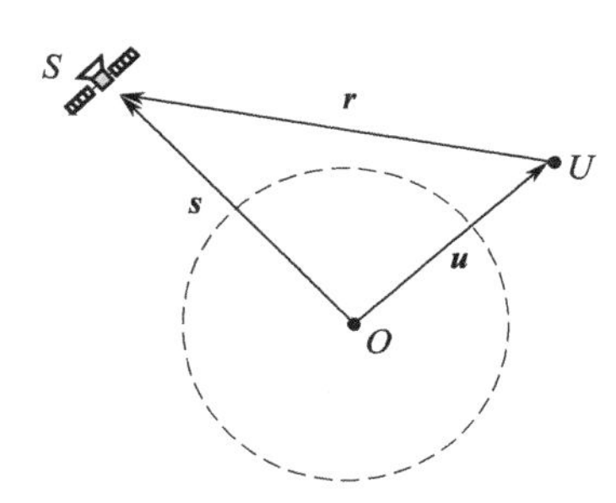

图 2.12 用户 – 卫星结构

$$r = \| \boldsymbol{r} \| = \| \boldsymbol{s} - \boldsymbol{u} \| \tag{2.5}$$

若 GPS 系统时间、卫星时钟和接收机时钟是同步的,则接收机上测量的传输时间将等于导航信号从卫星传送至接收机所需的真实时间。然而,这样的同步是不存在的,接收机测量的时间间隔中包含了 GPS 系统时间与卫星时钟间的偏差和 GPS 系统时间与接收机时钟间的偏差(图 2.13),其中:

- t_{sat}为导航信号从卫星播发的 GPS 系统时间点。
- t_{rec}为导航信号到达接收机的 GPS 系统时间点。
- Δt_{sat}为 GPS 系统时间与卫星时钟间的偏差。
- Δt_{rec}为 GPS 系统时间与用户接收机时钟间的偏差。

因此,导航信号发射时间点的卫星时钟读数可由 $t_{\text{sat}} + \Delta t_{\text{sat}}$得出,而导航信号到达时间点的接收机时钟读数可由 $t_{\text{rec}} + \Delta t_{\text{rec}}$得出[5]。

卫星与接收机之间的真实或几何距离为

$$r = c(t_{\text{rec}} - t_{\text{sat}}) \tag{2.6}$$

卫星与接收机之间的测量距离(即伪距 ρ)为

$$\rho = c[(t_{\text{rec}} + \Delta t_{\text{rec}}) - (t_{\text{sat}} + \Delta t_{\text{sat}})] = c(t_{\text{rec}} - t_{\text{sat}}) + c(\Delta t_{\text{rec}} - \Delta t_{\text{sat}}) = r + c(\Delta t_{\text{rec}} - \Delta t_{\text{sat}}) \tag{2.7}$$

GPS 系统时间与卫星时钟之间的偏差 Δt_{sat}通过由 GPS 控制段上传至卫星的修正数据得到补偿,再由卫星将其重新传输至用户接收机,从而将导航信号的传输时间同步至 GPS 系统时间。因此,在之后的内容中将不再提及 Δt_{sat}[5]。

那么,式(2.7)中的条件可以改写为

$$\rho = r + c\Delta t_{\text{rec}} = \| \boldsymbol{s} - \boldsymbol{u} \| + c\Delta t_{\text{rec}} \tag{2.8}$$

现在,让我们考虑用户接收机为所有可见卫星进行传输时间测量的情况。由前一节可知,由三颗卫星对用户接收机进行三次测距就足以在排除其中一个不现实的位置(图 2.10)之后获得接收机位置。这在测量距离与真实距离一致时是适用的。但实际上,如式(2.8)所示,用户接收

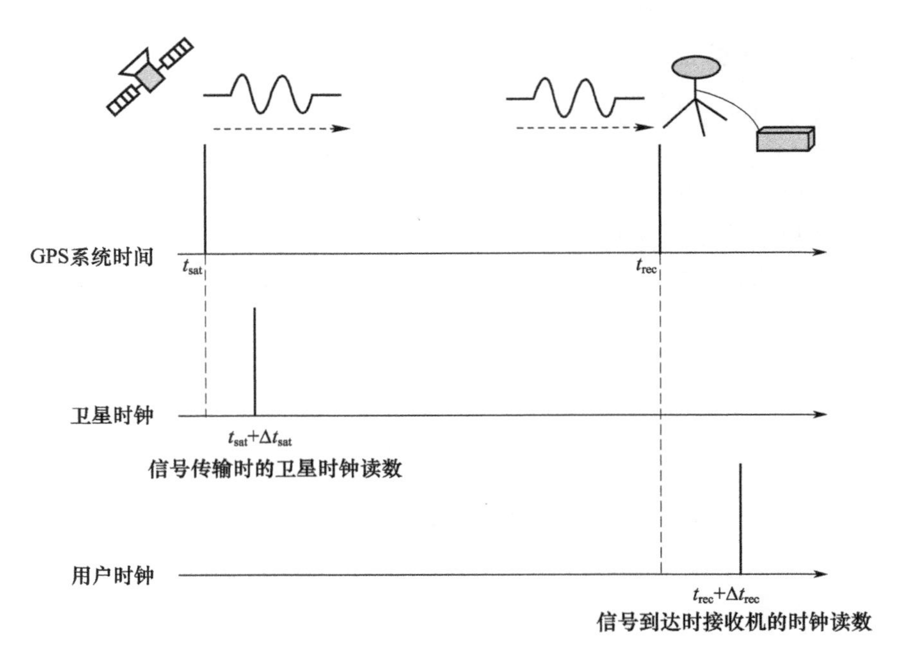

图 2.13　测距中的时间关系

机会获得一个伪距ρ；一组三个这样的测距无法确定用户接收机的位置（图2.11）。因此，这很明显需要超过三个测距结果。

这一结论也可以通过数学推理得出。

将式（2.8）关联至给定的第i颗卫星并展开，可得以下方程：

$$\rho_i = \sqrt{(x_i - x_u)^2 + (y_i - y_u)^2 + (z_i - z_u)^2} + c\Delta t_{\text{rec}} \tag{2.9}$$

其中(x_i, y_i, z_i)和(x_u, y_u, z_u)分别表示第i颗卫星和用户的三维位置。因此这一问题的未知量有四个：x_u、y_u、z_u以及Δt_{rec}。要求解这个问题，需要至少四个独立的方程：

$$\begin{cases} \rho_1 = \sqrt{(x_1 - x_u)^2 + (y_1 - y_u)^2 + (z_1 - z_u)^2} + c\Delta t_{\text{rec}} \\ \rho_2 = \sqrt{(x_2 - x_u)^2 + (y_2 - y_u)^2 + (z_2 - z_u)^2} + c\Delta t_{\text{rec}} \\ \rho_3 = \sqrt{(x_3 - x_u)^2 + (y_3 - y_u)^2 + (z_3 - z_u)^2} + c\Delta t_{\text{rec}} \\ \rho_4 = \sqrt{(x_4 - x_u)^2 + (y_4 - y_u)^2 + (z_4 - z_u)^2} + c\Delta t_{\text{rec}} \end{cases} \tag{2.10}$$

这一非线性方程组有多种方法可以求解：闭合解[35-40]或者基于线性化[41-45]或卡尔曼滤波[46-50]的迭代解。有关用于定位的滤波和状态预估算法的详细描述已超出本书的范畴，但可以在文献[51-57]中找到。然而，为了建立起导航基础理论与其到实际应用的转化之间的清晰联系，很重要的一点就是让读者在某种程度上了解在众多商用接收机中所采用的算法[6,58]。接下来，本书将详细介绍式（2.10）的线性化方法以及最小二乘估计，这些方法是前面所提及定位算法的基础。首先将接收机时钟误差乘以c，得到一个长度（以米为单位），用$b = c\Delta t_{\text{rec}}$表示。

迭代方法基于对用户位置的估计和时钟偏移，由$(\hat{x}_u, \hat{y}_u, \hat{z}_u, \hat{b})$表示。真实位置（及真实时钟偏移）是预估位置（及预估时钟偏移）与偏差$(\Delta x_u, \Delta y_u, \Delta z_u, \Delta b)$的和：

$$\begin{cases} x_u = \hat{x}_u + \Delta x_u \\ y_u = \hat{y}_u + \Delta y_u \\ z_u = \hat{z}_u + \Delta z_u \\ b = \hat{b} + \Delta b \end{cases} \tag{2.11}$$

伪距近似值也可以如下方式定义：

$$\hat{\rho}_i = \sqrt{(x_i - \hat{x}_u)^2 + (y_i - \hat{y}_u)^2 + (z_i - \hat{z}_u)^2} + \hat{b} = f(\hat{x}_u, \hat{y}_u, \hat{z}_u, \hat{b}), \quad i = 1,2,3,4 \tag{2.12}$$

因此，问题的未知量变成了$(\Delta x_u, \Delta y_u, \Delta z_u, \Delta b)$，实际上：

$$\rho_i = f(x_u, y_u, z_u, b) = f(x_u + \Delta x_u, \hat{y}_u + \Delta y_u, \hat{z}_u + \Delta z_u, \hat{b} + \Delta b), \quad i = 1,2,3,4 \tag{2.13}$$

后一个函数可关于近似坐标和预估接收时钟偏移进行泰勒展开，并截断至一阶级数得到：

$$\begin{aligned} f(\hat{x}_u + \Delta x_u, \hat{y}_u + \Delta y_u, \hat{z}_u + \Delta z_u, \hat{b} + \Delta b) \approx f(\hat{x}_u, \hat{y}_u, \hat{z}_u, \hat{b}) + \frac{\partial f(\hat{x}_u, \hat{y}_u, \hat{z}_u, \hat{b})}{\partial \hat{x}_u}\Delta x_u + \\ \frac{\partial f(\hat{x}_u, \hat{y}_u, \hat{z}_u, \hat{b})}{\partial \hat{y}_u}\Delta y_u + \frac{\partial f(\hat{x}_u, \hat{y}_u, \hat{z}_u, \hat{b})}{\partial \hat{z}_u}\Delta z_u + \frac{\partial f(\hat{x}_u, \hat{y}_u, \hat{z}_u, \hat{b})}{\partial \hat{b}}\Delta b \end{aligned} \tag{2.14}$$

上式中的偏导数可通过使用式(2.12)按以下方式求得：

$$\begin{cases} \dfrac{\partial f(\hat{x}_u, \hat{y}_u, \hat{z}_u, \hat{b})}{\partial \hat{x}_u} = -\dfrac{x_i - \hat{x}_u}{\hat{D}_i} \\ \dfrac{\partial f(\hat{x}_u, \hat{y}_u, \hat{z}_u, \hat{b})}{\partial \hat{y}_u} = -\dfrac{y_i - \hat{y}_u}{\hat{D}_i} \\ \dfrac{\partial f(\hat{x}_u, \hat{y}_u, \hat{z}_u, \hat{b})}{\partial \hat{z}_u} = -\dfrac{z_i - \hat{z}_u}{\hat{D}_i} \\ \dfrac{\partial f(\hat{x}_u, \hat{y}_u, \hat{z}_u, \hat{b})}{\partial \hat{b}} = 1 \end{cases} \tag{2.15}$$

其中：

$$\hat{D}_i = \sqrt{(x_i - \hat{x}_u)^2 + (y_i - \hat{y}_u)^2 + (z_i - \hat{z}_u)^2}, \quad i = 1,2,3,4 \tag{2.16}$$

表示卫星和接收机预估位置间的几何距离估计。式(2.15)中的前面三个导数表示从第 i 颗卫星到用户终端预估位置的单位矢量的方向余弦。

通过将式(2.15)，式(2.12)和式(2.13)代入式(2.14)，得到：

$$\rho_i = \hat{\rho}_i - \frac{x_i - \hat{x}_u}{\hat{D}_i}\Delta x_u - \frac{y_i - \hat{y}_u}{\hat{D}_i}\Delta y_u - \frac{z_i - \hat{z}_u}{\hat{D}_i}\Delta z_u + \Delta b \tag{2.17}$$

用 l_i, m_i, n_i 表示第 i 颗卫星的预估方向余弦，式(2.17)可重写为

$$\hat{\rho}_i - \rho_i = \Delta\rho_i = l_i \Delta x_u + m_i \Delta y_u + n_i \Delta z_u - \Delta b, \quad i = 1,2,3,4 \tag{2.18}$$

或者写为矩阵式：

$$\Delta\boldsymbol{\rho} = \boldsymbol{H}\Delta\boldsymbol{x} \tag{2.19}$$

其解为：

$$\Delta\boldsymbol{x} = \boldsymbol{H}^{-1}\Delta\boldsymbol{\rho} \tag{2.20}$$

其中：

$$\Delta\boldsymbol{\rho} = \begin{bmatrix} \Delta\rho_1 \\ \Delta\rho_2 \\ \Delta\rho_3 \\ \Delta\rho_4 \end{bmatrix}, \boldsymbol{H} = \begin{bmatrix} l_1 & m_1 & n_1 & 1 \\ l_2 & m_2 & n_2 & 1 \\ l_3 & m_3 & n_3 & 1 \\ l_4 & m_4 & n_4 & 1 \end{bmatrix}, \Delta\boldsymbol{x} = \begin{bmatrix} \Delta x_u \\ \Delta y_u \\ \Delta z_u \\ -\Delta b \end{bmatrix} \tag{2.21}$$

问题的这一表达式带出了一个迭代解法，其中从已知的近似解计算出修正值$\Delta\boldsymbol{x}$，并基于此得出比之前近似解更精确的计算结果。

尽管从四颗不同卫星同时获得四个伪距，已经可以获得方程的解，但由于错误选择初始估计和可能需要数次迭代才能消除的系统误差，迭代法在某些情况下可能会导致算法的发散。

这些原因促生了使用超过四颗卫星的超定伪距计算法。

上述方程式的结果通常是不一致的，因为伪距中出现的微小误差会妨碍系统求解出一个单一的$\Delta\boldsymbol{x}$值。

因此，最小二乘法被用于估算位置和用户时钟偏差。

以下方法十分普遍，并可用于卫星导航以外的问题。

如果卫星数量 N 大于4，则系统(2.19)的方程式数量就超过未知量数量，$\boldsymbol{H}$ 为一个$N\times 4$ 矩阵而$\Delta\boldsymbol{\rho}$为 $N\times 1$ 维列矢量。

定义矢量 $\boldsymbol{v}$，用于表示残差：

$$\boldsymbol{v} = \boldsymbol{H}\Delta\boldsymbol{x} - \Delta\boldsymbol{\rho} \tag{2.22}$$

求一个$\Delta\boldsymbol{x}$值，以使 $\Delta\boldsymbol{\rho}$ 非常接近 $\boldsymbol{H}\Delta\boldsymbol{x}$；在$\Delta\boldsymbol{\rho} = \boldsymbol{H}\ \Delta\boldsymbol{x}$的情况下，残差(2.22)为零。

最小二乘解定义为最小化残差 $\boldsymbol{v}$ 平方的$\Delta\boldsymbol{x}$值，即 $\boldsymbol{v}$ 向量元素的平方和。

因此，残差 $\boldsymbol{v}$ 是$\Delta\boldsymbol{x}$的函数。接下来，我们用 v_q 表示 $\boldsymbol{v}$ 的平方：

$$v_q(\Delta\boldsymbol{x}) = (\boldsymbol{H}\Delta\boldsymbol{x} - \Delta\boldsymbol{\rho})^2 = (\boldsymbol{H}\Delta\boldsymbol{x} - \Delta\boldsymbol{\rho})^{\mathrm{T}}(\boldsymbol{H}\Delta\boldsymbol{x} - \Delta\boldsymbol{\rho}) \tag{2.23}$$

通过对式(2.23)的 $\Delta\boldsymbol{x}$ 求微分我们得到 v_q 的梯度矢量∇v_q。最小化 v_q 可求得使$\nabla \boldsymbol{v}_q$ 为零时的$\Delta\boldsymbol{x}$值。原则上，这仅是必要条件；然而，可以证明在最小二乘问题中零梯度条件也足以最小化 v_q，因为 v_q 的 Hessian 矩阵是非负的。

$$(\Delta\boldsymbol{\rho})^{\mathrm{T}}\boldsymbol{H}\Delta\boldsymbol{x} = (\Delta\boldsymbol{x})^{\mathrm{T}}\boldsymbol{H}^{\mathrm{T}}\Delta\boldsymbol{\rho} \tag{2.24}$$

式(2.23)可重写为

$$v_q(\Delta\boldsymbol{x}) = (\Delta\boldsymbol{x})^{\mathrm{T}}\boldsymbol{H}^{\mathrm{T}}\boldsymbol{H}\Delta\boldsymbol{x} - 2\,(\Delta\boldsymbol{x})^{\mathrm{T}}\boldsymbol{H}^{\mathrm{T}}\Delta\boldsymbol{\rho} + \|\Delta\boldsymbol{\rho}\|^2 \tag{2.25}$$

梯度 v_q 是四个未知量的函数，可通过两个简单的线性代数关系进行计算。其一是关于标量 $\boldsymbol{y}^{\mathrm{T}}\boldsymbol{x}$ 或$\boldsymbol{x}^{\mathrm{T}}\boldsymbol{y}$ 的：

$$\frac{\partial}{\partial\boldsymbol{x}}(\boldsymbol{y}^{\mathrm{T}}\boldsymbol{x}) = \frac{\partial}{\partial\boldsymbol{x}}(\boldsymbol{y}^{\mathrm{T}}\boldsymbol{x}) = \boldsymbol{y} \tag{2.26}$$

其二是关于平方形式的(即可重写为$\boldsymbol{x}^{\mathrm{T}}\boldsymbol{A}\boldsymbol{x}$ 的标量)：

$$\frac{\partial}{\partial\boldsymbol{x}}(\boldsymbol{x}^{\mathrm{T}}\boldsymbol{A}\boldsymbol{x}) = 2A^{\mathrm{T}}\boldsymbol{x} = 2\boldsymbol{A}\boldsymbol{x} \tag{2.27}$$

式(2.27)当 $\boldsymbol{A}$ 为对称矩阵时为真;在我们所讨论的情况中,式(2.27)中的 $\boldsymbol{A}$ 代表 $\boldsymbol{H}^{\mathrm{T}}\boldsymbol{H}$,显然是对称的。

通过对式(2.25)求微分并利用式(2.26)和式(2.27),我们得到:

$$\nabla \boldsymbol{v}_q = 2\boldsymbol{H}^{\mathrm{T}}\boldsymbol{H}\boldsymbol{\Delta x} - 2\boldsymbol{H}^{\mathrm{T}}\boldsymbol{\Delta \rho} \tag{2.28}$$

令式(2.28)为零(即 4×1 矢量$\nabla \boldsymbol{v}_q$ 的四个元素均为零),$\boldsymbol{H}^{\mathrm{T}}\boldsymbol{H}$ 非奇异(即 $\boldsymbol{H}$ 列独立且矩阵 $\boldsymbol{H}$ 满秩)情况下系统的解为:

$$\boldsymbol{\Delta x} = (\boldsymbol{H}^{\mathrm{T}}\boldsymbol{H})^{-1}\boldsymbol{H}^{\mathrm{T}}\boldsymbol{\Delta \rho} \tag{2.29}$$

式(2.29)是卫星导航方程的最小二乘解。如果我们只有四个伪距,$\boldsymbol{H}$ 再次变为 4×4 矩阵且由于$(\boldsymbol{H}^{\mathrm{T}}\boldsymbol{H})^{-1} = \boldsymbol{H}^{-1}(\boldsymbol{H}^{\mathrm{T}})^{-1}$,式(2.29)与式(2.20)等价。

由此,最小二乘法提供了对未知量$\boldsymbol{\Delta x}$的最佳估计,因为这一方法最小化了残差平方和估计方差。

最小二乘估计量是最佳线性无偏估计量,其中最佳代表其拥有最小方差并且因此最为有效;线性代表其形式为因变量的线性组合,无偏代表估计量的期望值等于系数的真值。

2.4 所需导航性能

国际民航组织自 20 世纪 90 年代初期开发了所需导航性能方法,现在其已经成为了空域需求的标准。所需导航性能是关于在指定空域内活动所需必要导航性能的声明。

所需导航性能概念可用于为卫星导航系统和地面无线电导航系统定义需求。航空安全的严格要求使得对于导航参数的绝大多数特性都有精确的规定。这一方式也适用于非航空服务,并用于为多个导航项目定义用户需求。

多数所需导航性能仅能通过概率密度函数进行统计学上的描述,并且这些需求通常都以概率范围给出。文献[59]中定义的所需主要导航参数如下:

(1) 精度:在指定时间,平台估计或测量位置和/或速度与其真实位置或速度之间的一致程度。无线电导航的精度通常用系统误差的统计数据来表示,并详细划分为:

- 可预测:关于地球的地理或大地坐标位置的精度。
- 可重复:用户可通过之前用相同导航系统测量的位置坐标返回原位置的精度。
- 相关:用户能够无视真实位置误差而通过另一个相关位置进行定位的精度。

(2) 完好性:系统能够在不可应用于导航的时候及时向用户发出报警。特别是,系统应在超过告警门限后在告警时间范围内向用户发送警告。告警门限是用户计算位置所能承受的最大误差;告警门限可细分为水平告警门限和垂直告警门限。

(3) 完好性风险:在运行期间,无论由何种原因引起,导致计算位置误差超过告警门限,用户却在报警时间范围内不能收到通知的可能性。

(4) 连续性:系统连续性是指整个系统(包括所有维持指定空域飞机定位的必要部件)在进行目标任务期间,不出现计划外中断而持续发挥功能的能力。连续性风险是系统出现计划外中断并无法为目标任务提供导航信息的可能性。更确切地来说,连续性是在假定系统在一个运行阶段开始之初有效的前提下,在该运行阶段期间持续有效的可能性。

(5) 可用性:导航系统可用性是该系统在规定环境下发挥所需功能的时间比率。可用性是衡量系统在指定覆盖区域内提供有效服务的指标。信号可用性是从外部源传输的导航信号可供使用的时间比。

参考文献

[1] Tetley, L., and D. Calcutt, Electronic Navigation Systems, 3rd ed., Boston, MA: Butterworth - Heinemann, 2001.

[2] Powers, E., et al., "Potential Timing Improvements in GPS Ⅲ," 37th Meeting of the Civil GPS Service Interface Committee, Arlington, VA, March 2001; http://www.navcen.uscg.gov/cgsic/meetings/summaryrpts/37thmeeting/default.htm.

[3] El - Rabbany, A., Introduction to GPS: The Global Positioning System, Norwood, MA: Artech House, 2002.

[4] Parkinson, B. W., and J. J. Spilker Jr., (eds.), "Global Positioning System: Theory and Applications," Progress in Astronautics and Aeronautics, American Institute of Aeronautics and Astronautics, Vols. 163 and 164, 1996.

[5] Kaplan, E. D., Understanding GPS: Principles and Applications, Norwood, MA: ArtechHouse, 1996.

[6] Bao - Yen Tsui, J., Fundamentals of Global Positioning System Receivers: A Software Approach, New York: Wiley - Interscience, 2000.

[7] Geodetic Glossary, National Geodetic Survey, 1996.

[8] Long, A. C., et al., (eds.), "Goddard Trajectory Determination System (GTDS) Mathematical Theory," Revision 1, FDD/552 - 89/001, Goddard Space Flight Center, Greenbelt, MD, July 1989.

[9] Gaposchkin, P., "Reference Coordinate Systems for Earth Dynamics," Proceedings of the 56th Colloquium of the International Astronomical Union, Warsaw, Poland, July 1981.

[10] Minkler, G., and J. Minkler, Aerospace Coordinate Systems and Transformations, Adelaide, Australia: Magellan Book Co., 1990.

[11] Wolper, J. S., Understanding Mathematics for Aircraft Navigation, New York: Mc Graw - Hill, 2001.

[12] Sudano, J. J., "An Exact Conversion from an Earth - Centered Coordinate System to Latitude, Longitude and Altitude," Aerospace and Electronics Conference, 1997, NAECON 1997, Proceedings of the IEEE 1997 National, Vol. 2, July 14 - 17, 1997, pp. 646 - 650.

[13] Maling, D. H., Coordinate Systems and Map Projections, 2nd ed., New York: PergamonPress, 1992.

[14] Department of Defense World Geodetic System 1984—Its Definition and Relationships with Local Geodetic Systems, NIMA Technical Report TR8350.2, 3rd ed., Amendment 1, January 3, 2000, updated on June 23, 2004; http://www.earth - info.nima.mil/GandG/tr8350/tr8350_2.html.

[15] McCarthy, D. D., and G. Petit, (eds.), "IERS Conventions (2003)," IERS Technical NoteNo. 32, IERS Conventions Centre, U. S. Naval Observatory (USNO), Bureau Internationaldes Poids et Mesures (BIPM), 2004; http://www.iers.org/iers/publications/tn/tn32/.

[16] Boucher, C., "Terrestrial Coordinate Systems and Frames," Encyclopedia of Astronomyand Astrophysics, Version 1.0, Bristol, England: Nature Publishing Group and Institute ofPhysics Publishing, 2001, pp. 3289 - 3292.

[17] Geodesist's Handbook, Delft, the Netherlands: Bulletin Géodésique, Vol. 66, 1992.

[18] Boucher, C., et al., "The ITRF2000," IERS Technical Note No. 31, IERS ITRS Centre, Institut Géographique National (IGN), Laboratoire de Recherche en Geodesie (LAREG), Ecole Nationale de Sciences Geographiques (ENSG), 2004; http://www.iers.org/iers/publications/tn/tn31/.

[19] Altamimi, Z., P. Sillard, and C. Boucher, "ITRF2000: A New Release of the InternationalTerrestrial Reference Frame for Earth Science Applications," Journal of GeophysicalResearch, Vol. 107, No. B10, 2002, p. 2214.

[20] Mc Carthy, D., (ed.), "IERS Conventions (1996)," IERS Technical Note No. 21, U. S. Naval Observatory, July 1996; http://www.maia.usno.navy.mil/conventions.html.

[21] WGS 84 Implementation Manual, Version 2.4, EUROCONTROL (European Organization for the Safety of Air Navigation, Brussels, Belgium), Institute of Geodesy and Navigation (IfEN, University FAF, Munich, Germany), February 1998.

[22] Swift, E. R., "Improved WGS 84 Coordinates for the DMA and Air Force GPS Tracking Sites," Proc. of ION GPS - 94, Salt Lake City, UT, September 1994.

[23] Cunningham, J., and V. L. Curtis, "WGS 84 Coordinate Validation and Improvement forthe NIMA and Air Force GPS Tracking Stations," NSWCDD/TR - 96/201, November 1996.

[24] Malys, S., and J. A. Slater, "Maintenance and Enhancement of the World Geodetic System1984," Proc. of ION GPS - 94, Salt Lake City, UT, September 1994.

[25] Merrigan, M. J., et al., "A Refinement to the World Geodetic System 1984 Reference Frame," Proc. of ION GPS - 2002, The Insti-

tute of Navigation, Portland, OR, September 2002.

[26] True, S. A., "Planning the Future of the World Geodetic System 1984," Proc. of the Position, Location and Navigation Symposium 2004, Monterey, CA, April 26 - 29, 2004.

[27] Conventions on International Civil Aviation, Annex 15: Aeronautical Information Services, International Civil Aviation Organization, Montreal, ICAO, 2003.

[28] World Geodetic System - 1984 (WGS - 84) Manual, Doc. 9674, 2nd ed., International Civil Aviation Organization, 2002.

[29] EUREF Web site http://www.lareg.ensg.ign.fr/EUREF.

[30] Boucher, C., and Z. Altamimi, "Specifications for Reference Frame Fixing in the Analysis of a EUREF GPS Campaign," Version 5, 2001, http://eareg.ensg.ign.fr/EUREF/memo.ps.

[31] CGI Script at the Web site http://www.tycho.usno.navy.mil/time_scale.html.

[32] Seeber, G., Satellite Geodesy: Foundations, Methods, and Applications, New York: WalterDe Gruyter, 1993.

[33] USNO Time Service Web site http://www.tycho.usno.navy.mil.

[34] Geodesy for the Layman, Defense Mapping Agency, December 1983; http://www.earth - info.nga.mil/GandG/pubs.html).

[35] Abel, J. S., and J. W. Chaffee, "Existence and Uniqueness of GPS Solutions," IEEE Trans. on Aerospace and Electronic Systems, Vol. 27, Issue 6, November 1991, pp. 952 - 956.

[36] Fang, B. T., "Comments on 'Existence and Uniqueness of GPS Solutions' by J. S. Abel and J. W. Chaffee," IEEE Trans. on Aerospace and Electronic Systems, Vol. 28, Issue 4, October1992, p 1163.

[37] Phatak, M., M. Chansarkar, and S. Kohli, "Position Fix from Three GPS Satellites and Altitude: A Direct Method," IEEE Trans. on Aerospace and Electronic Systems, Vol. 35, Issue1, January 1999, pp. 350 - 354.

[38] Hoshen, J., "On the Apollonius Solutions to the GPS Equations," AFRICON, 1999 IEEE, Vol. 1, September 28 - October 1, 1999, pp. 99 - 102.

[39] Leva, J. L., "An Alternative Closed - Form Solution to the GPS Pseudorange Equations," IEEE Trans. on Aerospace and Electronic Systems, Vol. 32, Issue 4, October 1996, pp. 1430 - 1439.

[40] Chaffee, J., and J. Abel, "On the Exact Solutions of Pseudorange Equations," IEEE Trans. on Aerospace and Electronic Systems, Vol. 30, Issue 4, October 1994, pp. 1021 - 1030.

[41] Hassibi, B., and H. Vikalo, "On the Expected Complexity of Integer Least - Squares Problems," IEEE International Conference on Acoustics, Speech, and Signal Processing, Vol. 2, 2002, pp. 1497 - 1500.

[42] Hassibi, A., and S. Boyd, "Integer Parameter Estimation in Linear Models with Applicationsto GPS," IEEE Trans. on Signal Processing, [see also IEEE Trans. on Acoustics, Speech, and Signal Processing], Vol. 46, Issue 11, November 1998, pp. 2938 - 2952.

[43] Abel, J. S., "A Divide and Conquer Approach to Least - Squares Estimation with Application to Range - Difference - based Localization," International Conference on Acoustics, Speech, and Signal Processing, Vol. 4, May 23 - 26, 1989, pp. 2144 - 2147.

[44] Peng, H. M., et al., "Maximum - Likelihood - Based Filtering for Attitude Determination Via GPS Carrier Phase," IEEE Position Location and Navigation Symposium, March 13 - 16, 2000, pp. 480 - 487.

[45] Hassibi, B., and H. Vikalo, "On the Expected Complexity of Sphere Decoding," Conference Record of the Thirty - Fifth Asilomar Conference on Signals, Systems and Computers, Vol. 2, November 4 - 7, 2001, pp. 1051 - 1055.

[46] Chaffee, J. W., and J. S. Abel, "The GPS Filtering Problem," Position Location and Navigation Symposium, "Record '500 Years After Columbus—Navigation Challenges of Tomorrow'," IEEE PLANS '92, March 23 - 27, 1992, pp. 12 - 20.

[47] Ponomaryov, V. I., et al., "Increasing the Accuracy of Differential Global Positioning Systemby Means of Use the Kalman Filtering Technique," Proc. of the 2000 IEEE International Symposium on Industrial Electronics, Vol. 2, December 4 - 8, 2000, pp. 637 - 642.

[48] Mao, X., M. Wada, and H. Hashimoto, "Investigation on Nonlinear Filtering Algorithms for GPS," IEEE Intelligent Vehicle Symposium, Vol. 1, June 17 - 21, 2002, pp. 64 - 70.

[49] Mao, X., M. Wada, and H. Hashimoto, "Nonlinear Filtering Algorithms for GPS Using Pseudorange and Doppler Shift Measurements," Proc. of the 5th IEEE International Conferenceon Intelligent Transportation Systems, Singapore, 2002, pp. 914 - 919.

[50] Wu, S. - C., and W. G. Melbourne, "An Optimal GPS Data Processing Technique for PrecisePositioning," IEEE Trans. on Geoscience and Remote Sensing, Vo. 31 Issue 1, January 1993, pp. 146 - 152.

[51] Nardi, S., and M. Pachter, "GPS Estimation Algorithm Using Stochastic Modelling," Proc. of the 37th IEEE Conference on Decision and Control, Vol. 4, Tampa, FL: December 16 - 18, 1998.

[52] Chaffee, J., J. Abel, and B. K. Mc Quiston, "GPS Positioning, Filtering, and Integration," Proc. of the IEEE 1993 National Aero-

space and Electronics Conference, Dayton, OH, Vol. 1, May 24 – 28, 1993, pp. 327 – 332.

[53] Zhuang, W. , and J. Tranquilla, "Modeling and Analysis for the GPS Pseudorange Observable," IEEE Trans. on Aerospace and Electronic Systems, Vol. 31, No. 2, April 1995, pp. 739 – 751.

[54] Fenwick, A. J. , "Algorithms for Position Fixing Using Pulse Arrival Times," IEE Proc. onRadar, Sonar and Navigation, Vol. 146, No. 4, August 1999, pp. 208 – 212.

[55] Shin, D. – H. , and Tae – Kyung Sung, "Comparisons of Error Characteristics Between TO Aand TDOA Positioning," IEEE Trans. on Aerospace and Electronic Systems, Vol. 38, No. 1, January 2002, pp. 307 – 311.

[56] Chaffee, J. W. , "Observability, Ensemble Averaging and GPS Time," IEEE Trans. on Aerospaceand Electronic Systems, Vol. 28, No. 1, January 1992, pp. 224 – 240.

[57] Abel, J. S. , "A Variable Projection Method for Additive Components with Application to GPS," IEEE Trans. on Aerospace and Electronic Systems, Vol. 30, No. 3, July 1994, pp. 928 – 930.

[58] Xu, G. , GPS: Theory, Algorithms, and Applications, New York: Springer – Verlag, 2003.

[59] "Manual on Required Navigation Performance (RNP)," ICAO, Doc. 9613, June 1999.

第 3 章　GPS 全球定位系统

3.1 引　　言

在描述卫星导航的发展时(见 1.2 节),可以得到对 GPS 的辩证且生动的描述。

用于定位、跟踪以及地图绘制的 GPS 系统,在大多数情况下作为导航的同义词被提及;GPS 是将导航的理论概念转化到实际系统,转化到一个界面友好的接收机以及一个公认的和越来越必需的服务手段。

对民用用户来说,GPS 被设计成低成本的产品;尽管美国运输部给予了一定的支持,但是它的设计和继续维护仍是由美国军事机构主导的。

GPS 可为全球用户提供持续服务,但是,由于国家安全的原因,该系统可以拒绝向民用用户开放。

它是精确的导航系统,但是通过拒绝对未被授权用户的精确实时自主导航,它的性能可以被故意降级(2000 年之前的 10 年时间就是这种情况),以便保证美国的国家安全。

GPS 已经成为用于车载以及地面设备软硬件技术发展的连续源泉。它为构建和部署未来系统以及创新服务提供了有竞争力的方案这也将使导航成为人类未来福祉一个关键因素。

前人已有大量关于 GPS 的文献著作[1-9],包含了非常详细的书籍以及研究论文[10-12],此处不再赘述。然而,GPS 的架构和组织、信号格式以及性能问题在这里都有提及。对上述这些问题的理解是领会导航系统的进化和未来方向的关键。本章就这些问题提供了一种见解,但不涉及设计根据,这些内容将激发读者对导航世界可能发展及其潜能有一定认识。

3.2 GPS 结构

GPS 是一个包含空间段、控制段以及用户段三个部分的复杂系统。本节突出了这三个部分的主要特征,目的是描述从第 2 章中叙述的基本导航概念到一个真实且成功的实用系统的转化过程,该系统已经将人们带入到导航的世界,并且使人们对导航服务的有效性和未来潜能的认知得到发展。

3.2.1 空间部分

GPS 使用一个卫星星座,每颗卫星发射一个包含导航消息的复合测距信号[10,12-15]。后者包含了确定卫星的坐标并且使卫星时钟与 GPS 时间一致所需的信息。在第 2 章的概述中,需要同时使用至少四颗卫星进行测距(图 3.1)来实现三维空间定位和授时的能力。

GPS 卫星星座的设计需要考虑许多方面。卫星星座可以为地球上的任意用户在任何时间和地点提供测距能力。另外,在同时测距中,卫星需要在一定角度广泛分布,以便将其相互干扰降至最低,并提供必需的几何强度,以便进行高精度定位。最后,卫星的高度应保证星座中每颗卫星的对地可视比率、接收机关于多普勒频移的复杂性、信号获取以及卫星间的交接等方面保证做到一个适当的平衡。

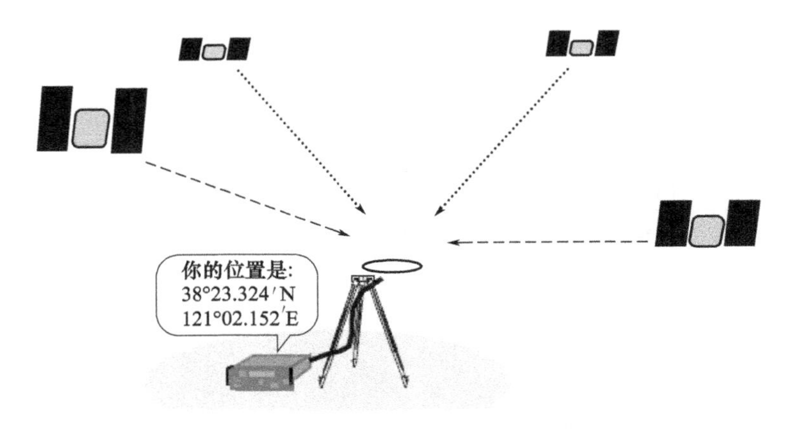

图 3.1 GPS 的基本概念

因此,最终被选定的 GPS 星座包含了分布在 6 个轨道面运行的 24 颗卫星(图 3.2)。每个轨道面运行 4 颗卫星。每颗卫星的运行周期为 12 恒星时,约 11h 58min,并且位于地球上空大约 20163km 的高度上。轨道与赤道面形成 55°夹角,形状近似为圆形(偏心率大概为 0.01)。

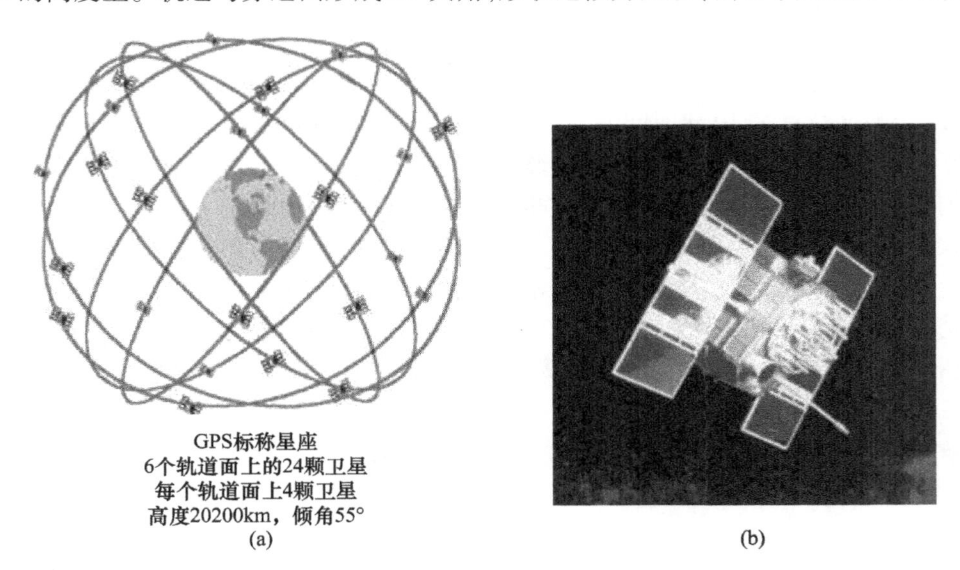

图 3.2 (a)标称 GPS 星座;(b)GPS 星座的导航卫星(NAVSTAR)

1995 年,GPS 星座完全投入运行,其中使用了 24 颗非实验性卫星,并且一直包含超过 24 颗有效卫星和其他备份卫星来提高服务的可靠性,以防不可预测的卫星中断。GPS 卫星大约重 930kg,太阳能帆板展开后长度为 5.2m。GPS 卫星采用推进器进行轨道修正,设计寿命为 7.5 年。

设计的有效载荷可以及时准确地传送包含导航数据的复合 L 波段信号,包含 L1 和 L2,这些信号可以为用户进行位置、速度测量以及授时提供必要的信息(见 3.3 节)。导航数据周期性地(多达每日两次)更新,并存储到卫星存储器中。这种更新主要是地面控制站通过 S 波段的跟踪、遥测和遥控来实现的。

卫星有效载荷的核心是冗余原子振荡器,通过其中以气态形式存在的铷或者铯原子获得需要的高稳定性。原子钟与固有频率合成器一起,不但校准 GPS 信号生成源,也控制 L 波段的中心频率。信号经过增强、滤波并调制成适当的形式传送到用户部分(见 3.3 节)。

3.2.2 控制部分

检查卫星的运行健康状态以及确定卫星位置来对卫星进行监测是通过运行控制部分来实现的[1,10,12]。这部分需要特别注意的是:通过微小的机动维持卫星在轨道上的运行;对卫星时钟和有效载荷引入修正和调整;跟踪 GPS 卫星并且向星座中的每颗卫星上传导航数据;在卫星出现故障时提供指令进行重新定位。

运行控制部分的运作始于 1985 年,一个由跟踪站组成的网络(图 3.3):主控站位于美国科罗拉多州斯普林斯猎鹰空军基地;五个监控站的坐标精度要求极高,位于夏威夷、科罗拉多州斯普林斯(与主控站在一起)、阿森松岛、印度洋的迪戈加西亚以及西太平洋的夸贾林环礁。监控站装备有高精度 GPS 接收机和铯振荡器,用于持续追踪所有可见的卫星。位于阿森松岛、迪戈加西亚以及夸贾林环礁上的建筑还装备了地面天线,通过 S 波段的测控链路向 GPS 卫星上传信息。监控站是无人的,通过主控站进行遥控操作。

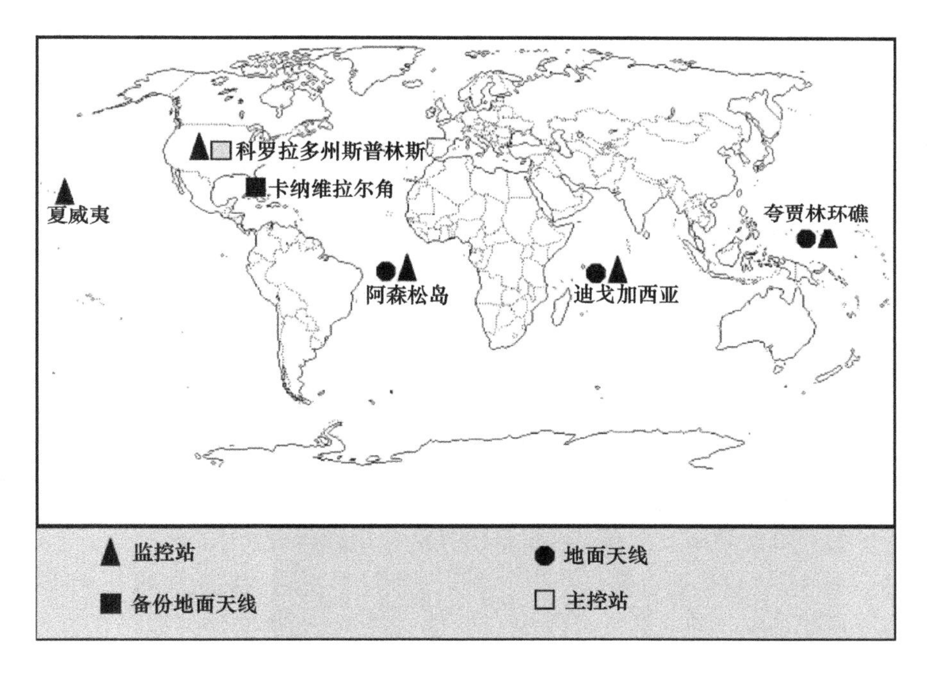

图 3.3 GPS 运行控制站位置分布图

主控站接收通过监控站的多重电码和频率跟踪接收机收集得到的 GPS 观察数据,并将这些数据加工处理,产生一组预测导航数据。更新后的导航数据由主控站传送至地面天线来与卫星链接。卫星再在其传送给 GPS 用户的信号中合并这些更新信息。这些操作在图 3.4 中突出显示。

按照之前所述,运行控制部分同样有监控 GPS 系统健康状况的任务。特别地,在卫星检修或者停工期间,主控站将其状态设置为不健康。这种信息包含在卫星导航报文中,尽管民用服务不实时监控卫星健康状态信息。影响服务的星座状况以及任何预定或非预定的事件由美国海岸警卫导航中心会同导航信息服务部门及时通知。因此,美国海岸警卫导航中心通过布告形式将关于 GPS 状态的信息提供给用户:导航用户咨询通告。这个信息是产生 GPS 状态报告和布告的首要输入,例如,航行通知和向美国海岸警卫队海员的当地通知。另外,关于公众有权访问的计划中的卫星维修或者停用的星座状态信息,通过诸如因特网等形式进行通知[16]。

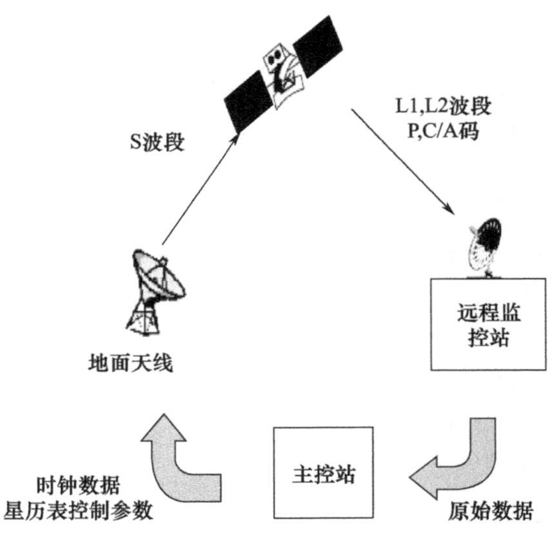

图 3.4　GPS 控制部分基本结构和数据流

从这些描述中可以清晰地看到,主控站是控制部分的核心,它追踪并控制其他站点,并且通过这些站点控制整个卫星星座。这种跟踪和控制给系统提供了相当的可靠性。

3.2.3　用户部分

在一个复杂的系统结构中,用户部分是系统是否成功的一个关键角色,包含以下因素:

- 用户终端(也就是距离用户最近的系统硬件部分,它的成本和好用与否,能帮助用户确定系统的经济性和适用性是否符合用户的预期);
- 应用程序(也就是系统的设计者和操作者在软件层面上对实际用户需求理解的例证)。

好用和低成本的终端,以及基于用户需求的应用程序一起,能够根据发展的需要,得到扩展和/或改进,这是保证系统效能和成功的关键。GPS 显然专注于这些方面,它允许全球用户通过友好且非常廉价的终端访问现有的和潜在的导航系统应用软件[10-12,17-20]。

在 GPS 接收机中,接收机通过提供了一个几乎是半球形视野的右旋圆极化天线接收卫星信号。接收机能够追踪其中一种或者全部两种 GPS 编码类型,这些编码类型将在 3.3 节中叙述。大多数接收机都有多个信道,每个信道跟踪单颗卫星的信号传输。

多信道接收机的简略结构图如图 3.5 所示。接收到的信号通常要进行滤波,以便减少带外干扰,进行前置放大并向下转换成中频。另外,通常利用过采样技术来降低模数转换的复杂性,来进行采样和数字化。然后这些采样信号传输到数字信号处理器部分,该部分包含 N 个并行通道同时跟踪来自于 N 颗卫星的载波和编码。每个通道都包含有编码和载波跟踪回路,用于执行编码和载波相位测量并解调导航消息数据。可以实现多种卫星到用户的测量,例如伪距(基本的和增量的)和积分多普勒,它们与已解调导航消息同时传输到导航/接收机的处理器。后者通常需要给接收机发送控制和指令信号,开启信号获取以及后续的信号追踪和数据采集的操作序列[21-35]。

一个输入/输出组件将 GPS 连接到用户。在很多应用中,输入/输出装置是一个控制显示组件,允许数据入口、状态和导航(定位、测速和授时)信息显示并有权使用各种导航功能。例如,图 3.6 和图 3.7 分别说明了商用手持终端和海事 GPS 终端。

GPS 用户分为军用和民用两种。GPS 允许他们在无任何直接费用的情况下,确定他们在世

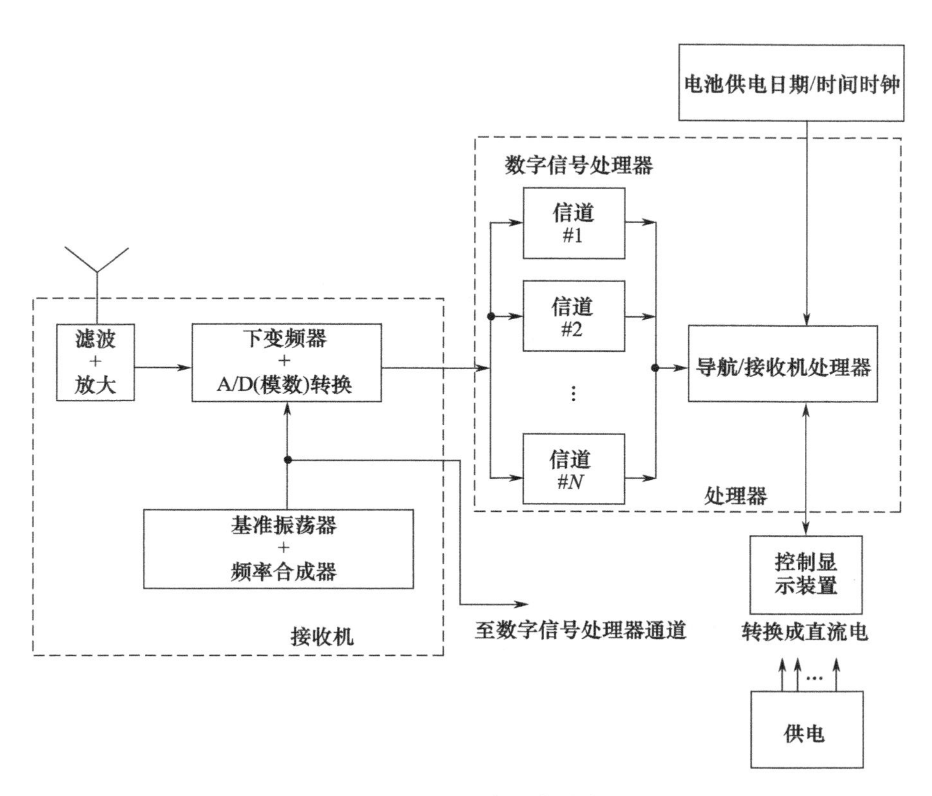

图 3.5　GPS 接收机一般结构图

图 3.6　GPS 商用手持终端(来自:文献[36]。© 2004 年 Garmin 公司。许可再版)

界上任何地点的位置并且将这个信息用于各种相关的应用。

根据所提供的精度(见第 2 章),GPS 提供两个层次的服务:标准定位服务和精确定位服务。它们的精度区分标准将在 3.5 节中定义。

特别地,GPS 在商业和专用航空领域为飞机提供导航;为交通工具(小汽车、货车和公共汽车)提供陆地车辆导航以及水运导航。另外,GPS 还能够用于时钟之间的时间转换、航天器轨道确定、基于多天线的姿态确定、运动学测量以及电离层测量。军事应用包括部队部署和侦察以及遥感应用和智能武器中的目标跟踪。民用包括交通工具跟踪、地理信息系统数据收集、应急无线电通信业务、农业、摄影测量和文娱(如徒步旅行)。

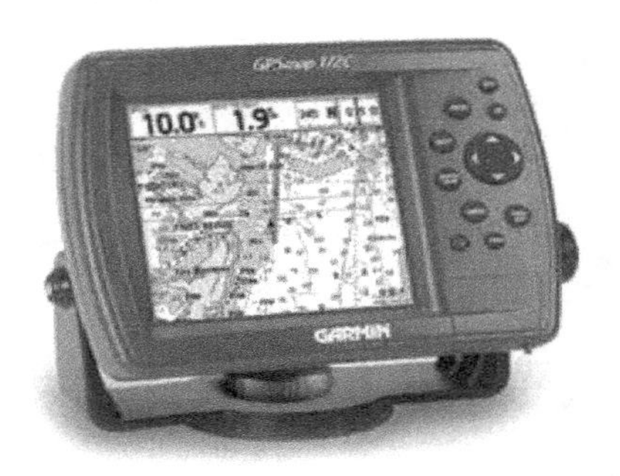

图 3.7　GPS 商用海事终端(来自:文献[36]。© 2004 年 Garmin 公司。许可再版)

3.3　GPS 信号

卫星导航系统信号的主要需求是:同时访问从带有最小交叉干扰的一组卫星发射出的信号的可行性[10,12,37-38]。在 GPS 中,这一需求转化到码分多址方案的使用,其中来自每颗卫星的信号通过其自带的伪随机噪声码进行调制,码分多址分配给信号的编码组与发自其他卫星的信号编码弱相关。这个技术允许用户在相互干涉较低的情况下,接收同一频段的多重信号。在用户接收机中的信号比导航数据信号具有更宽的频谱,并具有较低的功率谱密度,低于热噪声水平。因而,显著的抗干涉和抗干扰能力与未授权用户的低探测能力可同时满足。

接下来描述 GPS 信号的原始结构。该结构设计于 20 世纪 70 年代,并且,通过 GPS 的现代化进程(Block ⅡR,ⅡF 和Ⅲ的发射),已经能够满足当前的以及未来的用户需求[39]。

每颗卫星设计由两个 L 载波不间断播发导航消息:

L1　1575.42MHz

L2　1227.60MHz

同时:

$$L1 = 154 f_0 \tag{3.1}$$

$$L2 = 120 f_0 \tag{3.2}$$

这里,f_0是卫星生成的一个标称基准频率(也称为基频),对地面观察者来说它为 10.23MHz。

L1 波段是由 C/A 码(粗码)以及精码(P 码)调制成的二进制相移键控码(BPSK),而 L2 波段是只由 P 码调制成的 BPSK。

C/A 码对所有民用用户可见,并且是标准定位服务(SPS)的基础。C/A 码长度为 1023 片,并且由两个 10 级线性反馈移位寄存器(LFSK)的二进制序列生成器适当组合而成。通常,最终代码由其中之一的输出和另一个输出的延迟版本之间进行模 2 相加("异或"逻辑运算)得到。后一个寄存器的延迟数额代表不同的编码次序,因此也确定了卫星的身份。此外,在每个寄存器的 1024 个可能状态中丢弃全 0 输出后,可以得到一个由 1023bit 组成的编码(最大长度编码)。在这个对应于可能延迟数量的 1023 个可能编码中,为了降低信号之间的交叉干扰,只有相互正交,即非相关的编码(黄金编码)被选择。

编码比特率(码片速率)是 $R_{C/A} = 1.023\text{Mchip/s}$,并且具有编码长度 $L_{C/A} = 1023$,编码持续时间 $L_{C/A}/R_{C/A} = 1\text{ms}$。值得注意的是 $R_{C/A} = f_0/10$。

与 C/A 码相反,通过对控制部分激活反欺骗模式可以拒绝标准定位服务用户访问 P 码。实际上,P 码主要设计为军事用途,虽然在 1994 年之前都对所有用户开放,但是可以给 P 码添加一个未知的保密码，从而防止被所有用户使用。P 码的加密版本可以表示成 Y 码，Y 码与 P 码有相同的码片速率。基于这个原因，P 码经常被表示为 P(Y)码。

只有美国国防部授权的用户可以访问 P(Y)码，例如美国军方、北约和某些特定的军事任务部队，他们被允许使用精密定位服务。最后，民用用户只有经过国防部的许可才能使用 P 码。

P 码采用了一个非常长的序列，码片速率为 $R_P = 10.23$Mchip/s。值得一提的是 $R_P = f_0$。完整的 P 码流有一个大概 266 天的周期（也就是说 38 周），这是由 2.35×10^{14} 的码片长度造成的。这个 266 天长的编码被分成 38 个片段，也就是相当于编码的 38 个周段。因为每个片段有 7 天长度的编码，考虑到码片速率为 R_P，编码长度 L_P 则为 6.1871×10^{12} 个码片。这些片段分配给 GPS 星座卫星（每颗卫星一个），剩下的分配给其他用户。每颗 GPS 卫星通过与 P 码的片段顺序相同的编码 i 进行身份认证，这个编码对于卫星本身来说是独一无二的。

导航信号由以下部分构成：

- 载波（L1，L2）；
- 码[C/A，P(Y)]；
- 导航数据（比特率 $R_{ND} = 50$bit/s）。

导航数据是 GPS 信号的核心。这些数据位由 5 个子帧组成，每个子帧包含 300bit，持续时间为 6s。导航数据包含作为时间功能之一的精确星历，还包含卫星的时钟参数、大气数据以及天文年历。特别地，星历的参数与发射卫星的轨道是精确对应的，并且仅在几个小时内有效；天文年历是星历的简化精确子集，其作用是预测卫星的大概位置并为卫星信号的获得提供援助。天文年历包含轨道数据、低精度时钟数据、简单的配置以及 GPS 星座中每颗卫星的健康状况。

另外，导航数据包含对用户信号获取有用的其他信息，如用户信息、电离层模型数据以及协调世界时计算。

图 3.8 展示了 GPS 卫星信号的结构框图。因为所有的载波和编码码片速率是基准频率 f_0 的倍数或因数，所以导航信号的组成部分都是同步的。

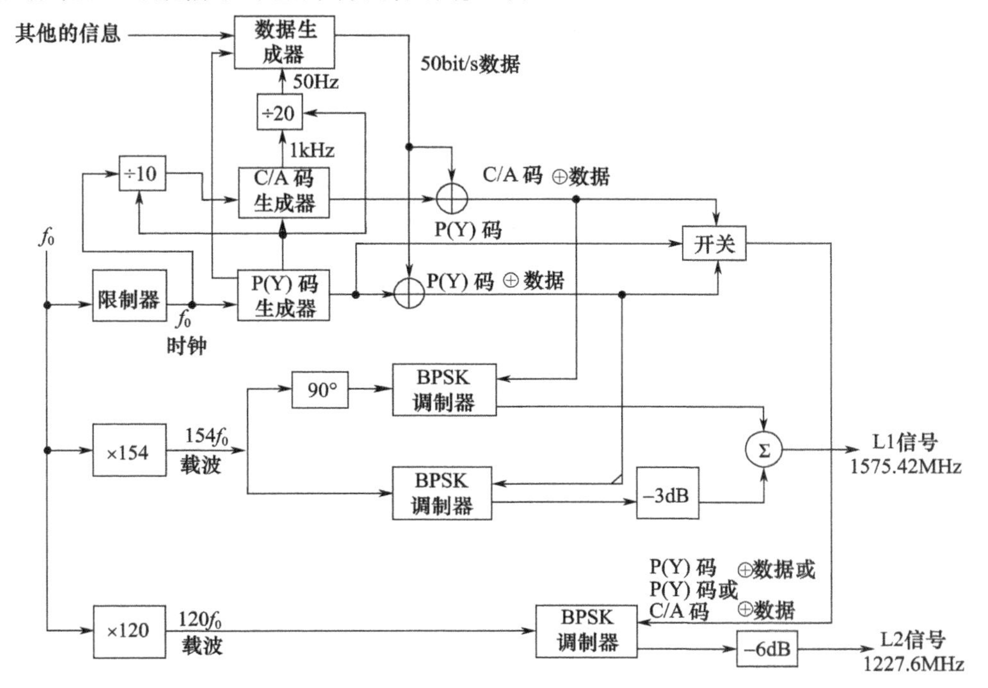

图 3.8　GPS 卫星信号的结构框图

通过描述 GPS 导航信号的构成和特征可知，第 k 颗 GPS 卫星的 L1 载波发射信号 $x_{L1,k}(t)$ 可以用下列公式表述：

$$x_{L1,k}(t) = \sqrt{2P_{C/A}}C_{C/A,k}(t)D_k(t)\cos(\omega_1 t+\varphi) + \sqrt{2P_P}C_{P,k}(t)D_k(t)\sin(\omega_1 t+\varphi) \tag{3.3}$$

式中：$P_{C/A}$ 和 P_P 分别为 C/A 码和 P 码的信号的能量；$C_{C/A,k}(t)$ 为用于 C/A 译码编码的第 k 颗卫星的唯一的黄金代码编码；$C_{P,k}(t)$ 为用于 P 编码的一个一周周期的第 k 颗卫星的 PRN 序列；$D_k(t)$ 为导航数据的二进制序列。

第 k 颗 GPS 卫星的 L2 载波发射信号 $x_{L2,k}(t)$ 则可以用下列公式表示：

$$x_{L2,k}(t) = \sqrt{2P_{L2}}C_{P,k}(t)D_k(t)\cos(\omega_2 t+\varphi) \tag{3.4}$$

其中：P_{L2} 为信号能量，其他的符号与式(3.3)具有同样的意义。GPS 系统使用一路卫星测距和三边测量来确定一个 GPS 用户在地球表面的位置；GPS 的参考系是 WGS－84(见第 2 章)。

通过接收机内的编码跟踪技术，可以对 GPS 卫星信号的传输距离进行测量。接收到的信号经过转换成基带信号后，与本地产生的编码序列相同，该编码序列与在星座中所选择的卫星有关。接收机分析相关峰。由于编码(C/A 码)序列的特性，来自卫星的信号，除了需要考虑的，其他的都可以丢弃。

为了与接收信号同步，时间偏移必须加入到本地生成的编码。相关峰可以由此得到，进而得到信号的传播时间。后者如果乘以光速，就得到测量距离(伪距)，这个距离数值会与实际数值不同，因为可能的误差源(如对流层和电离层传播、时钟)在此过程中并没有被考虑在内。除了伪距测量之外，为了确定用户的位置还需要确定卫星的坐标。这个信息包含在导航消息中，需要利用本地生成的编码从卫星信号中解码。

P(Y)代码的获得，对于授权用户来说，是通过 C/A 码获得的。实际上，接收机最先获得的是 C/A 码，之后是 P(Y)码，通过包含在数据消息中的时间信息。实际上，因为编码极长，需要一个极其精确的时钟和数以千计的并行相关器，所以直接获得 P(Y)码非常困难。但可以间接通过载波跟踪进行测距和多普勒频移测量：接收机本地生成载波频率并将这个信号用于距离测量。距离测量可以通过比对已与系统时间正确同步的本地载波和卫星载波之间的相位差实现。尽管这些测量都比较精确，它们的精度受所接收到的载波周期的模糊性(周期模糊)限制，因为接收机不能直接确定伪距中周期总数的精确数值。这一个问题能够通过使用载波相位差分 GPS 克服，即通过位于已知坐标的地面基准站，给附近的用户接收机提供载波相位测量。特别是，地面站结合 GPS 信号使用差分技术来解决周期模糊问题，进而改进 GPS 误差估算。考虑到当前有两路 GPS 信号可用，即 L1 和 L2，人们已经开发了两项主要技术：不依赖几何的和依赖几何的。前者(不依赖几何的)通过使用平滑码测量方式确定载波相位测量中的整周模糊度。后者则根据一些标准(通常利用最小残差平方和)，给出了整周模糊度搜索过程的一个“最优”解[40]。图 3.9 和图 3.10 分别展示了 GPS 接收机编码和载波跟踪回路的结构图。

GPS 的现代化将在第 6 章介绍，将引入 L2 频率上的民用信号(L2C)以及 L1 和 L2 载波上的两种新型 M 码。两个民用编码的可用性允许 GPS 的单独用户提升性能，因为通过恰当结合两个信号，用户可以部分地修正由电离层引起的 GPS 信号传播损耗(见 3.4 节)。M 码使用已分配给 L1 和 L2 波段的频谱部分，尽管在频谱上仍然区别于民用编码。这就将满足由军事环境带来的需求，以提出反对敌对势力使用 GPS 的对抗措施，允许美国政府及其盟友在不影响民用用户性能的情况下保持对系统的军事控制。这些新的编码受益于新的密码算法以及可相比于现行 P(Y)码信号提高 20dB 的发射功率[39-41]。

然而，民用编码的扩展对于 GPS 在民用航空领域内的扩展运用仍然是不够充分的。因此，

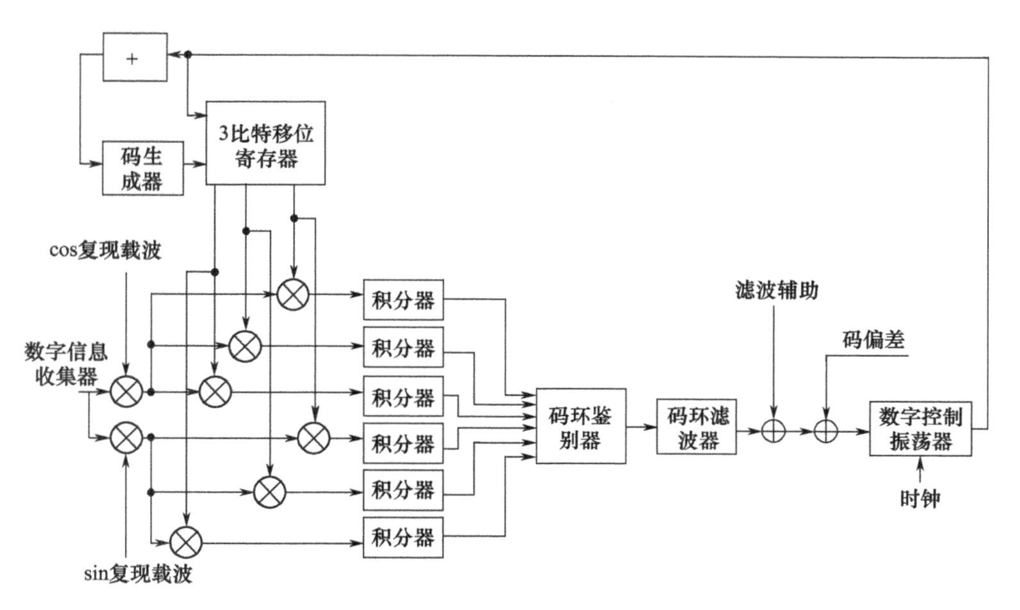

图 3.9　基本 GPS 接收机编码跟踪回路

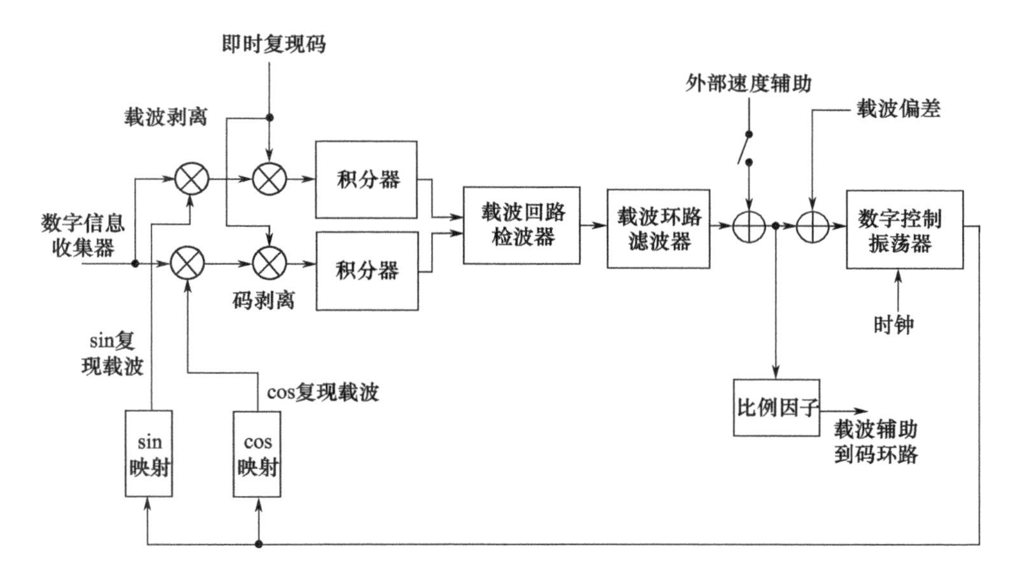

图 3.10　基本 GPS 接收机载波跟踪环路

一个新的民用频段（L5 = 1176.45MHz）将被添加到扩展结构中。较高的能量水平和巨大的传播带宽（最低 20MHz）伴随较高的码片速率（f_0）将被分配到 L5 波段，这将在噪声和多路径损耗的情况下，保证较高的精度。导航消息在新信号中的传播将有一个完全不同且更加有效的结构。这个编码将比现行的 C/A 版本更长，因此提高了抗干扰能力。另外，关于前面强调的整周模糊度问题，第三个 GPS 载波被用于载波相位差分 GPS 的可行性将被进一步研究（如三频模糊度求解（TCAR）方法[42]）。

3.4　信号的传播效应

大气层影响 GPS 信号的传播，由此产生的延迟在 GPS 误差估计中不能被忽视（见 3.5 节）。

大气作用对 GPS 卫星传播的影响取决于仰角和用户所处的环境[10-12]。GPS 卫星传输所使用的 L 波段的频率范围足够高，可以保证电离层延迟影响很小，同时也足够低以适应很小全向天线的使用，并且不会因为下雨而导致信号显著损失。尽管如此，大气层仍导致了不可忽视的影响，包括电离层群延迟和闪烁；导致延迟的原因是湿润和干燥的大气（对流层和平流层）；对流层和平流层内产生大气衰减；反射面和散射产生多路径效应[43-49]。

对于 GPS 应用来说，误差估计中需关注的区域主要有两个：对流层和电离层。对流层的范围是地表以上 12～20km 的高度，电离层的范围是 75～500km 的高度。

电离层的显著特征是自由电子高度集中，这会引起信道折射率的变化，由此也产生电磁波在介质中传播速度的变化。电离层对 GPS 信号的影响主要造成延迟和载波相位提前（随着信号穿过电离层时的路径和大气密度而变化），或者造成信号闪烁，闪烁能够使信号的振幅和相位在特定的维度上快速地波动甚至导致失锁。其他与电离层有关的影响，例如影响到达角度的法拉第旋转效应和折射，这些对 GPS 频段的影响不是很大。在 GPS 频率范围内，电离层天顶路径延迟介于 2～50ns，日复一日地频繁变化且不可预测。在保证信号能穿过电离层的较低仰角上，信号路径跨越了巨大的电离层范围。穿过天顶的时间延迟可能被提高到 3 倍。这就暗示着 50ns 的天顶延迟变成 150ns，相当于 45m 的距离误差。此误差明显与 GPS 系统要求的精度不一致。

与电离层效应相比，对流层的影响大约要小一个数量级。这个区域的折射率随着高度的变化而变化。因为对流层的折射指数大于 1，GPS 信号穿过这个区域会引起群延迟。与电离层不同，这个延迟不依赖于信号载波。对流层引起的信号衰减通常在 0.5dB 以下，引起的延迟效应在 2～25m。这些影响随着仰角的变化而变化（倾角越低导致穿过对流层的路径越长），同时随着气体密度的变化而变化。需要强调的是大约四分之一的延迟效应是由对流层之上的气体引起的，尤其是对流层顶层和平流层。

在 GPS 的各个频段中，氧气是衰减的主要影响原因（在 1.5GHz 频率上天顶衰减 0.035dB），而水蒸气、雨水以及氮气对衰减的影响可忽略不计。从天顶穿透的方面看，在低仰角的状态下对流层倾斜穿透的影响比电离层倾斜穿透要大得多（系数大于 3），因为对流层一直延伸到地球表面。因为在 GPS 卫星的使用中，应该避免低于 5°的高度角：这样做不仅因为可以避免较高的衰减，也因为对流层延迟的严重不确定性以及闪烁效应。另外，在低仰角的情况下，其他的因素，如反射、折射以及接收天线增益滚降等方面的影响可能被放大。

因大气折射率的不规则性和波动性引起的对流层闪烁，随时间和其他因素的变化而变化，如频率、仰角以及天气状况（尤其是浓密的云层）。在 GPS 的各个频段中，除了在小时间片和低仰角的情况下，这些因素的影响是很小的。

另外，着重强调多路径效应非常重要，它可能是决定性的，尤其对飞机导航而言。多路径传播现象是因为无线电信号从卫星到接收机经过多次反射导致到达接收天线的路径有两条或者多条。多路径的影响导致在接收机端存在多种相位和衰减的主信号（即直视路径传播的信号）回波。因此，这些信号在接受天线中引起建设性或者破坏性的干扰，同时，这也影响到接收信号的质量。尽管如此，GPS 接收机在一定的条件下能够有效避免多路径效应。在可用频段带宽范围内以及接收机复杂性的约束内，GPS 信号被设计有超过 1μs 的相互延迟，这也就能够抵抗多路径传输信号的干扰。另外，在接收天线中使用特殊的信号处理软件或设备能够获得更好的效果（如接地）。尤其是使用接地能够使天线单元在干扰信号到达接收机之前将其屏蔽，这也提高了接收到信号的强度[47-50]。因此，需要基于建模、测量或者差分技术进行误差补偿。

GPS 接收机在诸如室内、地下、大树下、城市和自然形成的峡谷中以及大功率无线电反射天线附近接收困难或者接收能力很弱。所有这些因素中，尤其是前面提到的电离层因素，造成 GPS

误差估计中的延迟,从而影响 GPS 的性能,这将在下一节中着重讲述。

3.5 GPS 性能

虽然卫星导航是为军事目的设计的,但是已经在民用领域中产生了巨大的影响。GPS 系统正在影响日常生活的方方面面,包括导航、精确着陆、用于移动用户的应急服务、精细农业以及对远行和体育运动的支持等。标准定位服务和精密定位服务用户最初的 GPS 指标见表 3.1[51]。

通过附加信号的方式,系统的精度得到提高,同时系统的可用性和完好性也得到增强。这将在下一组卫星部署之后实现(见第 6 章),在精度方面,这一 GPS 系统的平均精度将达到 10m 左右。表 3.2 显示了由美国国防部在 2001 年 10 月 4 日制定的最新标准——定位服务精度指标标准[52]。

表 3.1 最初的 GPS 的性能(95% 概率)

用户	水平精度/m	垂直精度/m	速度/(m/s)	时间/ns
标准定位服务	100	300	≤2	340
精密定位服务	22	27.7	0.2	200

表 3.2 标准定位服务的定位和时间精度标准(95% 概率)

	水平误差/m	垂直误差/m	计时误差/ns
全球平均定位精度范围	≤13	≤22	≤40
最差位置定位精度范围	≤36	≤77	≤40

2000 年之前,由于对标准定位服务用户导航方案的人为降级,完整的 GPS 精度是选择性可用的。由国防部主管的选择可用性[53,54]从 1990 年开始执行,包括了对广播星历数据以及卫星时钟抖动的有意操纵。这些也转换成在伪距测量和载波相位测量以及导航数据中的时变干扰。时钟误差引入周期为 4 ~ 12min 的随机抖动,伪距误差的变化也达到 70m。2000 年 5 月选择可用性被取消,由此消除了定位误差的最主要源头。

无论是基本的还是现代化的 GPS 系统的性能,用户都是通过精度来评判的,精度反映了测量位置、速度和时间信息与真实值之间的一致水平。精度取决于不同因素之间复杂的相互作用[55-57]。总的来说,GPS 的精度取决于伪距测量的质量和星历数据。另外,其他的参量,例如相对于 GPS 系统时间的卫星钟差精度和卫星下行链路传播误差估计精度,这些对于确定用户精度性能都是至关重要的。GPS 系统的空间、控制和用户部分中包含了显著的误差源。通常可以假定误差源能够被分配到单独的卫星伪距中,并视为导致由伪距刻画的等量误差[称为用户等效测距误差(UERE)]。

对于一颗给定的卫星,用户等效测距误差被认为是与卫星有关的每一个误差源作用的统计学总和。这个数值通常认为是独立的,一颗卫星总的用户等效测距误差值近似于一个方差为每个元素方差之和的零均值高斯随机变量。用户等效测距误差通常被认为是各个卫星之间独立同等分布的(i. i. d.)。

GPS 解中的误差 E_{GPS} 可以估计为

$$E_{\mathrm{GPS}} = \mathrm{GF} \times E_{\mathrm{PSR}} \tag{3.5}$$

式中:GF 为一个几何因素,表示 GPS 误差中与卫星 - 用户几何学有关的综合影响,并且通常被称为与卫星 - 用户几何学相关的精度因子;E_{PSR} 为适当假定的伪距误差因素,即卫星的用户等效测距误差。

一些几何因素可以在 GPS 导航解决方案的各种组成部分中被定义和应用。最常见的参量是几何精度因子(GDOP)。其他的 DOP 参量能够被有效地应用到精度特性的描绘中,如位置精度因子(PDOP)、水平分量精度因子(HDOP)、垂直分量精度因子(VDOP)以及钟差精度因子(TDOP)。这些精度因子参量可以利用卫星的用户等效测距误差以及位置/时间解的协方差矩阵的要素来定义。

卫星和接收机时钟偏差,星历预测误差以及其他各种误差源的影响降低了卫星到用户的距离测量精度,带来了之前提及的伪距误差 E_{PSR}。卫星信号在穿过大气层(电离层、对流层)时也会延迟。另外,折射(如多路径效应)、接收机噪声和分辨率以及接收机硬件偏移也对总体误差产生影响。所有这些因素导致了一个总时间偏移,可以表示为所有延迟/偏移部分的总和。

GPS 水平定位性能的误差估算在表 3.3 中给出,其中概述了选择可用性降级的影响。在选择可用性废除后,对总体误差估算产生主要影响的是电离层延迟。两路载波编码的可用性(如基础 GPS 中 P 码的军事用户和现代化系统的所有用户)允许通过适当结合 L1 和 L2 波段信号来修正电离层延迟[43,58-60]。

一些制造商已经研发了新技术,这些技术允许基本 GPS 的民用用户部分地使用 P(Y)码,以此来评估电离层的影响。尽管如此,这些技术在低信噪比,如移动用户,以及大气闪烁效应的情况下,是不够有效的。

表 3.3　概率为 95% 的标准定位服务(C/A 码)的 GPS 水平误差

误差源	带选择可用性的误差/m	不带选择可用性的误差/m
选择可用性	24	0
大气延迟		
对流层	0.2	0.2
电离层	7.0	7.0
星历和时钟	2.3	2.3
接收机噪声	0.6	0.6
多路径	1.5	1.5
总的用户等效测距误差	25.0	7.5
水平精度因子(典型值)	1.5	1.5
总的水平精度	75.0	22.5

这两路信号的使用,给 GPS 的定位精度能力带来了很大的提升,见表 3.4[51]:与现代化 GPS 中设想的一样,C/A 码在 L2 波段上的可用性,对所有民用用户和相关应用来说,都将是提高系统性能的关键。

L5 波段的可用性,已经在先进 GPS 现代化计划中提出,将进一步提高定位精度,例如,可以对飞行器整个航线的飞行阶段进行定位支持[61]。在 L5 波段实际应用后,GPS 误差的主要来源将是时钟和星历的精度。有一项革新技术,即"精度改良行动"(1996 年由美国国防部启动并核准),通过允许用户保存来自附加监控站的数据,使用户能够缩减 50% 的误差。这个精度估计结果在表 3.5 中列出[51]。

GPS 精度的提高与地面参考站的数量有很大的关系,也与用户和最近的参照站之间的平均距离有很大关系。事实上,一个站的存在就允许用户消除两者之间的相对误差部分。如第 4 章所述,系统增强的概念显示了系统的性能同样能够通过增加地面基准站的密集程度得到提高。

表 3.4 带有两路信号的标准定位服务 GPS 水平误差
(即在 L2 波段上也同样使用 C/A 码,概率为 95%)

误差源	误差/m
选择可用性	0
大气延迟	
对流层	0.2
电离层	0.1
星历和时钟	2.3
接收机噪声	0.6
多路径	1.5
总计用户等效测距误差	2.8
水平精度因子(典型)	1.5
总水平精度	8.5

表 3.5 概率为 95% 的带有附加站的标准定位服务的 GPS 水平误差

误差源	误差/m
选择可用性	0
大气延迟	
对流层	0.2
电离层	0.1
星历和时钟	1.25
接收机噪声	0.6
多路径	1.5
总计用户等效测距误差	2.0
水平精度因子(典型)	1.5
总水平精度	6.0

参考文献

[1] El-Rabbany, A., Introduction to GPS: The Global Positioning System, Norwood, MA: Artech House, 2002.

[2] "GPS: The Global Positioning System," Special Issue, IEEE Proceedings, Vol. 87, No. 1, January 1999.

[3] Lasiter, E. M., and B. W. Parkinson, "The Operational Status of NAVSTAR GPS," Journal of Navigation, Vol. 30, No. 1, 1977.

[4] Easton, R. L., "The Navigation Technology Program: Global Positioning System," ION, Vol. I, Washington, D. C., 1980, pp. 15-20.

[5] Baker, P. J., "GPS in the Year 2000 and Beyond," Journal of Navigation, Vol. 40, No. 2, 1987.

[6] Parkinson, B. W., "Overview, Global Positioning System," ION, Vol. I, Washington D. C., 1980, p. 1.

[7] Burgess, A., "GPS Program Status," Proc. of Nav 89: Satellite Navigation, London, England: Royal Institute of Navigation, 1989.

[8] Shirer, H., "GPS and the U. S. Federal Radionavigation Plan," GPS World, Vol. 2, No. 2, 1991.

[9] Baker, P. J., "GPS Policy." Proc. of the Fourth International Symposium on Satellite Positioning, University of Texas at Austin, 1986.

[10] Kaplan, E. D., Understanding GPS: Principles and Applications, Norwood, MA: ArtechHouse, 1996.

[11] Hoffmann-Wellenhof, B., H. Lichtenegger, and J. Collins, Global Positioning System: Theory and Practice, 3rd ed., New York: Springer-Verlag, 1994.

[12] Parkinson, B. W., and J. J. Spilker Jr., (eds.), "Global Positioning System: Theory and Applications," Progress in Astronautics

and Aeronautics, American Institute of Aeronautics and Astronautics, Vols. 163 and 164, 1996.

[13] Langley, R. B., "The Orbits of GPS Satellites," GPS World, Vol. 2, No. 3, March 1991, pp. 50 – 53.

[14] Leick, A., GPS Satellite Surveying, 2nd ed., New York: Wiley, 1995.

[15] Maine, K. P., P. Anderson, and J. Lauger, "Cross – Links for the Next Generation GPS," Proc. IEEE Aerospace Conference, Big Sky, MT, March 2003, Paper No. 4. 1302.

[16] "GPS Status," U. S. Coast Guard Navigation Center, September 2001, http://www.navcen.uscg.gov/gps/.

[17] Langley, R. B., "The GPS Receiver: An Introduction," GPS World, Vol. 2, No. 1, January 1991, pp. 50 – 53.

[18] Langley, R. B., "Smaller and Smaller. The Evolution of the GPS Receiver," GPS World, Vol. 11, No. 4, April 2000, pp. 54 – 58.

[19] Bao-Yen Tsui, J., Fundamentals of Global Positioning System Receivers: A SoftwareApproach, New York: Wiley – Interscience, 2000.

[20] Abel, J. S., and J. W. Chaffee, "Existence and Uniqueness of GPS Solutions," IEEE Trans. on Aerospace and Electronic Systems, Vol. 27, No. 6, November 1991, pp. 952 – 956.

[21] Fang, B. T., "Comments on 'Existence and Uniqueness of GPS Solutions' by J. S. Abel and J. W. Chaffee," IEEE Trans. on Aerospace and Electronic Systems, Vol. 28, No. 4, October1992, p. 1163.

[22] Leva, J. L., "An Alternative Closed – Form Solution to the GPS Pseudorange Equations," IEEE Trans. on Aerospace and Electronic Systems, Vol. 32, No. 4, October 1996, pp. 1430 – 1439.

[23] Chaffee, J. W., and J. S. Abel, "The GPS Filtering Problem," Proc. IEEE PLANS, (Record. "500 Years After Columbus—Navigation Challenges of Tomorrow"), Las Vegas, NV, March 1992, pp. 12 – 20.

[24] Mao, X., M. Wada, and H. Hashimoto, "Investigation on Nonlinear Filtering Algorithms for GPS," Proc. IEEE Intelligent Vehicle Symposium, Paris, France, Vol. 1, June 2002, pp. 64 – 70.

[25] Mao, X., M. Wada, and H. Hashimoto, "Nonlinear Filtering Algorithms for GPS Using Pseudorange and Doppler Shift Measurements," Proc. IEEE 5th Intelligent Transportation Systems Conf., Singapore, 2002, pp. 914 – 919.

[26] Wu, S. C., and W. G. Melbourne, "An Optimal GPS Data Processing Technique for PrecisePositioning," IEEE Trans. on Geoscience and Remote Sensing, Vol. 31, No. 1, January 1993, pp. 146 – 152.

[27] Nardi, S., and M. Pachter, "GPS Estimation Algorithm Using Stochastic Modeling," Proc. IEEE 37th Decision and Control Conf., Vol. 4, Tampa, FL, December 1998.

[28] Chaffee, J., J. Abel, and B. K. Mc Quiston, "GPS Positioning, Filtering, and Integration," Proc. IEEE NAECON 1993, Dayton, OH, May 1993, Vol. 1, pp. 327 – 332.

[29] Garrison, J. L., and L. Bertuccelli, "GPS Code Tracking in High Altitude Orbiting Receivers," Proc. IEEE PLANS, Palm Springs, CA, April 2002, pp. 164 – 171.

[30] Weihua, Z., and J. Tranquilla, "Modeling and Analysis for the GPS Pseudorange Observable," IEEE Trans. on Aerospace and Electronic Systems, Vol. 31, No. 2, April 1995, pp. 739 – 751.

[31] Chaffee, J. W., "Observability, Ensemble Averaging and GPS Time," IEEE Trans. on Aerospaceand Electronic Systems, Vol. 28, No. 1, January 1992, pp. 224 – 240.

[32] Xu, G., GPS: Theory, Algorithms, and Applications, New York: Springer – Verlag, 2003.

[33] Akopian, D., and J. Syrjarinne, "A Network Aided Iterated LS Method for GPS Positioningand Time Recovery Without Navigation Message Decoding," Proc. IEEE PLANS, PalmSprings, CA, April 2002, pp. 77 – 84.

[34] Kokkoninen, M., and S. Pietila, "A New Bit Synchronization Method for a GPS Receiver," Proc. IEEE PLANS, Palm Springs, CA, April 2002, pp. 85 – 90.

[35] Pathak, M. S., "Recursive Method for Optimum GPS Selection," IEEE Trans. on Aerospace and Electronic Systems, Vol. 37, No. 2, April 2001, pp. 751 – 754.

[36] http://www.garmin.com.

[37] Langley, R. B., "Why Is the GPS Signal So Complex?" GPS World, Vol. 1, No. 3, May/June1990, pp. 56 – 59.

[38] Spilker Jr., J. J., "GPS Signal Structure and Performance Characteristics," Navigation, Vol. 25, No. 2, 1978.

[39] Shaw, M., K. Sandhoo, and D. Turner, "Modernization of the Global Positioning System," GPS World, Vol. 11, No. 9, September 2000, pp. 36 – 44.

[40] Abidin, H. Z., "Multi – Monitor Station On – the – Fly Ambiguity Resolution: The Impacts of Satellite Geometry and Monitor Station Geometry," Proc. of IEEE PLANS'92, Monterey, CA, March 1999, pp. 412 – 418.

[41] Barker, B. C., et al., "Details of the GPS M Code Signal," Proceedings of ION 2000 National Technical Meeting, Institute of Navi-

gation, January 2000.

[42] Volath, U., et al., "Analysis of Three - Carrier Phase Ambiguity Resolution (TCAR) Techniquefor Precise Relative Positioning in GNSS - 2," Proc. of ION GPS - 98, Nashville, TN, September 1998.

[43] Klobuchar, J. A., "Ionospheric Effects on GPS," GPS World, Vol. 2, No. 4, April 1991, pp. 48 - 51.

[44] Langley, R. B., "GPS, the Ionosphere and the Solar Maximum," GPS World, Vol. 11, No. 7, July 2000, pp. 44 - 49.

[45] Brunner, F. K., and W. M. Welsch, "Effect of the Troposphere on GPS Measurements," GPS World, Vol. 4, No. 1, January 1993, pp. 42 - 51.

[46] Hay, C., and J. Wong, "Enhancing GPS: Tropospheric Delay Prediction at the Master ControlStation," GPS World, Vol. 11, No. 1, January 2000, pp. 56 - 62.

[47] Weill, L. R., "Conquering Multipath: The GPS Accuracy Battle," GPS World, Vol. 8, No. 4, April 1997, pp. 59 - 66.

[48] Kelly, J. M., and M. S. Braasch, "Validation of Theoretical GPS Multipath Bias Characteristics," Proc. of IEEE Aerospace Conference, Big Sky, MT, Paper No. 4. 1103, March 2001.

[49] Ray, J. K., M. E. Cannon, and P. Fenton, "GPS Code and Carrier Multipath MitigationUsing a Multi - Antenna System," IEEE Trans. on Aerospace and Electronic Systems, Vol. 37, No. 1, January 2001, pp. 183 - 195.

[50] McKinzie, W. E., et al., "Mitigation of Multipath Through the Use of an Artificial Magnetic Conductor for Precision GPS Surveying Antennas," IEEE Antennas and Propagation Society International Symposium, Vol. 4, San Antonio, TX, June 2002, pp. 640 - 643.

[51] Galati, G., Detection and Navigation Systems/Sistemi di Rilevamento e Navigazione, Italy: Texmat, 2002.

[52] "Global Positioning System Standard Positioning Service Performance Standard," U. S. Department of Defense, October 2001.

[53] Georgiadou, Y., and K. D. Doucet, "The Issue of Selective Availability," GPS World, Vol. 1, No. 5, September/October 1990, pp. 53 - 56.

[54] Conley, R., "Life After Selective Availability," U. S. Institute of Navigation Newsletter, Vol. 10, No. 1, Spring 2000, pp. 3 - 4.

[55] Kleusberg, A., and R. B. Langley, "The Limitations of GPS," GPS World, Vol. 1, No. 2, March/April 1990, pp. 50 - 52.

[56] Langley, R. B., "Time, Clocks and GPS," GPS World, Vol. 2, No. 10, November/December1991, pp. 38 - 42.

[57] Dong - Ho, S., and T. K. Sung, "Comparison of Error Characteristics Between TOA andTDOA Positioning," IEEE Trans. on Aerospace and Electronic Systems, Vol. 38, No. 1, January 2002, pp. 307 - 311.

[58] Afraimovich, E. L., V. V. Chernukhov, and V. V. Demyanov, "Updating the Ionospheric Delay Model Using GPS Data," Application of the Conversion Research Results for International Cooperation, Third International Symposium, SIBCONVERS '99, Vol. 2, Tomsk, Russia, May 1999, pp. 385 - 387.

[59] Batchelor, A., P. Fleming, and G. Morgan - Owen, "Ionospheric Delay Estimation in the European Global Navigation Overlay Service," IEEE Colloquium on Remote Sensing of the Propagation Environment, Digest No. 1996/221, November 1996, pp. 3/1 - 3/6.

[60] Kovach, K., "New User Equivalent Range Error (UERE) Budget for the Modernized Navstar Global Positioning System (GPS)," Proc. of The Institute of Navigation National Technical Meeting, Anaheim, CA, January 2000.

[61] Hatch, R., et al., "Civilian GPS: The Benefits of Three Frequencies," GPS Solutions, Vol. 3, No. 4, 2000, pp. 1 - 9.

第4章 增强系统

4.1 引 言

第3章中描述了作为导航世界的最好代表——GPS的许多有趣的和有影响的特征。但是仅靠GPS是无法在实际应用中使用的，例如民用航空领域，它的安全性至关重要。这个既归因于定位数据的不完全连续性，比如在精密进近和着陆期间，也归因于在服务质量方面（完好性）提供的信息对用户来说缺乏实时性。对于GLONASS系统也是如此。

数年前，一个令人感兴趣的报告[1]调查了GPS在满足精度、完好性、持续性以及可用性等方面需求的导航性能，调查在美国联邦航空局计划的过渡框架下进行，从地基导航和着陆系统到星基导航对GPS信号的利用都进行了评估。对影响GPS性能的各类风险进行了评估，涉及多路径效应，电离层和对流层，卫星星历，意外的卫星故障，因预定维护、修理、重新配置和测试，以及地面支持功能丧失（例如，主控站以及与它们相关联的通信功能的健康状况）等导致的卫星失效[2-7]。从其他正常的或预期的媒介发出的信号，也从GPS信号接收的潜在干扰方面，与故意放置的干扰源一起进行了评估。电离层和干涉的风险被发现是最主要的干扰源。在非故意的干扰源，主要考虑了商业VHF电台，超视距军用雷达以及广播电台，除此之外，还有个别人或者小团体（黑客）亦或视民航对GPS的依赖为恐怖活动机会的敌对组织或政府利用技术上的缺馅造成的故意干扰。

由卫星或者主控站引发的异常，可能导致超过使用允许范围的不可预测的测距误差，其影响比由卫星几何条件不好导致的降级精度要大得多。完好性异常是罕见的：GPS可以承受平均每年不超过三次的服务失效。这个失效几率是保守的，并且是基于对Block Ⅱ卫星和控制部分失效特性的历史评估[8]得出的。不过，失效可能是灾难性的，尤其是在航空导航领域[9-10]。

完好性异常的主要起因是卫星时钟和星历，例如，在GPS Block Ⅰ卫星中，因为频率标准问题（随机漂移、大跳变等）引发的完好性异常；主控站时钟在射束电流或者温度剧烈变化时出现跳变。在太阳电池板试图在日食后重新定位追踪太阳的过程中，Block Ⅰ卫星出现星历异常[9]。利用推力器进行卫星姿势调整导致巨大的测距误差。以后的卫星取消了这些能力，针对空间环境引入了抗辐射加固手段。Block Ⅰ卫星中抗辐射能力的缺失，在几分钟之内就能导致数千米的测距误差。由于丢失P码跟踪，也会导致相同数量级的误差。主控站异常与硬件、软件或者人为错误都有关，可以导致几千米的误差。此外，GPS地面监测网的覆盖范围在时间上和空间上都不是连续的，这就使其不可能为民用应用提供一个实时且完整的监测系统。硬件的冗余性、软件的稳定性以及避免人为错误的良好训练准备，都是为了使主控站中可能的完好性异常降低到最低程度。不过，响应时间（告警时间）对于满足安全性要求苛刻的应用来说是不够的，例如航空方面[9-10]，全球卫星导航系统对这方面要求的告警时间数值在表4.1中列出[3-11]。

独立于用户的技术已经发展到可以在异常出现时发现卫星的异常，并且可以在安全性要求严格的应用中克服定位数据连续性不足的问题。另外，GPS的架构已与外部交互并被扩展，形成了增强系统，它能够克服独立 GPS 系统应用时的性能局限，并且在安全性要求高的领域，特别是航空领域，使卫星导航系统成为关键支撑。

接下来将描述独立式 GPS 的发展进化，突出描述了其取得的成绩和许多正在进行的迷人的并且有活力的发展变化。

表 4.1 全球卫星导航系统航空操作告警时间需求

操作	报警时间
海上	2min
途中	1min
终端	30s
NPA(非精确接近)	10s
APVI(一类垂直引导进场)	10s
APV Ⅱ(二类垂直引导进场)	6s
CAT. Ⅰ(一类精密进近)	6s
CAT. Ⅱ(二类精密进近)	1s
CAT. Ⅲ(三类精密进近)	1s

4.2 完好性监测

如前所述，GPS 的故障可能出现在整个 GPS 操作过程中的每一个阶段。因此，有必要辨别这些失效是归于系统，归于用户，还是归于操作环境。

系统级失效与空间段和控制段以及两者之间的接口有关。这种失效与主控站的错误时钟行为、不准确建模和故障，以及卫星载荷、空间运输工具和无线电频率等部分的异常有关。

用户级失效与用户的接收装备(硬件和软件)以及用户的操作(例如，缺少足够的训练或者过分依赖单一导航系统)都有关系[12]。

最后，环境诱发的操作性失效可以分为有意的、无意的以及信号传播等类别。

在最近的十年，美国联邦航空局使用了大量的资源用于发展能够供航空使用的完好性技术储备，目的是使 GPS 成为航空领域的主要导航系统。这个战略及其相关成果已经在全世界范围内对运营中的以及未来导航系统的构想和发展产生了影响。这将使国际民航组织期望的基于卫星导航和通信系统的全球空中交通管理战略有了实现的可能。

接收机自主完好性监测是完好性监测的方式之一[9-13]。用户终端嵌入了接收机自主完好性监测算法，它能够自动利用导航方程的确定解来检查一致性。卫星的异常通过观测至少 5 颗卫星来发现。

这个方法与“错误检测代码”很相似：这种编码能够检测错误，适当地警告系统，但是不能纠正这些错误。一颗卫星异常被发现后，一个警告(报警或警示)将被发送给用户以采取应对措施。例如，飞行员可以打开备用导航系统来引导飞机飞行。

传输代码更进一步就变成一个“错误校正码”(也就是能够发现一定数量的误差并更正其中的一部分)。同样，完好性监测技术会发现异常，并且移除导航系统中的故障卫星，标识出这颗卫星为非正常工作卫星(故障检测和隔离)或者使用不包含这个异常卫星的另外一套卫星(故障检测与排除)。

如果 GPS 是唯一导航方式，接收机自主完好性监测算法需要 N 颗可见卫星，且 N 大于或等于6颗。如果采用故障检测和隔离方法,完好性问题探测会针对每 $N-1$ 颗卫星形成 N 个解,并因此隔离故障卫星并将其从导航系统移除。相反,如果选择故障检测与排除方法,算法使用一组6颗卫星,即使 N 是一个大于6的数字:如果一个完好性错误发生,算法搜索到另外一组通过一致性检验的6颗卫星,结果就是从导航解决方案排除异常卫星,而不识别它[9-13]。

为了确定接收机自主完好性监测算法是否能够作为一个完好性监测技术提供给用户接收机,进行了大量的分析研究工作[3,14-17]。研究证明接收机自主完好性监测的能力不能充分满足非精密进近要求和飞机航段精密进近(精密进近,从一类垂直引导进近降至三类精密进近)的需求,在水平告警界限和垂直告警界限(这些界限更严格)上都是这样,也有一些区域例外(例如,接近赤道线区域,但这只是对非精密进近和一类垂直引导进近航段的水平需求而言)。

阐明接收机自主完好性监测操作的意图是引导作者考虑水平性能需求,该需求没有垂直性能需求的要求严格,且一些航段如海上和飞行途中能够通过使用接收机自主完好性监测方法满足。

接收机自主完好性监测基本算法有防止用户水平定位误差过大的目的,即检测水平误差是否在一个确定的置信水平内高于某个阈值。定位误差不能被直接观测到,因此需要从其他可观测的参数导出。这些参数被用作统计学方法中的数学指标,其目的是检测卫星故障。基本算法是从噪声测量和几何测量的标准差以及允许的最大误报概率 P_{fa} 和最大漏报概率 P_{md} 出发;作为输出,算法提供了一个保护参数(水平保护限制),它规定了相对于给定 P_{fa} 和 P_{md} 下可检测的最小水平定位误差。

算法的航空应用隐含着水平保护限制 HPL 参数与 HAL_i 国际民航组织参数的比较,后者与飞行的第 i 阶段对应。如果:

$$\mathrm{HPL} < \mathrm{HAL}_i \tag{4.1}$$

则接收机自主完好性监测可用于飞行的第 i 阶段。如果条件(4.1)不满足,且 GPS 只用作次要辅助手段,则飞行员打开主导航系统。

HPL 参数可以表示为三个参数的乘积:

$$\mathrm{HPL} = S_{\max}\sigma_{\mathrm{UERE}}S_x \tag{4.2}$$

式中:σ_{UERE} 为卫星伪距误差的标准差(见第3章);S_x 为用于对测试数据建模的随机变量的密度函数参数;N 表示来自可见卫星的测量个数。

$$S_{\max} = \max(S_j),\quad j=1,2,\cdots,N \tag{4.3}$$

式中:S_j 为第 j 颗卫星水平定位估计误差相对测试统计数据形成的特征斜线的斜率。这些斜率是 GPS 测量方程中所谓的“线性连接矩阵”的一个函数,测量方程中包含了几何和时钟状态信息,并且当卫星沿其轨道上运动时会随时间缓慢变化。

接收机自主完好性监测的故障检测功能需要至少5颗可视卫星,而故障检测和隔离或排除功能需要至少6颗卫星:接收机自主完好性监测要求的卫星数量高于导航功能的最小需求(也就是4颗)。因此,接收机自主完好性监测比导航功能的可用性低。

在航空领域中,通过对接收机自主完好性监测算法增加额外的测量来提高其可用性(例如,通过增加一个气压高度表)。这一改进对于飞行途中和进出航站楼阶段的飞行而言,故障检测能力提高了2倍,而对于非精密进近阶段的飞行而言也提高了1.4倍。

4.3 差分 GPS

就像4.1节中着重描述的,独立的 GPS(和 GLONASS)的性能在精度和完好性方面都不能满足航空业在大多数精密飞行阶段的需求。因此,一种名为差分 GPS 的补充导航方法,用于显著提高系统的精度和完好性[9,13,18-25]。

差分 GPS 可去除接收机(两个或更多)对相同可见卫星的相关误差:在基础版本中,接收机中的其中一个是监测站或者基准站,其精确位置是已知的。其他接收机(用户或者移动式定位系统)应该在基准站的附近;如果基准站与其他接收机的通信使用的是甚高频无线电链路,其通信会被山谷、建筑物甚至是树木遮挡,以及被多路径效应衰减,那么其他接收机与基准站之间必须是通视的。如果基准站使用中频无线电链路,接收机与基准站之间的距离可以更远,因为中频电波有很强的地面传播能力,能够很好地穿越无线电地平线。因为已知基准站的高精度位置,且基准站进行了基于测距码的 GPS 伪距测量,可确定测量中的偏差。对基准站视野内的每一颗卫星来说,偏差为伪距测量值和基准站到卫星的几何距离之间的差。它们受到由伪距测量过程中引入的误差(由电离层、对流层、接收机噪声等因素导致)以及接收机时钟与 GPS 系统时间之间偏移的影响。

在实时应用中,偏差(差分修正值)通过基准站向覆盖区域内的所有用户传输。用户利用这些修正值来提高定位精度,这得益于事实上基准站和各用户接收机伪距误差之间有一些共同的组成部分(归因于它们位置邻近),诸如那些由卫星时钟稳定性引起的误差。用户接收机可以移除这些组成部分,在定位误差方面获得超过 2 倍的性能提升(见第 3 章)。

在两个接收机(用户和基准站)移动到相距较远的位置时,伪距误差的其他组成部分会越来越不同;这些组成部分包括星历预报误差、未修正的卫星扰动(由潮汐引力、太阳辐射、太阳风、推进气体泄漏及其他因素引起的)以及大气误差等。对于这些伪距误差的组成部分来说,用户接收机和基准站之间的距离越近,差分 GPS 获得的修正精度越高。

不能在用户接收机中用差分 GPS 修正的组成部分是多路径、干扰以及接收机噪声等,这些与基准站中相应的组成部分不具有相关性。

这里描述的基础差分 GPS 概念是众所周知的局域差分 GPS 或者传统差分 GPS。局域差分 GPS 概念的基本方案如图 4.1 所示。

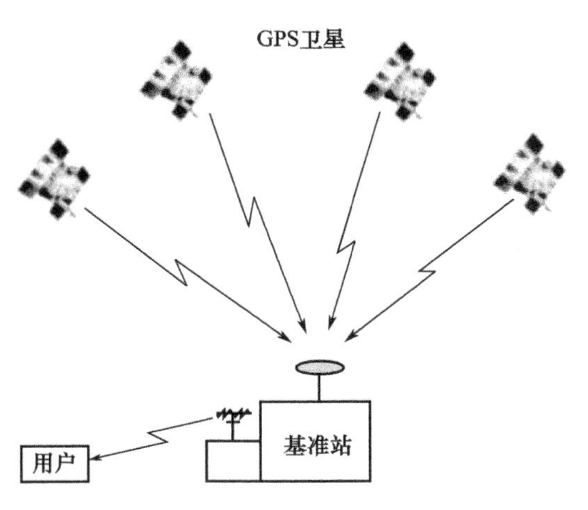

图 4.1 局域差分 GPS 概念的基本方案

每一个基准站,在测得其所在位置的伪距测量误差之后,通过专用数据链将该误差发送给用户(在航空业主要为 VHF 数据链,在航海服务上主要为 MF 数据链)。

与基准站较近的用户接收机(它的误差与基准站有更多的共同组成部分)的用户等效测距误差能够被降低到非差分系统的 10% 左右。

为了给出局域差分 GPS 运算的数学基础，假如用户接收机与基准站之间非常接近，那么只有关于用户环节的伪距误差部分有所不同。基准站必须知道自己的精确位置（地心固连坐标系坐标，见第 2 章），这样才能允许用户精确地确定自己在地球上的位置。

第 k 个基准站与第 i 颗卫星之间的几何距离 $D_{i,k}$，能够从公布的卫星位置和基准站测量位置中得到。基准站执行的伪距测量 $r_{i,k}$ 可以表述为

$$r_{i,k} = D_{i,k} + e_k + o_k \tag{4.4}$$

式中：e_k 为空间、控制和用户部分伪距误差的总和；o_k 为基准站时钟关于系统时间的偏移量。基准站构建的差分修正为

$$\Delta r_{i,k} = r_{i,k} - D_{i,k} \tag{4.5}$$

它被发送到用户接收机并与用户接收机伪距测量值 $r_{i,\text{user}}$ 相比较：

$$r_{i,\text{user}} = D_{i,\text{uesr}} + e_{\text{user}} + o_{\text{user}} \tag{4.6}$$

因为假定关于空间和控制部分的伪距误差部分与关于信号通道的伪距误差部分是相同的，由于用户接收机与基准站位置接近，由用户决定的修正伪距 $R_{i,\text{user}}$ 可以表述为伪距测量值 $r_{i,\text{user}}$ 与来自于基准站的差分修正值 $\Delta r_{i,k}$ 之差：

$$R_{i,\text{user}} = r_{i,\text{user}} - \Delta r_{i,\text{k}} = D_{i,\text{user}} + e_{\text{res}} + o_{\text{comb}} \tag{4.7}$$

式中：e_{res} 为用户部分伪距误差的残余贡献；o_{comb} 为综合的时钟偏移。根据第 2 章中重点阐述的技术之一，用户的位置可由从至少 4 颗卫星获得的伪距测量值确定。

用 τ_j 表示当伪距修正经由基准站传输时的采样时刻，则传输的误差修正 $\Delta r_{i,k}(\tau_j) = r_{i,k}(\tau_j) - D_{i,k}(\tau_j)$ 仅在已算得的 τ_j 时刻被修正，因为卫星的运动导致了伪距误差传输之间存在明显的变化。

基准站与 $\Delta r_{i,k}(\tau_j)$ 一起为用户提供一个伪距修正率 $C_{i,k}(\tau_j)$，因此用户可根据以下公式将伪距修正校正到时间 t：

$$\Delta r_{i,k}(t_j) = \Delta r_{i,k}(\tau_j) + C_{i,k}(\tau_j)(t - \tau_j) \tag{4.8}$$

经过修正的用户伪距最终表示为

$$R_{i,\text{user}}(t) = r_{i,\text{user}}(t) - \Delta r_{i,k}(t) \tag{4.9}$$

由于卫星的径向加速度，尽管存在伪距修正率，上式中的伪距误差仍随着 $(t - \tau_j)$ 的增长而增长。

当用户接收机远离基准站时，用户接收机伪距误差中一些被认为是与基准站的对应部分相关的（即共通的）组成部分，变得没有关联，这些组成部分就是那些与卫星扰动、星历预报误差以及电离层和对流层的延迟有关的部分。这种空间的去相关，使得在基准站中确定的误差部分与用户接收机中计算得到的误差部分之间存在差异；这个差异可以用适当的公式和模型计算出来。电离层和对流层的贡献通过时间和空间的可变参量形成，这些参数在兴趣范围内可能有较大的漂移。这些模型用来评估伪距的绝对误差或者残留误差，或者用来修正已有的伪距公式[9,13]。

不用大量去相关就能实现差分 GPS 修正的区域，可以通过沿着覆盖区域的边缘增加三个或者更多的基准站得到延伸。在这种情况下，用户通过基准站修正的加权平均获得一个更为精确的估计，其中的权值仅取决于几何因素，越近的基准站所给予的权值越大。

由此，很明显的是，由空间去相关导致的局域差分 GPS 精度的损失，可以通过一个复杂的地表基站网得到提高。这个方法被称为广域差分 GPS，其中，一个监控站网络计算并且持续更新整个覆盖区域总误差的时间和空间变化部分，处理可提供给整个覆盖区域内所有用户的误差修正

结果。

广域差分 GPS 网络已与将在 4.4.1 节中进行描述的美国增强系统并行实现。如同美国近海石油勘探和地震勘测业中的情况，私人项目的应用已经对广域差分 GPS 服务的发展带来了巨大贡献[9,26-27]。

陆地测量界与近海工业一起，开拓了差分 GPS，并且带来了改良的高精度测量技术，而地理信息系统已经应用差分 GPS 开发了一个包含地名及其相应位置数据的数据库。

广域差分 GPS 方法致力于在一个广阔区域内保持局域差分 GPS 的米级精度[9,13]。这是基于对整个覆盖区域（或服务空间）内伪距误差组成部分的分解与评估，而不是基于邻近的基准站[9,28,29]。因此，在局域差分 GPS 中用于计算伪距误差的标量运算，在广域差分 GPS 中转换为误差组成部分的矢量计算。

广域差分 GPS 的结构是一个由至少一个主控站、一组监控站或者基准站，以及通信链组成的网络。每个基准站都执行 GPS 测量和向主控站传输数据的功能。主控站从基准站已知的坐标和收集的数据中计算 GPS 的误差部分。经过计算的误差修正通过电话机或者无线电/卫星链路传输到用户[13]。

广域差分 GPS 方法和数据流向用户的工作原理在图 4.2 中给出，这里设想了四层的"卫星 - 基准站 - 主控站 - 用户"结构。位置已知的基准站从可视卫星上收集 GPS 伪距和导航数据。然后将数据传输到主控站，在主控站，用户差分修正数据在传输给用户前是经过计算的。用户通过对数据进行修正来提高定位精度。基准站同样帮助确定卫星星历、大气层延迟以及 GPS 系统时间与卫星时间帧之间的差异。

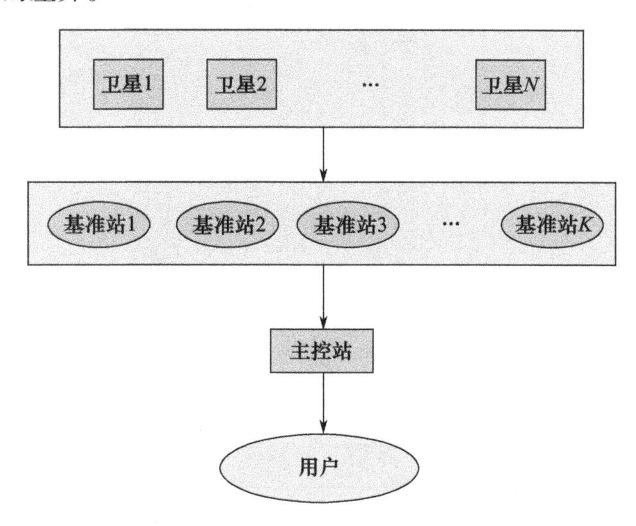

图 4.2　基本广域差分 GPS 的概念

在覆盖面积或者服务容量巨大的情况下，主控站和通信系统不得不应对较高的计算和传输压力，以可靠且及时的方式为多个基准站提供和分发数据资料。为此，图 4.2 中的主要方案将被改变，采用一个更高水平的站（如局域控制站），这个站连接的基准站比图 4.2 中的主控站少一个数量级。因此，需要的话，局域控制站能够提供及时的修正更新，数据资料以及主动/备份冗余来接管一个邻近的局域主控站的功能。这个五层结构如图 4.3 所示。多个局域控制站和一个主控站联合运作，主控站校准它们的时钟，在卫星上同步测量，并且监控局域控制站的健康状况。这两种架构都将所有组成部分的时钟同步问题设置成相同的系统时间，来保证正确的修正和时间标记。

对广域差分 GPS 结构来说，主要的误差源是卫星星历估算、报告的卫星时钟时间以及因对流层和电离层导致的大气层延迟。这些误差的算法和模型已经开发出来，以此来缩减它们对广域差分 GPS 整体性能的影响[30-33]。

通过差分 GPS 技术，利用 GPS 卫星信号载波的相位信息，可以将定位精度提高到亚米级水平[34-38]。这项技术是基于卫星载波的干涉测量法（干涉测量法 GPS）。通过处理接收到的卫星信号的多普勒频率可以获得非常高的精度。由于卫星和用户之间的相对移动产生多普勒频移，在使用单频接收机时，必须考虑 L1 波段，而在双频接收机上，L1 和 L2 两个波段都必须跟踪。由于多路径效应导致的误差构成了主要障碍，但点对点精细化技术已被开发并用来达到我们所期望的厘米级精度[34]。近海/陆地测量以及地震应用主要使用了这些基于载波的技术，并且干涉测量法的精度也满足飞机的盲降应用（例如，三类精密进近精确着陆）。

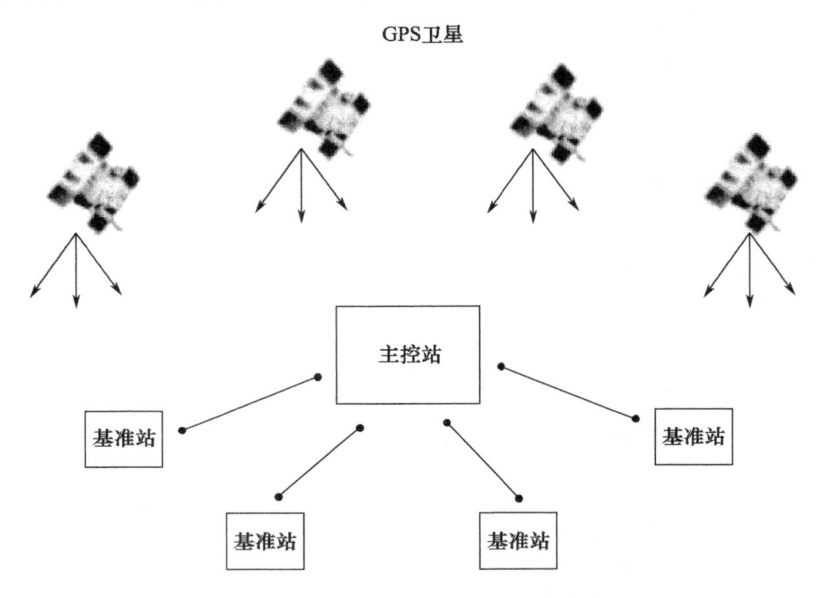

图 4.3　中心化广域差分 GPS 概念的基本结构

在表 4.2 中报告了用所需导航性能参量表述的全球卫星导航系统的航空应用性能需求[3,11]。

表 4.2　全球卫星导航系统航空操作性能需求

操作	精度(95%)	完好性（1 级风险）	报警门限	预警时间	连续性（1 级风险）	可用性
海上	12.4nm	$1\sim10^{-7}$/h	12.4nm	2min	$1\sim10^{-5}$/h	0.99 ~ 0.99999
飞行途中	2.0nm	$1\sim10^{-7}$/h	2.0nm	1min	$1\sim10^{-5}$/h	0.99 ~ 0.99999
航站楼	0.4nm	$1\sim10^{-7}$/h	1.0nm	30s	$1\sim10^{-5}$/h	0.99 ~ 0.99999
非精确进近	220m	$1\sim10^{-7}$/h	0.3nm	10s	$1\sim10^{-5}$/h	0.99 ~ 0.99999
一类垂直导航进近	220m(H) 20m(V)	$1\sim2\times10^{-7}$/进近	0.3nm(H) 50m(V)	10s	$1\sim8\times10^{-6}$/15s	0.99 ~ 0.99999
二类垂直导航进近	16m(H) 8m(V)	$1\sim2\times10^{-7}$/进近	40m(H) 20m(V)	6s	$1\sim8\times10^{-6}$/15s	0.99 ~ 0.99999
一类精密进近	16m(H) 4.0 ~ 6.0m(V)	$1\sim2\times10^{-7}$/进近	40m(H) 10 ~ 15m(V)	6s	$1\sim8\times10^{-6}$/15s	0.99 ~ 0.99999

续表

操作	精度(95%)	完好性(1级风险)	报警门限	预警时间	连续性(1级风险)	可用性
二类精密进近	6.9m(H) 2.0m(V)	$1\sim10^{-9}$/ 15s	17.3m(H) 5.3m(V)	1s	$1\sim4\times10^{-6}$/ 15s	0.99～0.99999
三类精密进近	6.2m(H) 2.0m(V)	$1\sim10^{-9}$/ 15s	15.5m(H) 5.3m(V)	1s	$1\sim2\times10^{-6}$/ 30s(H) $1\sim2\times10^{-6}$/ 15sec(V)	0.99～0.99999

注：H表示水平方向的要求，V表示垂直方向的要求

差分GPS技术在近年来的发展已经引领了诸如虚拟基准站网络概念等新技术的发展(图4.4)，表中列出了一个实际上不存在的站的观测数据，它们来源于由多个基准站组成的网络的实际测量值。因此，这个新的差分GPS技术是基于网络差分GPS站点，这些站点连接到一个执行数据修正和建模功能的中央控制站。虚拟基准站网络概念在延长基准站和用户接收机之间的可能距离方面是目前最先进的方法。另外，这个概念可以缩减一个给定区域内必需的固定基准站的数量[39-40]。

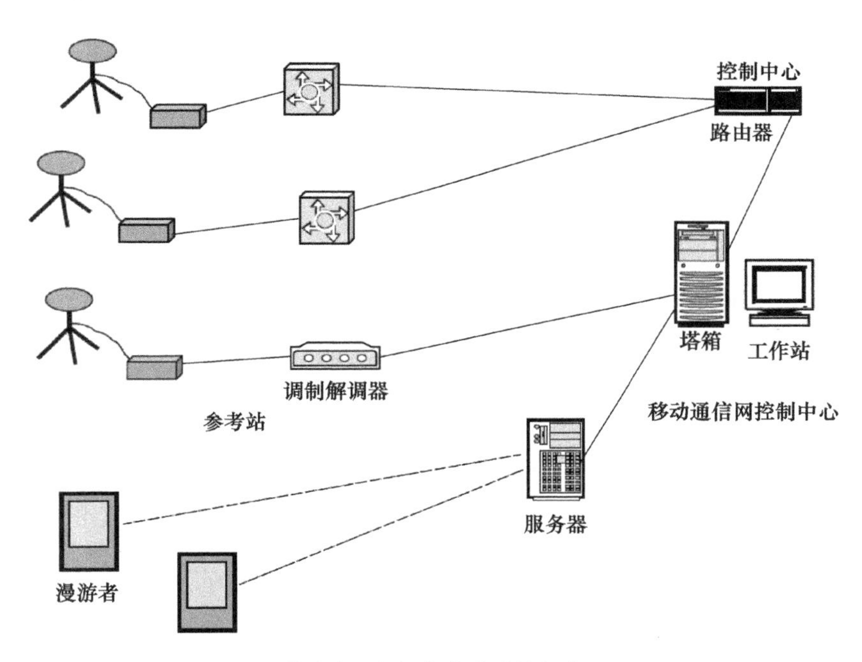

图4.4　虚拟基准站网络概念

4.4　星基增强系统

卫星导航系统的自然发展对包括安全性要求高的日常生活领域起到了关键帮助。

当提及“安全性要求高”的应用时，首先想到的是飞机操作相关的应用。该应用领域对导航系统提出了很高的要求。这个系统的性能能够用下列所需导航性能参数精确确定。

- 完好性监测；
- 服务/可靠性的连续性；

- 时间可用性；
- 符合着陆等级Ⅰ～Ⅲ的精度性能。

4.2节讨论了完好性监测技术。然而，航空业所需要的是全球系统概念，这个概念要能够处理当前像GPS这样的独立系统在技术和机构层面上的局限。

星基增强系统在技术性能方面代表了这些需求的首要答案。发展的第二代卫星导航系统，尤其是GALILEO和GPS Ⅲ，将给出进一步的解决方案（讨论了技术和体制两个层面的局限），在下一章将对GALILEO和GPS Ⅲ进行讨论。

下面描述的是正在开发以及正在规划阶段的增强系统。将来的全球导航系统发展的主要角色将是2.5代通用分组无线服务（GPRS）以及增强型数据速率GSM演进技术（EDGE）移动系统，这些代表了从关键的二代数字系统（用于移动通信的全球系统GSM）到第三代网络（全球移动电信系统UMTS）的一个软过渡[41]。实际上，增强系统可以看作是1.5代全球卫星导航系统，为GPS/GLONASS系统到第二代全球卫星导航系统（GALILEO和GPS Ⅲ）提供了一个软过渡。

4.4.1 WAAS

广域增强系统（WAAS）是一个包括了一个空间段和一个地面网络的安全性要求高的系统，设计的目的是支持飞行途中直到一类精密进近[42]（垂直方向的精度在需求范围内，但是还不能完全满足完好性的需求[43]）。WAAS被设计用于增强GPS以作为主要导航传感器，WAAS提供以下三种增强服务[44-48]：

- 测距功能，用来提高可用性和可靠性；
- 差分GPS修正，用来提高精度；
- 完好性监测，用来提高安全性。

L1波段的差分修正是从地球同步卫星广播的，以“增强”系统空间部分；接收机自主完好性监测用于当飞机飞出WAAS的覆盖区域或者出现灾难性故障时，为其提供完好性。

WAAS向GPS用户分发完好性和修正数据，提供增强GPS的测距信号。WAAS的信号从地球同步卫星广播给用户。当前，两颗INMARSAT－3卫星被用作地球同步卫星。在2005年①将发射另外两颗卫星[49]。第一颗为巴拿马卫星公司的Galaxy XV，是STAR（自动导航卫星通信）空间飞行器家族中的中低轨道卫星。第二颗是ANIK F1R通信卫星，为Astrium（法国阿斯特里姆）公司的产品。两颗卫星都计划于2005年发射。现有的和计划的WAAS地球同步卫星的覆盖范围分别在图4.5中给出。

WAAS测距信号是类GPS的，即WAAS接收机是通过改进GPS接收机得到的。WAAS信号处于L1波段，使用GPS C/A码家族中的扩频码进行调制。这些编码经过选择，不会干扰GPS信号。信号的编码相位和载波频率，依靠WAAS地球同步卫星，会有选择地为GPS用户提供附加测距。WAAS信号同样包含用于空间段所有卫星（GPS和地球同步卫星）的差分修正和完好性信息。WAAS地球同步卫星既可以只广播完好性数据，也可以同时广播完好性数据和WAAS数据。在所有可见卫星上，完好性提供了使用/不使用数据选项。WAAS结构概念如图4.6所示。

WAAS地面网络为用户提供差分修正和完好性数据。这个网络由广域基准站组成，广域基准站广泛分散，负责收集来源于GPS卫星和地球同步卫星的信号。广域基准站将这个信息发送到被称为广域主控站或者中心处理设施的数据处理部门。广域主控站处理原始数据，为每一颗监控卫星确定完好性、差分修正、残留误差以及电离层延迟等信息。此外，广域主控站为地球同

---

① 译者注：原版书于2005年出版。

步卫星创建星历和时钟信息。这些数据包含在 WAAS 的信息中且发送给导航地面站。最后将这个信息传输到地球同步卫星,然后,地球同步卫星穿越美国本土和阿拉斯加将类 GPS 信号广播给用户。除了两颗地球同步卫星,WAAS 网络现在包含 25 个广域基准站、两个广域主控站以及三个卫星上行链路导航地面站,用于大部分的飞行阶段。

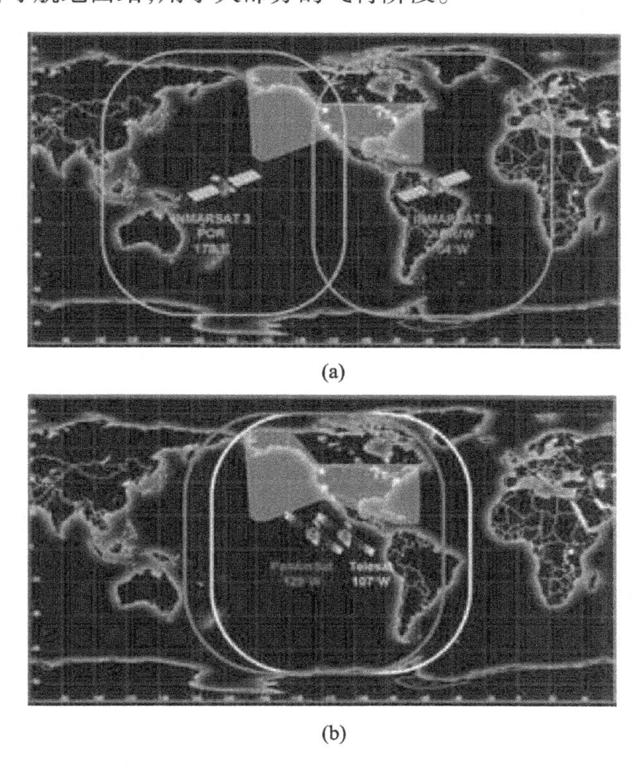

图 4.5 WAAS 地球同步覆盖范围:(a)现在的卫星,(b)将来的卫星(摘自联邦航空管理局的文件)

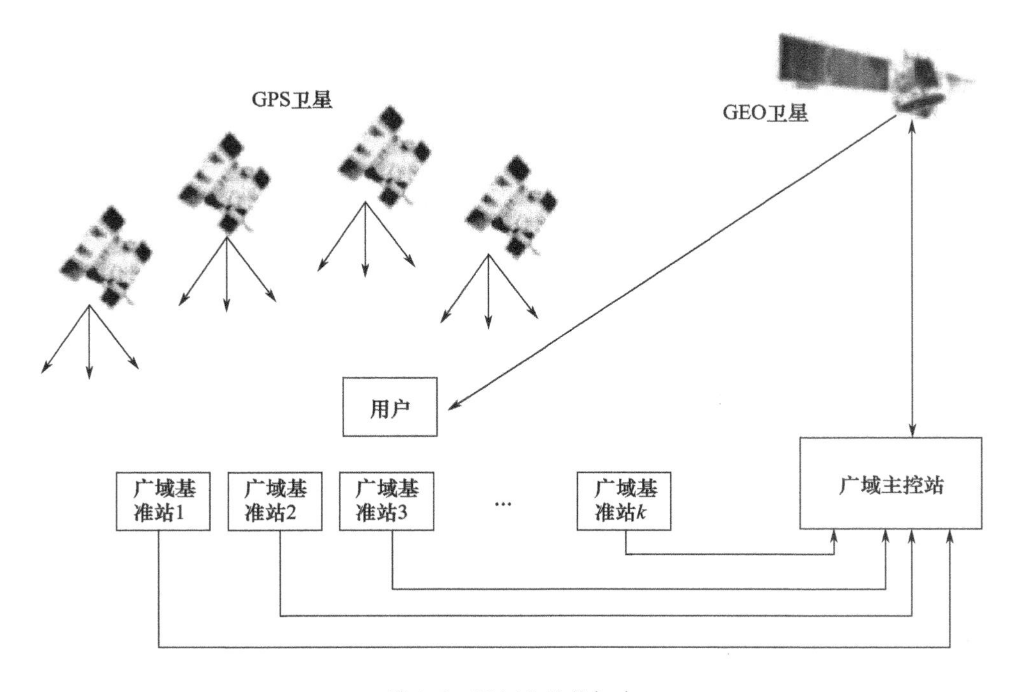

图 4.6 WAAS 结构概念

WAAS 地球同步卫星所提供的差分修正与改良的几何学算法将用户的水平和垂直定位精度提高到 0.5 ~ 2m,优于水平和垂直定位精度所要求的 7.6m[50]。

不过,WAAS 的最初技术目标已经被缩减;美国联邦航空局官员称,WAAS 将提供一个公认的横向导航/垂直导航能力(能见度 1 英里时的决断高度为 350 英尺),而不是直接地提供一类精密进近能力(能见度半英里时的决断高度为 200 英尺)[51]。

2003 年 7 月 10 日,联邦航空局列装了 WAAS,使其成为美国国家航天系统的一部分[50]。这就表示 WAAS 具备了横向导航/垂直导航的初始运行能力,使联邦航空局具备了横向导航/垂直导航能力和带垂直引导的横向精确进近能力:横向导航/垂直导航和带垂直引导的横向精确进近都将开发的 WAAS 信号的精确性计入到了垂直定向能力上。联邦航空局在大约 300 个能够使用 WAAS 的美国机场开放了将近 600 个横向导航/垂直导航进场通道。带垂直引导的横向精确进近进场通道的实现将为用户进一步提高了精确进近能力:横向导航/垂直导航垂直精确性与横向导向的结合类似于典型的仪表着陆系统。在美国目前已有 7 个具备带垂直引导的横向精确进近进场方式的地点,该产品会持续生产,直到所有有资质机场的各条跑道都装备上为止。

虽然 WAAS 主要设计用于航空用户,但它支持了各种各样的非航空应用,包括诸如农业、测量、娱乐以及水陆运输业。特别是,整个世界的农业界都面临着巨大的挑战,例如,如何为不断增长的世界人口提供食品,提高务农的收益,使农场主能够守住他们的土地,以及降低现代化农业对环境的影响(见第 8 章)。这些问题都能够用新发明的工具解决,如新土壤取样技术、精确投放化肥、化学药品和种子的可变速注施机。农业产业意识到,许多这样的新工具和技术都需要精确的、可靠的导航技术来提供可重复的野外定位[52]。制造商和农场主参与到了这个新的精确农业产业,并意识到了要将新的 WAAS 技术应用到他们的产品中,这将是一个大规模缩减设备开支的机会。

2000 年以后,WAAS 信号已经应用到非生命安全领域。目前,有上百万套具备 WAAS 的 GPS 接收机在用。

2007 年起,联邦航空局致力于实现 WAAS 的完全运行能力,部署地球同步星座,这将保证每个接收机在遍及美国大陆和阿拉斯加州的大部一直可以接收到至少两颗地球同步卫星信号。联邦航空局也同加拿大和墨西哥的空中航行服务局合作,通过在这些国家安装附加广域基准站来增加 WAAS 的覆盖区域[53]。另外,联邦航空局打算帮助巴西政府安装基于 WAAS 技术的基准站和处理中心,将星基增强系统的服务贯穿于巴西和其他的南美国家[53]。

WAAS 将继续发展并充分利用现代化的 GPS 星座,其中包括 L5 频段。在这方面,联邦航空局正将 L5 频段纳入现行的 WAAS 地球同步段。

在 WAAS 信号可用的同时,WAAS 接收机和 WAAS 的相关规程也变得可用。保证航空活动的 WAAS 接收机也可以在市场上买到。在 2002 年年底,电子设备制造商就变得繁忙起来[54]。图 4.7中例举展示了经过核准的 WAAS 接收机[54]。

WAAS 接收机有三个功能等级[54]:

- Beta 级:这种接收机产生基于 WAAS 的位置和完好性信息,但是本身没有导航功能。它由技术标准指令(TSO) - C145a 核准,主要是和一个飞行控制系统结合在一起应用。
- Gamma 级:这种接收机集成了 Beta 级接收机的传感器、导航功能和数据库,可以提供一个完整、独立的 WAAS 导航能力。接收机是典型的完整触摸屏接收机,被大多数专用航空飞机使用,由 TSO - C146a 核准。
- Delta 级:这种接收机只对精确最终着陆(类似于仪表着陆系统)提供导航偏差,由一个

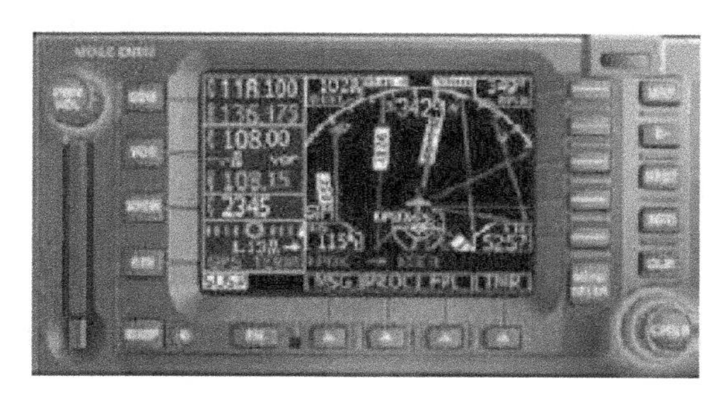

图 4.7 WAAS 接收机示例:UPSAT 核准(© 2004 Garmin Corp 台湾国际航电股份公司)

Beta 级的传感器和导航处理器组成。必要的数据库安装于飞行控制系统并由 Delta 级接收机进行存取。因为有导航功能置于其中,Delta 接收机由 TSO－C146a 核准。

三种型号的接收机(Beta 级、Gamma 级和 Delta 级)的基本构造如图 4.8 所示。

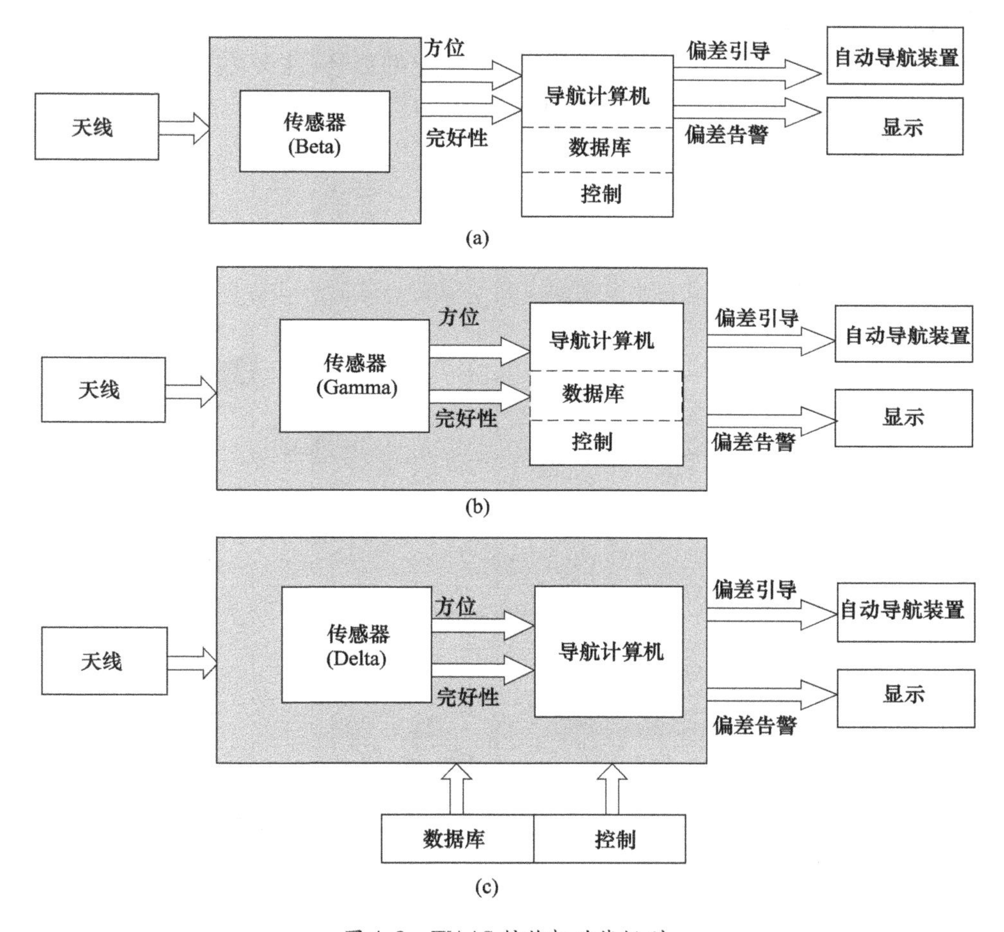

图 4.8 WAAS 接收机功能级别

(a) Beta 级的构型; (b) Gamma 级的构型; (c) Delta 级的构型。

每一个功能级别中,有四个使用等级:

- 1 级:接收机可以用于海洋、途中、出发、飞行终点和非精密进近操作。
- 2 级:接收机增加了飞行横向导航/垂直导航进场程序的能力。
- 3 级:接收机增加了带垂直引导的横向精确接近/一类精密进近进场程序的能力。

- 4 级：接收机为精密末端进场提供导航，不支持其他的导航功能。

4.4.2 EGNOS

EGNOS，即欧洲地球同步导航覆盖服务，是欧洲在导航领域内的第一次尝试。从一则来自于欧洲委员会的消息上可以看出，第一次提出 EGNOS 是在 1994 年[55]。1994 年 12 月 19 日，欧盟[56]正式决定欧洲加入全球卫星导航系统的发展规划。EGNOS 是欧洲委员会、欧洲航天局和欧洲空管局的一个联合行动。这个组织创立了一个三方协定，在这个协定中每个个体都有自己的具体任务[57]：

- 欧洲航天局负责 EGNOS 的技术开发，及其以测试和技术论证为目的的工作。
- 欧洲空管局满足民航用户的需求，并且按照这些需求确认最终的系统。
- 欧洲委员会归结所有用户的需求，并将这些需求在系统中实现，尤其是在它的跨越欧洲网络的框架方面以及研究和开发活动方面。欧洲委员会也采取所有可行的方法为 EGNOS 的建立做准备工作，其中包括租赁地球同步卫星应答器。

EGNOS 项目是欧洲卫星无线电导航策略的一个主要的部分，目前受控于 GALILEO JU（Joint Understanding）（见第 5 章）。EGNOS 的目的同其他的星基增强系统服务一样，是为 GPS 和 GLONASS 信号提供互补信息，来提高所需导航性能参数（见第 2 章）[58-63]。

整个系统构成被分成三个部分（图 4.9）[62]：

- 空间段；
- 地面段；
- 用户段。

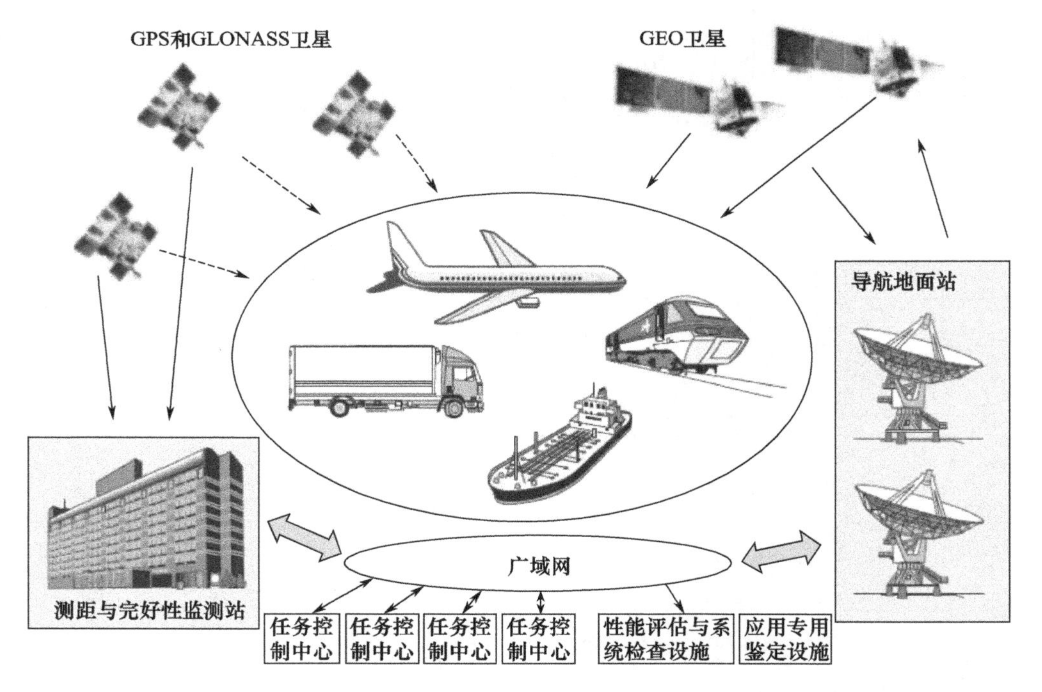

图 4.9 EGNOS 的整个系统构成

空间段包含三颗地球同步轨道卫星，为欧洲、地中海沿岸国家和非洲提供三重覆盖。EGNOS 目前预计将使用两颗 INMARSAT-3 卫星和 ARTEMIS（欧洲先进中继技术卫星）卫星（定位于 21.5°E，PRN 码是 124），如图 4.10 所示。INMARSAT 卫星分别是 AOR-E3F2（定位于

15.5°W,PRN 码是 120)和 IOR - W3F5(定位于 25°E,PRN 码是 126)。IOR 3F1 INMARSAT 卫星(定位于 64°E,PRN 码是 131)用于 ESTB(EGNOS 系统试验台),已经终止使用。下一代 INMARSAT - 4 卫星将装载导航载荷;那些卫星中的一个将被放置在现有的 INMARSAT IOR 轨道位置上。导航载荷是一个弯头发射机应答器,能够用一个类 GPS 信号将上传到卫星的信息广播给用户。

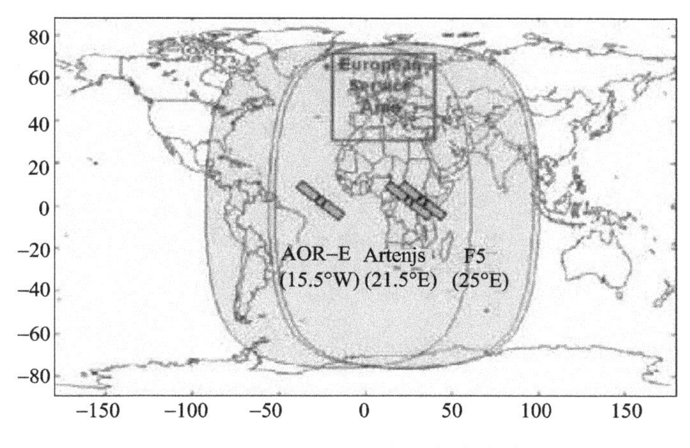

图 4.10 EGNOS 的地球同步覆盖范围

地面部分包括以下要素:

- 四个任务控制中心(MCC),其中包括一个中央控制设施(CCF)和一个中央处理设施(CPF);
- 34 个测距与完好性监测站(RIMS);
- 六个导航地面站(NLES);
- 应用特殊限定设备(ASQF);
- 性能评估与系统检测设备(PACF);
- EGNOS 广域通信网(EWAN)。

这些组成要素分散于整个欧洲版图及周边大陆,如图 4.11 所示。非欧洲的测距与完好性监测站的地理位置设置符合第 5 章讨论的国际合作策略。

测距与完好性监测站是基准站,并且它们在系统等级上有多个主要功能[64];它们拥有原子钟。EGNOS 的计时需求基于一个预定时间基准,也就是 EGNOS 网络时间(ENT)。ENT 修正向测距与完好性监测站广播,精度为 1.5ns,EGNOS 的时间基准站坐落于巴黎天文台。测距与完好性监测站对卫星伪距的测量(编码和相位)来自于 GPS/GLONASS 和星基增强系统 GEO 卫星的信号。未加工的测量数据被传送到中央处理设施,这里确定了广域差分修正并且保证 EGNOS 系统对用户的完好性。

测距与完好性监测站有两个或三个信道回复中央处理设施的呼叫(信道 A/B 和信道 A/B/C)。每个信道都与其他信道隔离开(由不同的主承包商开发),并向 EGNOS 广域通信网传输数据。信道 A 一般用来传输用于差分修正计算的原始数据;信道 B 与中央处理设施安全链连接,用于比对和完好性监测。信道 C 专用于功能完好性(卫星故障检测,即 SFD)。

测距与完好性监测站不间断地检查 GPS 和 GLONASS 信号,以便发现出现在卫星上的故障,这意味着测量到的卫星信号相关功能存在问题。一旦发现错误,测距与完好性监测站将增加一个标志,并将错误发送到中央处理设施,为用户产生一个“不要使用”的标志。本地异常,例如本地干涉或者多路径效应,在测距与完好性监测站上进行计算。测距与完好性监测站也能够被内含在任务控制中心中的中心控制设施遥控。系统结构中预设了四个任务控制中心,坐落于西班

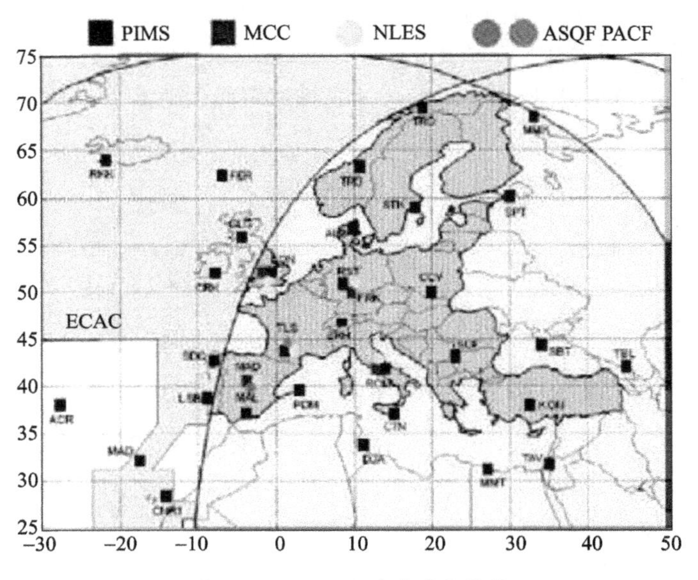

图 4.11　EGNOS 的地面段构成

牙托雷洪(Torrejon)、英国盖特威克(Gatwick)、德国郎根(Langen)和意大利钱皮诺(Ciampino);只有一个任务控制中心在运作,但是当出现问题时,其他的热备份任务控制中心可以激活工作。

任务控制中心将 EGNOS 信息传输给六个导航地面站。每个导航地面站通过三颗地球同步卫星将 EGNOS 信息广播给用户。每一个 GEO 卫星有一个备用导航地面站。应用特殊限定设备和性能评估与系统检测设备分别坐落于西班牙托雷洪(Torrejon)和法国图卢兹(Toulouse)。性能评估与系统检测设备是一个支持设备,其任务包括技术协调、性能分析和系统配置管理。应用特殊限定设备也是一个支持设备,为 EGNOS 应用的确认和认证提供了一个平台。

EGNOS 的用户部分包括一个 GPS 和/或 GLONASS 接收机和 EGNOS 接收机。这两个接收机通常被嵌入到相同的用户终端。接收机能够在 6s 的工作周期内处理信息。因而,完好性时间警报也受限于这个工作周期。EGNOS 的信息包括在同一框架下的慢修正(更慢改变的误差,如长期的卫星时钟移频、长期的轨道误差修正和电离层延迟修正)和快修正(迅速改变的误差,如卫星时钟误差),如图 4.12 所示[60]。

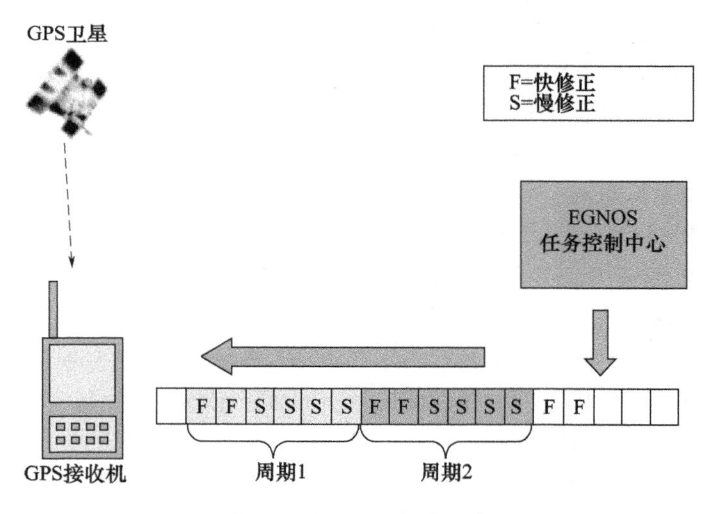

图 4.12　EGNOS 报文组成

在开发导航和通信元件之间的有效接口的开发背景下，值得一提的是通过互联网传递空间信号(SISNET)。这是结合卫星导航，尤其是 EGNOS 系统和互联网的一种方式。这不能认为是 EGNOS 的一个简单的附加，它能促使单独的 EGNOS 所不能提供的服务和应用成为可能。

EGNOS 的主要目标是支持生命安全应用，尤其是航空业的需要。EGNOS 接收机需要视线内可见来接收来自于地球同步卫星的信号，这对飞机来说不是问题。通过互联网传递空间信号的主要目标就是将 EGNOS 的信息带入更广阔的地面应用。

通过互联网传递空间信号系统结构如图 4.13 中所示[65]。这个通信协议称为数据服务器到数据用户(DS2DC)，完全是基于众所周知的 TCP/IP，这是互联网的标识。用户能够通过 Web 接口或者通过 TCP/IP 协议实时地离线下载 EGNOS 的信息；EGNOS 信息的数据率非常低(大约 1kbit/s)。这就意味着几乎每次访问互联网都能够接收实时的通过互联网传递的空间信号信息。GPS 接收机能够校准近似的位置，即使用户在城市环境下，在其他传感器或者一个无线网络的支持下(见第 9 章)也可以做到。在地球同步卫星被遮挡的地方以及计算所得位置完好性确认困难的情况下，通过互联网传递空间信号也允许所需导航性能参数的提高。

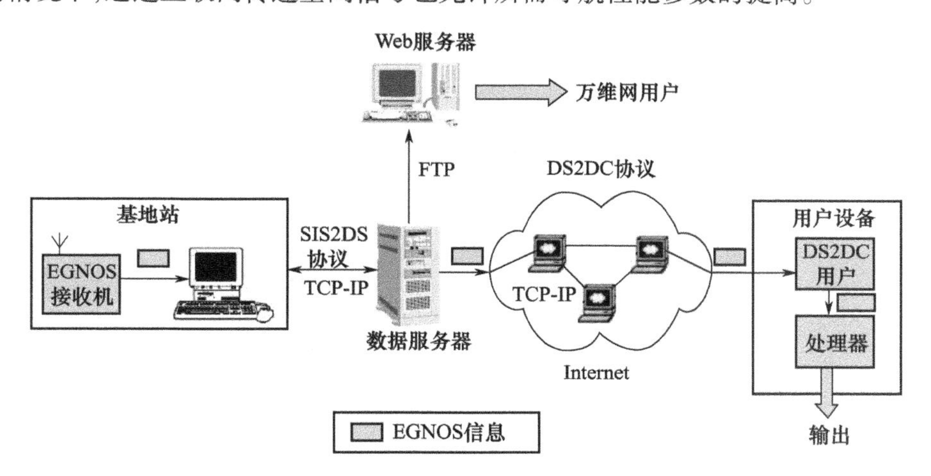

图 4.13　通过互联网传递空间信号系统结构

欧空局正在对新的通过互联网传递空间信号应用进行投资，包括发展一个能够在城市环境下帮助盲人导航的导航用户终端和一个新的欧洲车载远程收费服务系统。

未来 EGNOS 项目的发展将会促使测距与完好性监测站的数量以及地球同步卫星数量的增加。欧洲委员会计划创建一系列国际协定，以便将 EGNOS 系统和测距与完好性监测站推广到地中海地区和非洲。INMARSAT－4 卫星将嵌入一个用于 EGNOS 和其他星基增强系统的导航载荷，这些载荷将扩大和提高 EGNOS 的信号能力。由于 GALILEO 计划中提及了这个载荷的集成，且这个载荷由 JU 控制，所以 EGNOS 显然是 GALILEO 系统的前身[57]。

4.4.3　星基增强系统的扩展

如前所述，星基增强是一个非常有吸引力的技术手段，能够允许我们利用现有的卫星来创建一个性能增强的复合系统，预见下一代系统的特征。在这方面，星基增强正在变成一个世界性的需求，但我们也要严肃地提出下面这个难题：

当你收到一个 GPS 导航信号的时候，你怎么知道能够相信它？

——Laurent Gauthier

当然,WAAS 和 EGNOS 已经为星基增强系统在世界范围内的扩展铺平了道路。

加拿大 WAAS 是美国 WAAS 在加拿大的延伸。加拿大 WAAS 基于坐落在加拿大境内的一个基准站网络,并与美国境内的联邦航空局主控站相连。

日本正在开发一个基于日本多功能传送卫星(MTSat)的星基增强系统,被称为 MSAS(MTSat 卫星增强系统)。MSAS 正在被日本民航局、国土资源部、建设与运输部和政府部门开发使用。第一颗 MTSat 家族(MTSat - 1)的地球同步卫星在 1999 年发射失败。于是,MSAS 计划被延迟,并且其实际操作阶段预计要到 2005 年。替代卫星 MTSat - 1R 计划于 2005 年发射,并且第二颗地球同步卫星(MTSat - 2)紧接着将于 2008 年发射。

印度正在开发自己的名为 GAGAN(GPS 和 GEO 增强导航系统)的星基增强系统,其受控于印度空间研究机构和印度机场管理局。计划于 2007 年形成工作能力[68-70]。

中国在 2000 年发射了两颗卫星,名为北斗 1A 的卫星定位于 140°E,北斗 1B 定位于 80°E,第三颗卫星北斗 1C 2003 年发射,定位于 110°E。这代表了中国第一代试验导航技术卫星。中国的星基增强系统战略囊括在 SNAS(卫星导航增强系统)中。

世界范围内星基增强系统计划的复杂方案在图 4.14 中进行概述。依据 DO - 229C 标准[71-73]确定接收机的互用性,并且该互用性由 EGNOS、MSAS、WAAS 和加拿大 WAAS 保证(目前)。

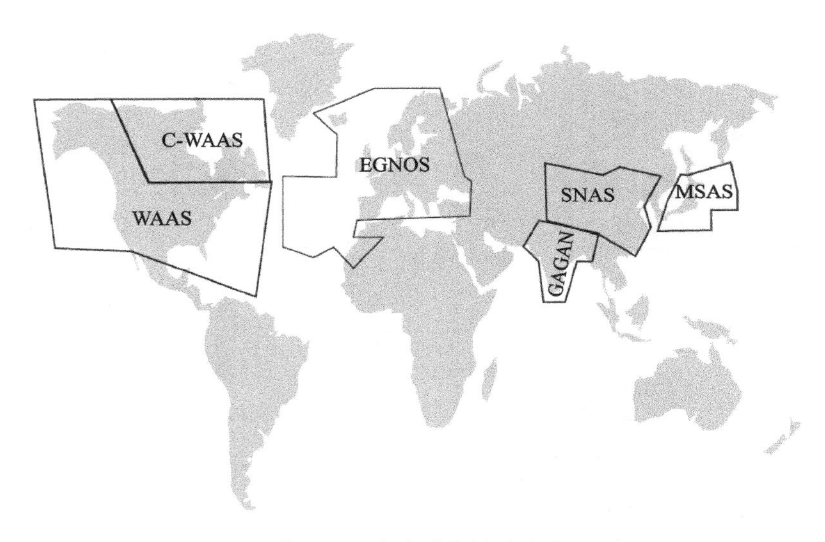

图 4.14 全球星基增强系统

4.5 陆基增强系统

通过陆上辅助增强基本 GPS 性能的概念构想于若干年前。伪卫星或者完好性信标都是低功率地基发射机,能够发射类似 GPS 信号来提高 GPS 的精度、完好性和可用性[13,74-79]。由于使用一个低垂直精度因子加强对本地几何学的计算,使定位精度得以提高,这是飞机精密进近和着陆的关键。通过使用伪卫星完整数据链来支持差分 GPS 的运行和完好性警告广播,也可以提高定位的精确性和完好性。另外,多颗伪卫星提供了附加的测距资源,增强了 GPS 星座,也增强了 GPS 的可用性。伪卫星的使用也必然包含对一些相应影响的仔细评估,例如,用户接收机会遇到的近 - 远问题,这个问题与伪卫星距离变化导致的信号水平有关。

为了不与卫星产生混淆,伪卫星都在 L1 波段上运行,并使用一个未使用过的伪随机码进行调制。安装在飞机上的第二个 GPS 天线用来接收伪卫星信号。两颗伪卫星通常沿着标称的进近路径相距几英里安置,这样就使差分 GPS 运行对可视卫星的需求减少到四颗。这能够获得厘米级的定位精度[75,77-79]。

基于地面支持的性能增强概念在美国联邦航空局的主导下获得了进一步的发展,联邦航空局正在部署名为局部区域增强系统(LAAS)的陆基增强系统(GBAS)[80-84]。

LAAS 已经构想提供一个基于本地的差分修正和完好性监测,这使定位精度能力达到 1m 左右。WAAS 框架中更好的定位精度,被工作区域面积的缩小(30~40km)所限制。一个 LAAS 结构基本包括以下部分:

- 一个差分基准站;
- 一个监控站,该站从卫星和基准站接收信号,基于接收到的信号,分发移动和非移动信息:基准站通过 VHF 频段发送报文告诉用户系统是否可用;
- 向用户开放的位于跑道附近用于增强全球卫星导航系统(尤其是 GPS)测量精度的最终伪卫星。

联邦航空局非常重视 LAAS 计划:一类精密进近 LAAS 地面设备合同正在与霍尼韦尔(Honeywell)公司签订中,这将对未来 LAAS 二类精密进近/三类精密进近计划非常有利[85]。后期分为两个阶段:第一阶段专注于确定用于二类精密进近/三类精密进近的架构。第二阶段将允许双重频段的使用,其中包括新的 GPS L5 民用频段或者将来的 GALILEO E5a 或 E5b 频段,与第一阶段的 L1 频段一起使用。

复杂的 LAAS 开发进程已经在六个美国机场开始了:朱诺(阿拉斯加)、凤凰城、芝加哥、孟费斯、休斯顿和西雅图机场。特别让人感兴趣的是 LAAS 在阿拉斯加的首府朱诺的应用。这个地方一年有超过 320 天的降水和积云,并被大山环绕[86]。联邦航空局的 LAAS 计划希望扮演这样一个角色,即让朱诺机场的到达和离港变得更容易、更可靠、更安全。如果 LAAS 能够在朱诺做到这些,那么它就能在任何地方实现。

LAAS 用户已经从 LAAS 的仪表着陆系统受益,其中包括支持复杂终端区域处理程序的能力(包括失败的进场),执行多个、分段的或者多变的飞机下降航段,支持延长的到达程序,减少空中交通管控者的工作量,支持所需导航性能操作,支持邻近的机场运行等[87]。

当与现有的地球导航辅助手段(仪表着陆系统、全距离信标)相比较时,LAAS 将降低选址约束。LAAS 构架设想的是 VHF 数据广播天线、基准接收天线群以及 LAAS 地面设施在地面交错遮蔽,地面设备包括处理和传输设备。LAAS 的装备可以安装在机场现有的地形上,不用改动现有的建筑物或者新建建筑[88]。另外,LAAS 系统的模块化允许增加那些安装位置会影响系统性能的组件。

地基和星基增强组件的互操作性是影响 2.5 代导航系统性能的关键问题。图 4.15 展示了 WAAS/LAAS 在航空业中的合作潜能:WAAS 最好应用于航行途中以及国内航段,WAAS/LAAS 组合运作或者轮换运作覆盖航行末端以及进场航段,LAAS 单独运作适合于地面的服务。

4.6 空基增强系统

全球卫星导航系统所获信息的增强和/或完好性与飞机上的信息共同得出了空基增强系统的概念。4.2 节讨论了接收机自主完好性监测方法:这是基础空基增强系统的例证。利用飞机自主完好性监测能够提高星基增强系统的性能,飞机自主完好性监测使用来自于卫星导航系统

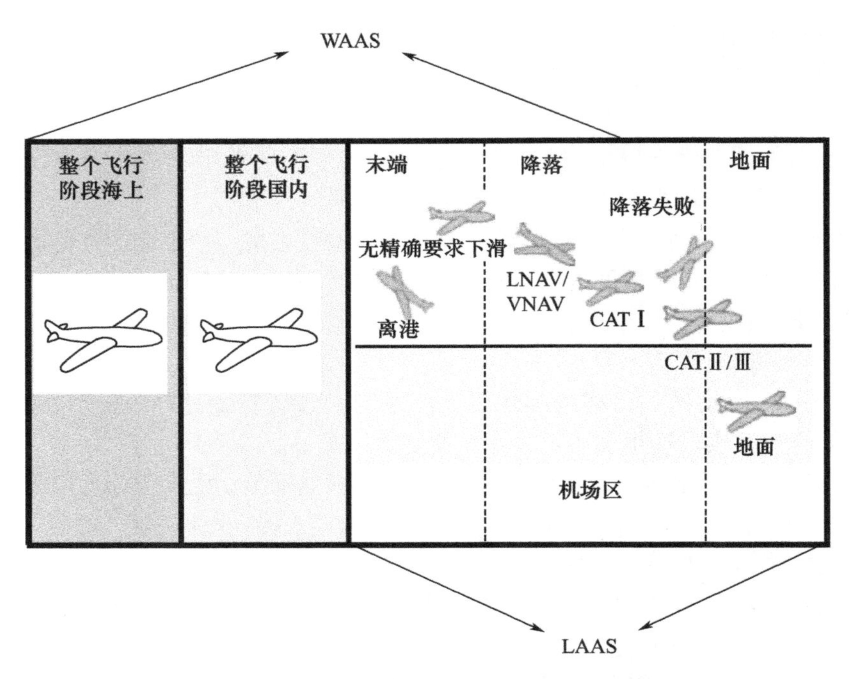

图 4.15　航空业中 WAAS 和 LAAS 的融合

的数据和其他导航数据资源，如距离测量设备、全距离信标、LORAN－C、Omega、精确时钟、惯性导航系统以及空气动力学传感器和热动力学传感器。第 9 章论述了从这些系统以及从卫星导航系统得到的信息的结合。这里，作者希望提供空基增强系统性能方面关于所需导航性能参数的数据。

带有气压计和精确时钟的 GPS 的完好性是非常简单的；已经证明，在海上以及整个飞行阶段，气压计能够帮助提高自主完好性监测的实用性，比单独的 GPS 提高 100%。而非精确进近的实用性能够达到 90%，这还低于这个飞行阶段的要求[89]。

如果 GPS 导航数据必须与来自于无线电导航系统的数据结合在一起，那么复杂性就会更大；实际上，需要解决各种不同的问题，例如，地面无线电发射站的位置确定必须依据 WGS－84 坐标或者需要身份验证，误差和故障模式的建模是必须实现的。

关于结合 GPS 数据与用于非精确接近的 LORAN－C 系统集成研究，已经证明在 GPS 上的故障检测率从 97.335% 提高到了 99.982%，而对于故障检测与隔离来说，相应的数值分别是 46.2% 和 97.72%[90]。因此，用 LORAN－C 来增强 GPS 仍不符合非精密进近对导航完好性的要求。

GPS 和惯性导航系统具有互补的特性，它们的结合提高了它们的完好性效用，在所需导航性能参数方面也满足非精密进近降落飞行阶段的要求。特别是，报告称非精密进近故障检测和排除的能力达到了 100%[91]。

参 考 文 献

[1] GPS Risk Assessment Study, Report, The Johns Hopkins University, VS－99－007, M801, January 1999.

[2] Jansen, A. J., "Real－Time Ionospheric Tomography Using Terrestrial GPS," ION GPS－98, Nashville, TN, September 1998, pp. 717－727.

[3] Washington, Y., et al., "GPS Integrity and Potential Impact on Aviation Safety," Journal of Navigation, Vol. 56, No. 1, Cambridge U-

niversity Press,January 2003,pp. 51 – 65.

[4] Barker,B. ,and Huser S. ,"Protect Yourself! Navigation Payload Anomalies and the Importance of Adhering to ICD – GPS – 200," Proc. of ION GPS – 98,Nashville,TN,1998.

[5] Cobb,H. S. ,et al. ,"Observed GPS Signal Continuity Interruptions,"Proc. of ION GPS – 95,Palm Springs,CA,1995.

[6] Walsh,D. ,and P. Daly,Definition and Characterisation of Known and Expected GPS Anomaly Events,Final Report to the U. K. CAA (Safety Regulation Group),2000.

[7] Pullen,S. ,Xie,G. ,and Enge,P. ,"Soft Failure Diagnosis and Exclusion for GBAS Ground Facilities,"Proc. of RIN NAV 2001, London,England,2001.

[8] "Global Positioning System Standard Positioning Service Performance Standard,"U. S. Department of Defense,October 2001.

[9] Kaplan,E. D. ,Understanding GPS:Principles and Applications,Norwood,MA:Artech House,1996.

[10] Frei,E. ,and G. Beutler,"Rapid Static Positioning Based on Fast Ambiguity Resolution Approach 'FARA':Theory and First Results,"Manuscript Geodetica,Vol. 15,1990.

[11] "Validated ICAO GNSS Standards and Recommended Practices (SARPS)," International Civil Aviation Organization, November 2000.

[12] Niesner,P. D. ,and Johannsen,R. "Ten Million Datapoints from TSO – Approved GPS Receivers:Results and Analysis and Applications to Design and Use in Aviation,"Navigation,Vol. 47,No. 1,2000,pp. 43 – 50.

[13] Parkinson,B. W. ,and J. J. Spilker Jr. ,(eds.),"Global Positioning System:Theory and Applications,"Progress in Astronautics and Aeronautics,Vol. 164,American Institute of Aeronautics and Astronautics,1996.

[14] Van Dyke,K. L. ,Analysis of Worldwide RAIM Availability for Supplemental GPS Navigation,DOT – VNTSC – FA360 – PM – 93 – 4,May 1993.

[15] Brown, R. G. , et al. , ARP Fault Detection and Isolation: Method and Results, DOT – VNTSC – FA460 – PM – 93 – 21, December 1993.

[16] Van Dyke,K. L. ,"RAIM Availability for Supplemental GPS Navigation,"Navigation,Vol. 39,No. 4,Winter 1992 – 93,pp. 429 – 443.

[17] Van Dyke,K. L. ,"Fault Detection and Exclusion Performance Using GPS and GLONASS,"Proc. of the ION National Technical Meeting,Anaheim,CA,January 18 – 20,1995,pp. 241 – 250.

[18] Gehue,H. ,and W. Hewerdine,"Use of DGPS Corrections with Low Power GPS Receivers in a Post SA Environment,"Proc. of IEEE Aerospace Conference,Vol. 3,Big Sky,MT,March 10 – 17,2001,pp. 3/1303 – 3/1308.

[19] Vickery,J. L. ,and R. L King,"An Intelligent Differencing GPS Algorithm and Method for Remote Sensing,"IEEE International Geoscience and Remote Sensing Symposium,Vol. 2,June 24 – 28,2002,pp. 1281 – 1283.

[20] Raquet,J. F. ,"Multiple GPS Receiver Multipath Mitigation Technique,"IEEE Proc. Radar,Sonar and Navigation,Vol. 149,No. 4, August 2002,pp. 195 – 201.

[21] Ito,M. ,K. Kobayashi,and K. Watanabe,"Study on the Method to Control the Autonomous Vehicle by Using DGPS,"Proc. of the 41st SICE Annual Conference,Vol. 4,Osaka,Japan,August 5 – 7,2002,pp. 2382 – 2384.

[22] Chen,G. ,and D. A. Grejner – Brzezinska,"Land – Vehicle Navigation Using Multiple Model Carrier Phase DGPS/INS,"Proc. of the 2001 American Control Conference,Vol. 3,Arlington,VA,June 25 – 27,2001,pp. 2327 – 2332.

[23] Soares,M. G. ,B. Malheiro,and F. J. Restivo,"An Internet DGPS Service for Precise Outdoor Navigation,"IEEE Conference Emerging Technologies and Factory Automation,Vol. 1,September 16 – 19,2003,pp. 512 – 518.

[24] Shuxin,C. ,W. Yongsheng,and C. Fei,"A Study of Differential GPS Positioning Accuracy,"3rd International Conference on Microwave and Millimeter Wave Technology 2002,August 17 – 19,2002,pp. 361 – 364.

[25] Farrell,J. ,and T. Givargis,"Differential GPS Reference Station Algorithm – Design and Analysis,"IEEE Trans. on Control Systems Technology,Vol. 8,No. 3,May 2000,pp. 519 – 531.

[26] Lapucha,D. ,and M. Huff,"Multi – Site Real – Time DGPS System Using Starfix Link:Operational Results,"Proc. ION GPS – 92, Albuquerque,NM,September 1992,pp. 581 – 588.

[27] Mack,G. , G. Johnston, and M. Barnes, "Skyfix – The Worldwide Differential GPS System," Proc. DNSN – 93, Amsterdam, the Netherlands,April 1993.

[28] Brown,A. ,"Extended Differential GPS,"Navigation,Vol. 36,No. 3,Fall 1989.

[29] Leick,A. ,GPS Satellite Surveying,New York:John Wiley & Sons,1990.

[30] Wallenhof,H. B. ,H. Lichtenegger,and J. Collins,GPS Theory and Practice,New York:Springer – Verlag,1992.

[31] Loomis, P. , L. Sheiblatt, and T. Mueller, "Differential GPS Network Design," Proc. ION GPS - 9, Albuquerque, NM, September 1991, pp. 511 - 530.
[32] Kee, C. , B. W. Parkinson, and P. Axelard, "Wide Area Differential GPS," Navigation, Vol. 38, No. 2, Summer 1991, pp. 123 - 145.
[33] Ashkenazi, V. , C. J. Hill, and J. Nagel, "Wide Area Differential GPS: A Performance Study," Proc. 5th Intern. ION GPS - 92, Albuquerque, NM, September 1992, pp. 589 - 598.
[34] Van Grass, F. , and M. Braasch, "GPS Interferometric Attitude and Heading Determination: Initial Flight Results," Navigation, Vol. 38, No. 4, Winter 1991 - 1992, pp. 297 - 316.
[35] Counselman, C. , and S. Gourewitch, "Miniature Interferometer Terminals for Earth Surveying: Ambiguity and Multipath with Global Positioning System," IEEE Trans. on Geoscience and Remote Sensing, Vol. GE - 19, No. 4, October 1981.
[36] Greenspan, R. L. , et al. , "Accuracy of Relative Positioning by Interferometry with Reconstructed Carrier, GPS Experimental Results," Proc. 3rd Intern. Geodetic Symposium on Satellite Doppler Positioning, Las Cruces, NM, February 1982.
[37] Hatch, R. , "The Synergism of GPS Code and Carrier Measurements," Proc. ION GPS - 90, Colorado Springs, CO, September 1990.
[38] Abidin, H. , "Extrawidelaning for 'On the Fly' Ambiguity Resolution; Simulation of Multipath Effects," Proc. ION GPS - 93, Salt Lake City, UT, September 1993, pp. 831 - 840.
[39] Retscher, G. , "Accuracy Performance of Virtual Reference Station (VRS) Networks," Journal of Global Positioning Systems, Vol. 1, No. 1, 2002, pp. 40 - 47.
[40] Trimble (Terrasat), "Introducing the Concept of Virtual Reference Stations into Real - Time Positioning," Technical Information, 2001.
[41] Prasad, R. , and M. Ruggieri, Technology Trends in Wireless Communications, Norwood, MA: Artech House, 2003.
[42] Gustafson, D. M. , A. E. Smith, and R. Cassell (Rannoch Corporation), "Cost Benefit Analysis of the Combined LAAS/WAAS System," AIAA 17th Annual Digital Avionics Systems Conference, 1998.
[43] "GPS Integrity and Potential Impact on Aviation Safety," Civil Aviation Authority (Safety Regulation Group), CAA Paper 2003/9, April 2004; http://www. caa. co. uk.
[44] Enge P. , et al. , "Wide Area Augmentation for the GPS," Proc. of the IEEE, Vol. 84, No. 8, August 1996.
[45] Di Esposti R. , H. Bazak, and M. Whelan, "WAAS Geostationary Communication Segment (GCS) Requirements Analysis," Proc. IEEE PLANS, April 2002, pp. 283 - 290.
[46] Hu, Z. , et al. , "The Quality of Service Evaluating Tool for WAAS," Proc. IEEE Communications, Circuits and Systems Int. Conf. , Vol. 2, July 2002, pp. 1571 - 1575.
[47] Lo, S. C. , et al. , "WAAS Performance in the 2001 Alaska Flight Trials of the High Speed LORAN Data Channel," Proc. IEEE PLANS, April 2002, pp. 328 - 335.
[48] Wright, M. , "Human Factors and Operations Issues in GPS and WAAS Sensor Approvals: A Review and Comparison of FAA and RTCA Documents," U. S. Dept. of Transportation, Federal Aviation Administration, Office of Aviation Research, U. S. Dept. of Transportation, Research and Special Programs Administration, John A. Volpe National Transportation Systems Center, Available to the Public Through the National Technical Information Service, 1997.
[49] Tisdale, B. , "Additional Geostationary Satellites for WAAS," SatNav News, Vol. 21, November 2003, pp. 5 - 6.
[50] Davis, M. A. , "WAAS Is Commissioned," SatNav News, Vol. 21, November 2003, pp. 1 - 2.
[51] Divis, D. A. , "Augmented GPS: All in the Family," GPS World, April 1, 2003.
[52] Fly, E. , "WAAS Helping to Solve Worldwide Agricultural Problems," Sat Nav News, Vol. 20, June 2003, pp. 6 - 7.
[53] Sigler, E. , "WAAS International Expansion," Sat Nav News, Vol. 20, June 2003, p. 2.
[54] Beal, B. , "WAAS Receivers," Sat Nav News, Vol. 20, June 2003, pp. 8 - 10, and Vol. 19, April 2003, pp. 6 - 7.
[55] Communication of the European Commission 248 of June 14, 1994.
[56] Council Resolution of December 19, 1994, on the European Contribution to the Development of a Global Navigation Satellite System (GNSS) (94/C 379/02).
[57] Communication From the Commission to the European Parliament and the Council on Integration of the EGNOS Programme in the GALILEO Programme, Brussels, 19. 3. 2003, COM(2003) 123 final.
[58] Bretz, E. A. , "Precision Navigation in European Skies," IEEE Spectrum, Vol. 40, No. 9, September 2003, p. 16.
[59] Tossaint, M. M. M. , et al. , "Verification Techniques for the Assessment of SBAS Integrity Performances: A Detailed Analysis Using Both ESTB and WAAS Broadcast Signals," GNSS 2003, Grat, Austria, May 2003.
[60] Solari, G. , J. Ventura - Traveset, and C. Montefusco, "The Transition from ESTB to EGNOS: Managing User Expectation," GNSS

2003, Grat, Austria, May 2003.

[61] Comby, D., R. Farnworth, and C. Macabiau, "EGNOS Vertical Protection Level Assessment," ION GPS 2003, Portland, OR, 2003.

[62] Ventura - Traveset, J., P. Michel, and L. Gauthier "Architecture, Mission and Signal Processing Aspects of the EGNOS System: The First European Implementation of GNSS," DSP 2001, Boston, MA, October 2001.

[63] Oosterlinck, R., and L. Gauthier, "EGNOS: The First European Implementation of GNSS - Project Status," IAF 2001, October 2001.

[64] Brocard, D., T. Maier, and C. Busquet, "EGNOS Ranging and Integrity Monitoring Stations (RIMS)," GNSS 2000, Edinburgh, United Kingdom, May 2000.

[65] Toran - Martin, F., J. Ventura - Traveset, and J. C. de Mateo, "Internet - Based Satellite Navigation Receivers Using EGNOS: The ESA SISNET Project," NAVITEC 2001, Noordwijk, the Netherlands, December 10 - 12, 2001.

[66] Ueno, M., et al., "Assessment of Atmospheric Delay Correction Models for the Japanese MSAS," ION GPS 2001, Salt Lake City, UT, September 2001.

[67] Shimamura, A., "MSAS (MTSAT Satellite - Based Augmentation System) Project Status," Proc. GNSS 98, Toulouse, France, October 1998.

[68] Report of Committee B to the Conference on Agenda Item 6, Proc. 11th Air Navigation Conference, Montreal, Canada, October 2003.

[69] "GAGAN: The FAA and India Take Initial Steps," SatNav News, Vol. 16, June 2002.

[70] Singh, S., "India to Use Global Positioning in Civil Air Navigation System," IEEE Spectrum, Vol. 39, No. 4, April 2002, pp. 27 - 28.

[71] "Minimum Operational Performance Standards for Global Positioning System/Wide Area Augmentation System Airborne Equipment," RTCA DO - 229C.

[72] Ventura - Traveset, J., et al., "Interoperability Between EGNOS and WAAS: Tests Using ESTB and NSTB," GNSS 2000, Edinburgh, United Kingdom, May 2000.

[73] Ventura - Traveset, J. et al., "STID: SBAS Technical Interface Document (STID) for Interoperability," EGNOS, WAAAS, Canadian WAAS and MSAS Jointly Produced Document at Interoperability Working Group, March 22, 1999.

[74] Van Dierendonck, A. J., B. D. Elrod, and W. C. Melton, "Improving the Integrity Availability and Accuracy of GPS Using Pseudolites," Proc. NAV 89, London, England, October 1989, paper 32.

[75] Schuchman, L., B. D. Elrod, and A. J. Van Dierendonck, "Applicability of an Augmented GPS for Navigation in the National Airspace System," Proc. IEEE, Vol. 77, No. 11, November 1989, pp. 1709 - 1727.

[76] Van Dierendonck, A. J., "The Role of Pseudolites in the Implementation of Differential GPS," Proc. PLANS 90, Las Vegas, NV, March 1990.

[77] Elrod, B. D., and A. J. Van Dierendonck, "Testing and Evaluation of GPS Augmented With Pseudolites for Precision Landing Applications," Proc. DSNS 93, Amsterdam, the Netherlands, March 1993.

[78] Elrod, B. D., K. J. Barltrop, and A. J. Van Dierendonck, "Testing of GPS Augmented With Pseudolites for Precision Approach Applications," Proc. ION GPS - 94, Salt Lake City, UT, September 1994.

[79] Cohen, C. E., et al., "Real Time Flight Testing Using Integrity Beacons for GPS Category Ⅲ Precision Landing," Navigation, Vol. 41, No. 2, Summer 1994.

[80] Perrin, E., B. Tiemeyer, and E. Smith, "GBAS CAT - I Safety Assessment First Achievements," Proc. of the 21st Digital Avionics Systems Conference, Vol. 1, Irvine, CA, October 2002, pp. 3D5 - 1 - 3D5 - 12.

[81] EUROCONTROL/DFS: "GBAS CAT. I, Safety Assessment - Concept of Operations," 1st Draft, October 23, 2002.

[82] EUROCONTROL: "Category - I (CAT - I) Ground - Based Augmentation System, (GBAS) Pre - Concept Functional Hazard Assessment," Vol. 1.0, June 28, 2002.

[83] Murphy, T., and R. Hartman, "The Use of GBAS Ground Facilities in a Regional Network," Proc. IEEE PLANS, March 2000, pp. 514 - 521.

[84] Macabiau, C., and E. Chatre, "Impact of Evil Waveforms on GBAS Performance," Proc. IEEE PLANS, March 2000, pp. 22 - 29.

[85] Lay, R., N. G. Mathur, and R. Shetty, "LAAS CAT. Ⅱ/Ⅲ Update," SatNav News, Vol. 21, November 2003, pp. 4 - 5, and Vol. 19, April 2003, pp. 7 - 8

[86] Montley, C., "LAAS in Alaska," Sat Nav News, Vol. 21, November 2003, pp. 3 - 4.

[87] Beal, B., "Complex LAAS Procedures," Sat Nav News, Vol. 19, April 2003, pp. 8 - 9.

[88] Clark, G., "LAAS Siting," Sat Nav News, Vol. 19, April 2003, pp. 11 - 12.

[89] Lee, Y. C., "Analysis of RAIM Function Availability of GPS Augmented with Barometric Altimeter Aiding and Clock Coasting," ION GPS - 92, Albuquerque, NM, September 1992.

[90] Weitzen, J. A., Carroll, J. V, and Rome, H. J. "RAIM Availability of GPS Augmented with LORAN - C and Barometric Altimeter for Use in Non - Precision Approach," Navigation, Vol. 43, No. 1, 1996.

[91] Diesel, J., and Dunn, G., "GPS/IRS AIME: Certification for Sole Means and Solution to RF Interference," ION GPS - 96, Kansas City, MO, 1996.

第5章 GALILEO系统

5.1 引　　言

在2004年2月，美国和由欧盟成员国组成的欧洲委员会，在布鲁塞尔进行了一轮成功的协商，并就GPS/GALILEO合作达成一项重要的协议[1]。这一协议的达成代表着GALILEO计划迈出了关键的一步，对美国和欧洲在导航领域的同等伙伴地位进行了确认，为欧洲导航系统的发展创造了优越条件，使该系统完全独立于GPS系统，既可以互相兼容也能相互合作。该协议可以使用户在同一台接收机上同时使用两套系统，彼此互补，以此来创立卫星导航的世界标准[1-2]。这份协议为双方都明确了规则，可以联合或者单独对各自相关系统性能进行持续改进，给全球用户带来方便。

在2004年2月，还发生了一件重要的事：GALILEO JU完成了选择欧洲卫星导航系统未来特许用户的第一阶段，第二阶段将继续按照名单上的公司进行。目前为止，选择结果令人鼓舞，因为它们展现出私营机构对GALILEO进行投资的强烈意愿[3]。

这些事件为GALILEO计划描绘了一幅美好的蓝图：一个具有挑战性的计划已经逐步变成现实。

正如在第1章中着重说明的，GALILEO计划是由欧洲委员会启动并且与欧洲航天局联合开发的一项欧洲无线电导航计划[4-9]。它所带来的革命绝不亚于手机所带来的深远影响。此外，GALILEO计划使在各种领域内提供通用服务变为可能，如运输、无线电通信、农业以及捕鱼业。

GALILEO计划将由民间机构经营和管理，并将对服务质量和持续长久提出保证，这是众多重要应用所必须具备的特点。在本章中将对这些重要内容进行重点说明。

本章中的部分结构与第3章GPS系统不同，这一点必须引起注意。GPS系统代表着一种手段，将卫星导航原理转变为一套真实的系统，并且这套系统已经开始提供现实服务。因此，在第3章中着重描述了信号结构、无线电设计以及系统框架等。而GALILEO计划则代表着导航系统的进化，将更多关注用户的需求（包括当前用户和未来用户）。因此，本章内容主要从政治性和计划性方面（服务需求驱动）到地面和空间部分的体系结构对GALILEO计划进行了全面的描述。

值得指出的是，所有与GALILEO计划相关的材料（战略、政策、技术、商业）在材料编写时仍在设计过程中，因此读者将接触的是先进行业的话题。另外一方面来说也就意味着由于系统自身需求（往往是无法预期的）以及计划的优化，这份材料可能会发生变化。此外，参考文献反映了话题的过程性特点，并且尽管已经发布，但大部分都仍是文件形式。不过，从作者的观点来看，这仍然是帮助读者加深了解GALILEO计划以及其研发变化过程的最佳方法。

5.2 GALILEO计划

要理解GALILEO计划的特性和规划，必须先了解欧洲卫星导航战略的指导方针，其中对卫星导航将如何通过优质服务，成为全世界范围内民用领域最主要的导航手段进行了详实的介绍[10-13]。卫星导航、定位和授时已经被大量使用，并且将成为泛欧交通运输网(TEN)的组成部分[14]。很多安全必需的服务领域(如多样式传输)以及各种商业应用都需要依赖这一基础设施。欧洲委员会关于运输政策的白皮书着重强调了将经济增长与运输需求分离开来的重要性，可以通过在众多运输模式中调节平衡，消除瓶颈，以及将用户放在运输政策的核心位置来达到这个目标[15]。GALILEO 计划是达到这些目标的最有希望的手段。

当前陆地无线电导航辅助手段无论在数量上还是在技术上都在整个欧洲广泛遍布。每个运输团体都在使用着不同类型的导航系统，即使在欧洲范围都没有形成一个共同的政策。在这个方面，目前正在创立一个欧洲无线电导航计划来促成一个通用的欧洲运输政策。在航空和海洋领域，目前已经在全球范围内得到了较好的组织，然而在另外一些方面，各类国家标准仍然在使用。在这种情况下，卫星导航凭借其多样性以及超出国家范畴的特性已经成为所需导航性能的一个关键部分。

让卫星导航用户比较担忧的一个问题是导航信号的可靠性和抗干扰性，因为在过去多次出现类似情况，由于无意识干扰，卫星故障，信号阻止，或者衰变造成服务中断。在这个方面，GALILEO 计划将能通过一个独立系统来提供更多导航信号，在不同波段进行通播来减少这些问题。因此，认识到卫星导航的战略重要性、其潜在应用价值，以及当前全球卫星导航系统的缺陷，欧洲决定通过两步走的方式来发展其自身全球卫星导航系统能力：首先是一项增强系统 EGNOS(见第 4 章)，计划在 2005 年开始工作；其次就是 GALILEO 计划，一项独立导航系统，将从 2008 年开始工作[16]。

正如先前所说，GALILEO 计划是欧空局和欧洲委员会联合发起的计划，不过 GALILEO 卫星这一名称已经给由欧空局开展的补充性发展项目使用；研发内容包括上载部件、星座控制、地面段落数据、界面、接收机、TT&C 以及实验台等。欧空局成员国以理事会形式(2001 年 11 月)投票并通过了 GALILEO 卫星计划宣言，并且在欧盟各国政府首脑会议上(2002 年 3 月)，给 GALILEO 计划提供了财政支持。欧空局还批准了建立联合执行体(JU)来对这个计划进行管理[16]。

GALILEO 计划包含三个范围：技术、政治和经济。卫星无线电导航已经成为欧洲百姓日常生活中必不可少的组成部分，不仅仅体现在他们的汽车和移动电话上，还包括他们的银行使用和保护人身安全的安防系统上。这个景象为 GALILEO 计划带来一个附加的对普通市民友好的维度。

这一计划的总开支为 32 亿欧元，其中 11 亿欧元用于研发和鉴定阶段(由欧洲委员会和欧空局共同投资，金额相同)，另外 21 亿欧元用于部署阶段。

委员会负责定期向欧洲议会报告 GALILEO 计划的进展情况。GALILEO 计划的研发阶段处于非常先进的阶段[17]。2003 年对于这个计划而言是非常关键的一年。JU 成立并且开始投入工作；第一组卫星被订购；国际合作得到发展；频率分配被确认；部署和运行阶段开始纳入计划。特别值得一提的是，位于布鲁塞尔的 JU 已经从 2003 年中期开始工作，主要包括四个部门，分别负责技术事务、商业发展、特许权授予、行政管理以及财务运营等，工作人员在几十人左右。

GALILEO 计划在部署和运营阶段的特许权分配模式见图 5.1，其中描述了公共部门与私人企业合作模式特许权分配程序[18]。

在 2003 年 6 月，欧洲委员会在世界无线电通信大会上达成多项重要成果。这次会议对分配给卫星导航系统的频率范围的使用管辖规定进行了明确，并且开始制定具体方案，以此来保证 GALILEO 计划的运行状态。与此同时，对其他一些重要方面进行保护，例如民航[18]。在对系统进行规定研究时，信号规格建议得到确认。此外，欧洲委员会支持国际电信联盟进行公正的多边

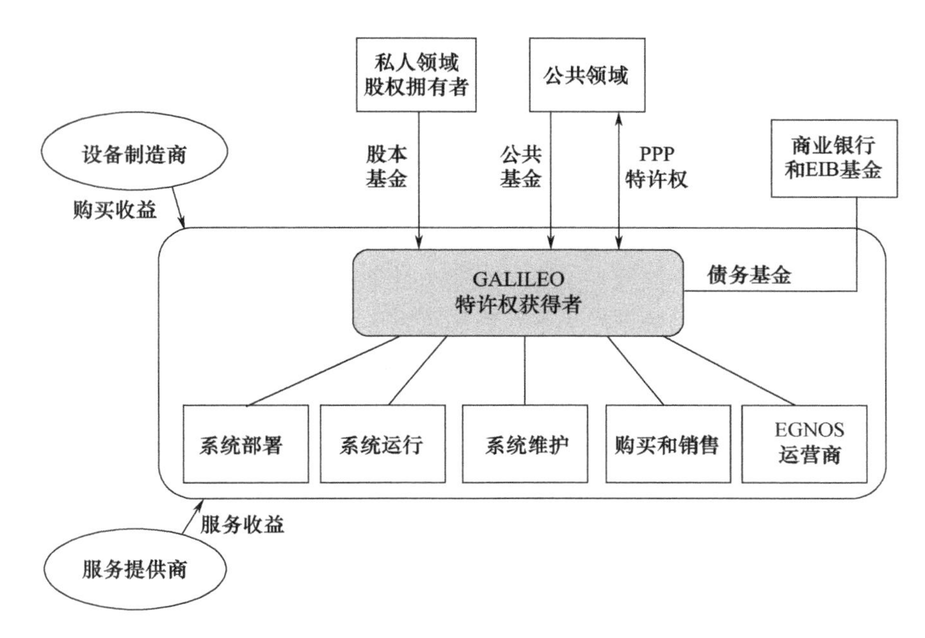

图 5.1 GALILEO 特许权模式

协调这一立场也得到确认，因此可以确保在分配的频率范围内，不同系统内的分配不会对欧洲系统不利。

在 2003 年 7 月，JU 与欧空局就地面和空间部分相关的研发阶段活动签订了一份协议。此外，JU 还发起了一项倡议，建议在第六框架计划下，对发展和运行阶段的特许授权程序进行确定。在 2003 年，还对“Galilei”和“GALILEO 卫星 B2 阶段”的开始阶段进行了两次重要的研究[19]。特别是，“Galilei”提升了 GALILEO 计划在国际舞台的知名度，例如，通过组建国际电信联盟和国际民航组织等机构，对与其他导航系统的相互协作性能进行了全面的研究；发布了本地基本设施组成部分的规范文件等（见 5.4 节）；并且在装备和服务上对国际市场进行了更为精确的确认。“GALILEO 卫星 B2 阶段”使欧空局可以对空间基本设施和相关地面组成部分进行详细的规定。

欧空局在 2003 年 7 月签署合同，购买第一批两颗试验卫星，自此 GALILEO 在轨验证阶段正式展开。第一批卫星计划于 2006 年中期发射，完成在轨传输后，两颗卫星将能保证在 2000 年和 2003 年世界无线电通信会议上分配给 GALILEO 的通信用频上提供服务。同时，这两颗卫星还将帮助对重要的机载装备，特别是信号发生器和原子钟的性能进行确认。

卫星无线电导航相关的一些用户也接受了咨询，包括汽车制造商、移动电话公司、数字制图生产商、行动不便人员、工业机器制造商、智能传输及农业和渔业资源的股权拥有者、保险公司和银行机构、负责城市安全的相关机构、铁路系统等，以便更好理解 GALILEO 系统的服务需求和市场潜力。

由于其独一无二的特性，GALILEO 可以在广泛领域内提供全新监控、控制和管理，以此来提供全新的服务。因此，为电子道路收费系统提供一项指令的建议使卫星导航相关技术特性得到广泛使用[14]。电子道路收费系统最初于 20 世纪 90 年代初期在欧洲出现，目的是为了加快收费的速度，以此来提升高速公路的使用效率。在事实上，由于收费而引起的道路堵塞、车辆延迟甚至事故对汽车用户和环境都造成了损害。虽然以短距离微波技术为基础的各种系统已经在本地或者国家范围内使用，但是各系统之间无法兼容。考虑到国际交通日益频繁，因此都期望这些现有系统至少能在欧洲范围内通用，所以作为在公路运输上发展信息社会的重要内容，卫星定位和手机通信技术被建议在部署欧洲电子道路收费系统时得到使用。预期到2010年，技术更新将能使所有四轮机动车都能安装与外面世界进行通信的设备，这些设备通过微波、GSM/G公共管制服务和全球卫星导航系统接口，支持一系列远程信息处理服务，包括电子收费[14]。

国际合作非常必要，可以确保通过GALILEO计划获得最大利益。由于欧洲卫星导航系统所具备的特性，其将能提供国际公共服务。要求与这个计划进行合作的第三方国家数量与日俱增，并且在成为GALILEO用户上无疑做出了最正确的重要选择。

其中一个重要环节是在欧盟和中国之间就后者加入GALILEO计划达成协议[20]。欧洲相信中国将能帮助GALILEO成为定位服务这一蓬勃发展的市场在全世界的主要基础设施，而中国计划积极投入到GALILEO的建设和应用中去，以使双方都受益。在中国科技部、中国遥感中心、欧洲委员会和欧空局的合作努力下，中欧卫星导航技术培训合作中心于2003年在北京启动，成为双方合作的协调机构。

与中国签订的协议也激发了其他对加入GALILEO研发工作感兴趣的国家的合作需求。印度与以色列也都开始了相关合作协议的制订过程[21]。其他一些之前通过欧空局和GALILEO计划有关联的国家，包括韩国、巴西、日本、加拿大、澳大利亚、墨西哥、智利以及瑞士和挪威等也在2003年12月纷纷告知委员会，他们也有兴趣进行更紧密的合作，很有可能是通过加入JU的方式。更多合作活动在地中海地区[22]、拉丁美洲以及非洲都正在进行之中。

在2003年7月，委员会向理事会和欧洲议会提议建立两个组织来管理欧洲卫星导航计划：管理机构和安全中心[23]。管理机构的作用是管理与GALILEO计划相关的公共利益，并且要充当系统的许可证颁发机构。它将负责与许可证享有者签订合同，并且保证其遵守规定。安全中心应当符合一个能长期制定政策的机构的需求，它的职责是在发生危机时，与公共机构和许可证享有者进行沟通，并且包括采取一些措施，如收集服务信号等。根据设想，安全中心将在通用安全和外交政策理事会秘书长/高级代表的直接管理之下。这两个机构将与安全程序的规定紧密相联。

5.3 GALILEO系统的服务

GALILEO对大量多样性服务的规定进行了设想[13,24]。它们的规定主要基于对用户需求和市场分析的综合考虑。一些服务将由GALILEO自动提供，而另外一些则将来自GALILEO和其他系统的综合使用。GALILEO的服务主要分成以下四类：

- GALILEO纯卫星服务；
- GALILEO本地辅助服务；
- EGNOS服务；
- GALILEO联合服务。

5.3.1 GALILEO纯卫星服务

GALILEO纯卫星服务通过使用GALILEO卫星传播的信号在全世界范围内提供服务，而无须依赖任何其他系统。提供GALILEO的卫星服务所需要的基本部分组成系统的核心，它们被认为是全球性组件（见5.4节）。GALILEO服务有大量广泛的可能性应用项目，它们具有不同的使用需求，大致可分组为下面五个服务等级。

- 开放式服务(OS);
- 生命安全服务(SoL);
- 商业服务(CS);
- 公共规定服务(PRS);
- 支援搜索和救援服务(SAR)。

GALILEO 服务可以被当作是国际地球参考框架和协调世界时的最新推广并被接受的实现方式。这一点对于与其他全球卫星导航系统,尤其是与 GPS 的通用性而言非常重要,这在 5.5 节中将会说明。GALILEO 纯卫星服务性能在用户层展示;所有统计数据包括接收机的信息(噪声、故障以及其他)。装备符合最低操作要求的 GALILEO 接收机的用户(或者在他们的终端具有 GALILEO 功能的用户)应当在标准条件下达到规定性能,没有人为堵塞、异常电波干扰、电离层和对流层异常活动,遮蔽角为 10°,并且拥有较低多路径环境[24]。

为消费者应用和普通兴趣导航(图 5.2)而使用的基本服务由 GALILEO 开放式服务提供。主要提供定位、测速和授时信息,可以使用小型低成本接收机获取,无须直接付费。开放式服务适用于汽车导航及与移动电话混合使用。当在固定位置使用接收机时,计时信息与协调世界时同步。计时信息也可以用于网络同步或者科研应用中。

图 5.2 可能会使用 GALILEO 的用户

开放式服务在精度和可用性上与当前全球卫星导航系统及其下一步更新计划相比更具有竞争力;尽管如此,开放式服务将与上述系统通用,以便为联合服务提供便利化。绝大部分接收机将同时使用 GALILEO 和 GPS 信号,为用户在城区提供无缝服务性能。开放式服务的性能在表 5.1中列出[13,24]。开放式服务在频率上进行分离,以便通过在各个频率上对距离测量值(双频接收机)进行差分来修正由于电离层引起的差错。在接收机上进行的电离层修正主要基于单频情况下的简单模式。每一个导航频率将包括两组距离码信号(同相/正交)。数据被添加到其中一组距离码上,而另外的“导航”距离码无数据(data - less),用于更加精确和稳健的导航测量。

GALILEO 生命安全服务可以在人身安全处于危险的地区进行使用,如在海上航行、空中飞行以及在铁路交通上(图 5.2)。该服务将在全球展示高质量性能以满足用户团体的需求,并且增加安全性,尤其是在传统陆地设施无法提供服务的区域。只要与运输相关,这项全球无缝服务就能提升全球化运营公司的效率(如航空运输、远洋航运公司)。

表 5.1　定位和授时开放性服务的性能

项目	整体性能
可用性	99.8%
定位精度 (95%,单频)	H:15m
	V:35m
定位精度 (95%,双频)	H:4m
	V:8m
完好性	不
授时精度(三个频率)	30ns

生命安全服务必须符合在各种国际运输领域内法律以及其他推荐操作惯例(例如标准和由国际民航组织推荐的操作方案,或简称 SARPS)规定的服务水平。GALILEO 必须具备非常明确的服务标准,以遵守所有运输领域内适用的法律和现行标准。

服务将公开提供,并且系统将具备鉴别信号,以使用户确信其所接收的信号的确来自 GALILEO。与开放式服务相比,在全球范围内提供完好性信息是这项服务的主要特点。根据在表 5.2 中所强调的双频接收机性能,这项服务将在全球范围内提供[13,24]。在表 5.3 中,完好性这一性能要求在三个设想的服务等级(A、B、C)中都进行了规定[24]。值得一提的是,根据表 5.3 中所注明,B 级和 C 级是在全球范围内提供,而 A 级只能在陆地上得到保证。三个等级分别说明了在重要运输应用中的风险程度。A 级适用于时间紧急的行动,例如在航空领域中用于处理垂直导航。B 级和 C 级则适用于时间不是特别紧急的应用,例如在海洋上用于宽阔海域的导航。

生命安全信号在频率上分隔开来,以提高抗干扰能力,并且允许对由电离层引起的误差进行修正,通过在各个频率(双频接收机)上的距离测量进行差异化处理来完成。每一个导航频率包括两组距离码信号(同相/正交)。数据添加到一组距离码上,而另外一组“导航”距离码数据无数据,用于更为精确和稳定的导航测量。完好性数据将在分配给服务系统上的两组频带里进行广播(见 5.4 节)。

表 5.2　生命安全服务性能

项目	全球范围内指标
可用性	99.8%
定位精度(95%,双频)	4~6m
完好性	是
合格/证明	是

表 5.3　生命安全服务完好性性能

完好性等级	A 级	B 级	C 级
完好性可用性	99.5%	99.5%	99.5%
报警门限/m	H:40;V:20	H:556	H:25
预警时间/s	6	10	10

续表

完好性等级	A 级	B 级	C 级
完好性风险(风险概率/时间周期)	3.5×10^{-7}/150s	10^{-7}/1h	10^{-5}/3h
连续性风险(风险概率/时间周期)	8×10^{-6}/15s	TBD/1h	3×10^{-4}/3h
应用范围	航空二类垂直导航 接近、公路、铁路	航空到非精确进近	海洋

GALILEO 商业服务为访问受限的服务等级,用于商业以及专业应用等需要卓越性能来提供增值服务的项目(图 5.2)。可以预期的应用项目将基于:为增值服务以 500bit/s 的速率分发数据;使用两组信号传播,在频率上与 OS 信号分开,以便于高级应用,如将 GALILEO 定位与无线通信网络(见第 9 章)、高精度定位以及室内导航结合起来。更多典型增值应用还包括服务保障、精确定时服务、电离层延迟模式的规定以及高精度定位确认使用的本地差分纠错信号。

GALILEO 经营公司将确定其能为各项商业服务提供的服务性能等级,同时对行业要求和消费者需求进行核实。它的目的在于为服务提供保障。商业服务属于控制性使用服务,由商业服务提供者与 GALILEO 经营公司签订许可证协议之后进行经营管理。关于商业服务的要求在表 5.4中进行了概括[24]。

表 5.4 商业服务性能

覆盖区	全球范围内指标*
可用性	99.8%
定位精度(95%,双频)	<1m
完好性	增值服务
*本地覆盖也进行了设想(见 5.3.2 节)	

商业服务是基于在公开使用信号上增加两组信号,通过商业加密对增加信号进行保护。增加的信号由服务供应商和将来的 GALILEO 经营公司进行管理;通过使用保护密码的方式,在信号接收方对信号进行控制。

GALILEO 将会提供更加严格的服务——公共管制服务,该服务将用于政府应用项目,具有高持续性的特征(图 5.2)。公共管制服务将为 GALILEO 系统空间信号提供比公开服务、商业服务和生命安全服务等级更高的防护,通过使用适当的干扰降低技术。

对公共管制服务的需求来源于对 GALILEO 系统构成威胁的分析,以及对基础应用项目的甄别,在基础项目中由于经济恐怖分子、对现状不满人员、颠覆分子或者敌对机构对空间信号进行破坏,从而在重要地理区域内损害国家安全、法律实施、人身安全或者经济建设等。公共管制服务的目的就在于让空间信号能在干扰威胁的情况下保证提供持续稳定服务的可能,以满足用户的需求。

典型的应用项目包括:泛欧洲层面上,尤其是在法律实施上(欧盟警察、海关、欧洲反诈骗办公室),安全服务(海上安全机构),或者紧急服务(维和部队或者人道主义干预);成员国层面上,尤其是在法律实施、海关、以及情报服务等。

干扰降低技术的引入需要这些技术在使用时能得到完全控制,以防止对其误用而造成会员国利益的受损。公共管制服务的使用将通过会员国政府批准的关键性管理系统来进行控制。会员国还将对接收机的分发进行控制。

服务性能在表 5.5 中给出,而相关完好性性能则在表 5.6 中说明[13,24]。

公共管制服务信号在与分配给开放式服务的频率相互分离的频率上进行持续广播。它们都是宽带信号，以此来防止强制干扰或者恶意堵塞，以提供持续性更好的服务。

GALILEO 还将为人道主义搜救提供来自欧洲的贡献和支援，以便对全球任何一个地方发出的求救信息的位置进行精确定位（图 5.3）。GALILEO 搜救服务应当符合国际海事组织的要求和规定，通过对全球海事安全系统紧急位置指示无线电信标的指示紧急位置进行探测，以及通过紧急定位终端进行探测；由搜救卫星协助跟踪系统进行协调支援，以有效达到国际搜救能力。

搜救卫星协助跟踪系统将从 GALILEO 计划搜救服务中获得极大利益，因为它将帮助改善求救信号发布的平均等待时间，与当前 1h 相比，改善之后将接近实时；改善报警位置（装备 GALILEO 接收机的紧急位置指示无线电信标和紧急定位终端系统只有几米的定位精度，与当前 5km 规范形成对比）；采用了多重卫星探测，以防止在恶劣环境下地形堵塞；增加空间段的可用性（在当前四颗近地轨道卫星和搜救卫星协助跟踪系统的三颗地球同步卫星的基础上增加 GALILEO 中地球轨道星座）。此外，GALILEO 搜救服务还采用了一项新功能，就是从人道主义搜救操作员处将链路回传到求救信号发射信标处，由此来为救援行动提供便利，并且帮助识别和拒绝虚假报警。

表 5.5　公共管制服务性能

覆盖区	全球范围内指标*
可用性	99% ~99.9%
定位精度 (95%，双频)	H:6.5m V:12m
授时精度	100ms
完好性	是
*本地覆盖也进行了设想（见 5.3.2 节）	

表 5.6　公共管制服务完好性性能

完好性可用性	99.5%
报警门限/m	H:20m;V:35m
预警时间/s	10
完好性风险（风险概率/时间周期）	3.5×10^{-7}/150s
连续性风险（风险概率/时间周期）	10^{-3}/15s

表 5.7 对 GALILEO 搜救服务的主要特性进行了概括，包括：服务能力，体现在用于每一颗卫星转发信号使用的有源信标的最大数量；以及前沿系统等待时间，表现为从信标第一次激活到求救位置确定之间的时间间隔[13]。事实上，从信标到搜救地面站之间的通信应当使对求救信号的探测与定位时间间隔越短越好，以便通信及时有效。

表 5.7　GALILEO 搜救服务性能

可用性	99.8%
服务能力（有源信标数量）	150
前沿系统等待时间	10min
服务质量（在信标到搜救地面站线路中的比特错误率）	$<10^{-5}$
应答数据率（每分钟的信息量）	6（长度为 100bit）

承担搜救任务的 GALILEO 应答器在接收到任何一个搜救卫星协助跟踪信标在 406 ~ 406.1MHz 波段范围里发出的警告后，将报警信息在专用 GALILEO 频率窗中传给专用地面站（见 5.4 节）。在专用地面站探测到求救信号之后，搜救卫星协助跟踪任务控制中心随即开始执

行对求救信号所发出的信标位置的确认工作。人道主义搜救服务结构图如图 5.3 所示。

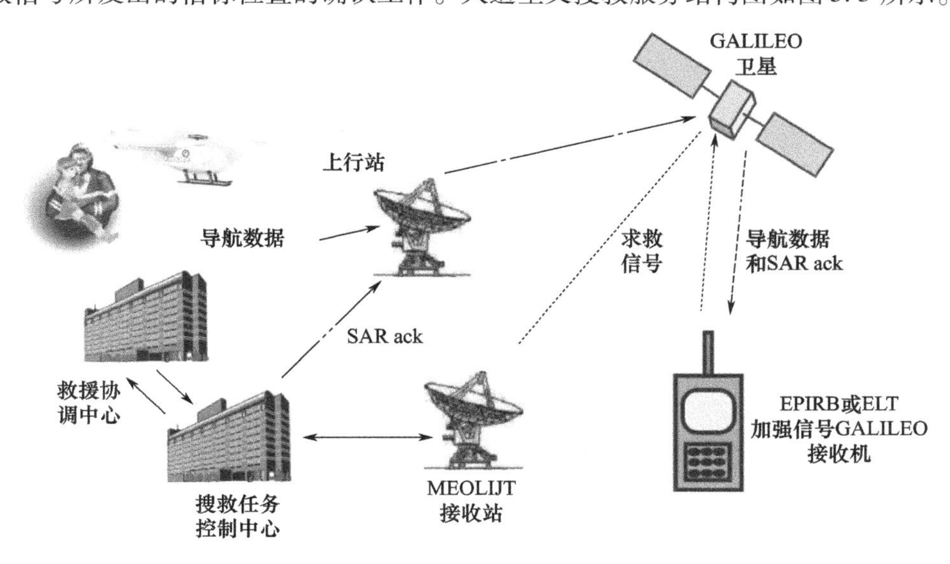

图 5.3 GALILEO 搜救服务结构图

5.3.2 GALILEO 本地辅助服务

一些特定的定位和导航应用项目对服务质量特性的要求非常高,而仅仅依靠 GALILEO 全球组成部分自身能力是无法达到的。通常,这些应用项目属于本地项目,所需要的服务范围是在有限的区域之内。这些要求可以通过生成更多本地信号(本地组成部分)以增强卫星信号来达到(与在第 4 章中谈到的全球卫星导航系统情况类似),以便在精度、可用性、连续性和完好性等方面提高性能。GALILEO 的本地组成部分是整套系统的一个组成部分,由众多 GALILEO 的本地元件组成。GALILEO 经营公司和外部服务提供商都将使用本地元件,来为大量各类用户提供服务。一旦确立了本地元件服务标准,只要本地元件的重要性能特征符合相关标准,就能为 GALILEO 提供本地元件服务保障。

本地元件的精确部署、相关性能以及功能是根据用户和市场需求、公共规定、经济因素、以及网络(如差分 GPS、GSM、通用移动通信系统)的扩散现状而确定的。在这种情况下,本地元件发挥作用的四个主要服务种类如下:

- 本地精确导航服务:GALILEO 本地元件,提供差异码纠错,可以在定位精度上优于 1m,在完好性相关的预警时间上不会超过 1s。
- 本地高精度导航服务:三频模糊度解算技术与 GALILEO 本地元件的结合使用将能使用户更好确定自身位置,误差低于 10cm。
- 本地支援导航服务:通过减少接收机端的解码信息量,可以改善空间信号的可用性,例如,通过为所有 GALILEO 服务改进跟踪阈值,特别是在困难环境下工作的应用项目上可以得到体现(如在峡谷之中以及室内应用项目)。这一性能可以通过与 GALILEO 公开服务向导信号的复用来进一步提高。
- 本地增强可用性服务:当需要在规定的本地区域内增加 GALILEO 服务的可用性时,伪卫星(见第 4 章)也可以被使用。此外,定位性能也将通过改进几何结构和使用伪卫星信号来达到,该信号不会经受相同程度的环境失真。在限定区域(如城区)内以及在关键时刻(如飞机降落),增强可用性值得期待。

GALILEO 本地组成部分代表了一种途径,在通信和定位功能之间达成配合,以便最大程度地占有市场份额。

几乎所有 GALILEO 本地元件和相关用户终端也将包括附加的全球卫星导航系统和潜在地基定位功能。结果将是,所提供的本地服务也将用于组合服务之中。

5.3.3 EGNOS 服务

根据欧洲全球卫星导航系统的集成战略构想,将 GALILEO 纯卫星服务和 EGNOS 服务结合起来,结果是将得到新的服务[25-27]。EGNOS(见第 4 章)提供测距服务、广域差分修正和完好性。GALILEO 生命安全服务与 EGNOS 服务的结合意义特殊。组合服务将在 GALILEO 和 GPS 星座上提供单独而且完整的信息,例如可以在航空领域支持精密进近类型的操作。这确保了有足够的冗余存在以提供单一手段的可用性,避免在系统之间出现共模故障模式,以此使地面传统无线电导航基础设施合理化。

5.3.4 GALILEO 联合服务

GALILEO 被设计为可以与其他系统通用(见 5.5 节),因而将作为组合服务的一个组成部分被广泛使用。组合服务来自 GALILEO 与其他全球卫星导航系统(GPS、GLONASS、星基增强系统)的组合使用,或者来自与其他非全球卫星导航系统(LORAN - C、GSM、UMTS、INMARSAT、运动传感器等)的组合使用。关于组合与通用性的更多具体内容将在 5.5 节中说明。

组合服务带来很多益处,它们可以满足最挑剔的用户需求,减少卫星导航系统的缺点,为那些出于人身安全以及数据安全原因而需要系统冗余的应用项目提供机动灵活的解决方案,以及进入未来的全球卫星导航系统市场,并且促进和扩展新的市场机遇。

5.4 GALILEO 系统的组成

GALILEO 系统的设计完全根据在 5.3 节中规定的计划服务来制定。机动灵活的结构被优先选用,以便逐步开展服务的实施过程。同时再一次使用面向服务的方式来定义 GALILEO 系统的组成部分,GALILEO 系统基础结构的不同部分需要用来提供前文所描述的服务。GALILEO 系统的组成部分被分类成五个组(根据服务需求来划分):

- 全球组成部分;
- 本地组成部分;
- EGNOS;
- 用户段;
- 外延(与 GALILEO 相关的系统)部分。

GALILEO 系统的组成结构如图 5.4 所示。

5.4.1 全球组成部分

全球组成部分是 GALILEO 系统的核心组成结构,包含了提供 GSOS 服务的所有必须组成元素。它是由空间段和相应地面段组成的。

1. 空间段

GALILEO 空间段由 27 颗卫星构成的星座组成,另外还有 3 颗在轨运行的备用卫星,卫星在距离地球表面 23616km 的中高圆轨道上运行,卫星的轨道倾角为 56°,运行周期为 14h 22min。

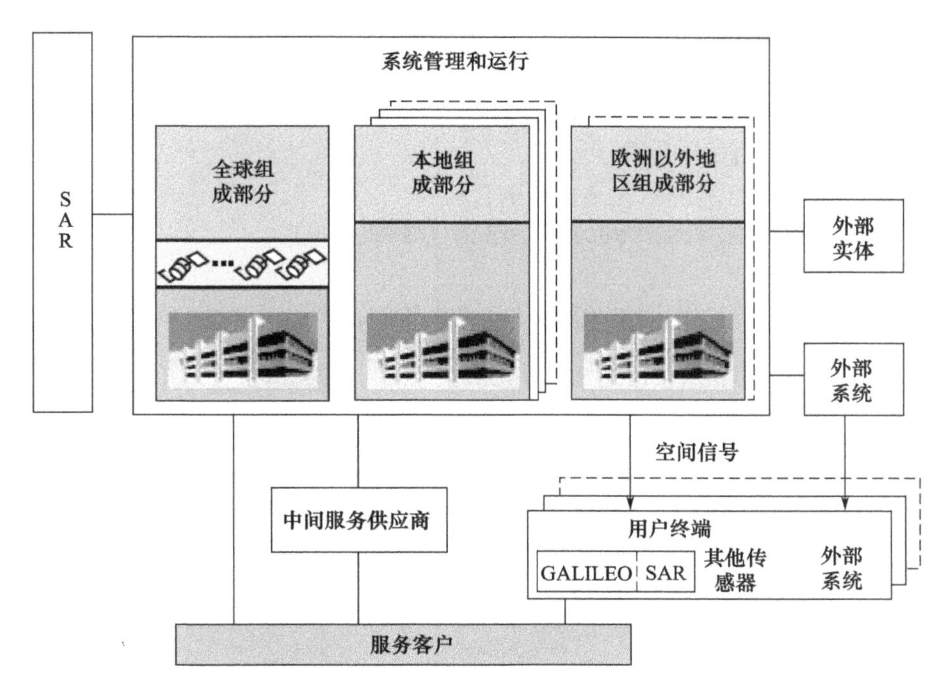

图 5.4　GALILEO 系统的组成结构

卫星分布在三个均匀分布的轨道平面上,形成一个 Walker27/3/1 星座(图 5.5),在每个轨道平面上,9 颗卫星的运行间隔相等,此外在每个轨道上还设计一颗备用卫星运行。

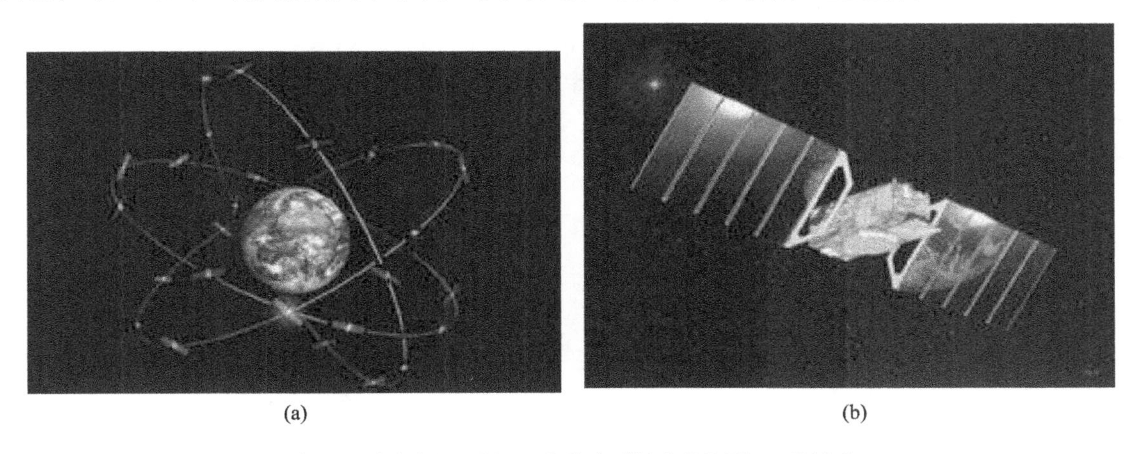

(a)　　(b)

图 5.5　(a)GALILEO 卫星星座;(b)GALILEO 卫星详图

因此,GALILEO 的轨道和星座参数和 GPS(见第 3 章)是不同的;在地球上的任意一个位置,在任何一个时间点,当接收机仰角分别为 5°、10°和 15°时能看到的卫星最大数量分别为 25 颗(13 颗来自 GALILEO,12 颗来自 GPS)、21 颗(11 颗来自 GALILEO,10 颗来自 GPS)和 17 颗(9 颗来自 GALILEO,8 颗来自 GPS)。

卫星的设计使用寿命为 20 年,包括一个平台和两个有效载荷,一个用于导航,另外一个用于搜救。

导航有效载荷是再生产品,在 L 波段上提供服务。通过使用原子钟来达到高度稳定的授时效果(如铷、被动型氢钟)。导航载荷主要承担下列功能:

- 上行导航数据的接收和保存;

- 对来自完整链路的完整数据进行解码和格式化；
- 测距码的生成；
- 利用星载原子钟提供精确定时信息；
- 通过纠错码来保护信息；
- 对导航信息使用合适的格式来进行组合；
- 导航、校时和完整信号的广播，包括时间同步和轨道星历。

2. 空间信号

GALILEO 卫星星座将提供一路包含如下内容的空间信号[28]：

- 10 路导航信号；
- 1 路搜救信号。

根据国际电信联盟规定，GALILEO 导航信号将在无线电导航业务分配的波段上进行播发，而搜救信号则将在为应急服务预留的 L 波段部分范围(1544 ~ 1545MHz)上进行播发。GALILEO 导航信号发送情况在表 5.8 中列出，其中说明了在不同频率范围内传递的信号数量以及与频率范围相对应的标记[24]。

表 5.8 GALILEO 导航信号发送情况

信号数量	频率范围/MHz	频率范围(标签)
4	1164 ~ 1215	E5a - E5b
3	1260 ~ 1300	E6
3	1559 ~ 1591	E2 - L1 - E1

GALILEO 空间信号的内容在图 5.6 中用图表的方式进行了展示。不同种类的信号在同相/正交信道上传播，并且在 1164 ~ 1215MHz 范围内时，不同种类的信号在波段的较高部分(E5b)和较低部分(E5a)上进行提供。信号连贯广播，因此 E5a 和 E5b 可以被当作单一超宽频带来使用。

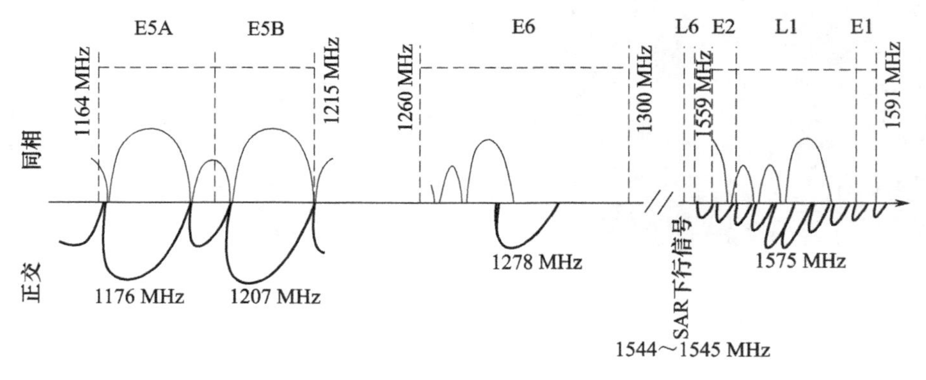

图 5.6 GALILEO 空间信号说明

所有 GALILEO 卫星共享同一个标称频率，使用兼容 GPS 通道的码分多址[29-31]。与 GPS 情况类似(见第 3 章)，每一组导航信号由一组测距码和数据组成。有不同类型的测距码和不同类型的数据可以被用于 GALILEO 信号。测距码由 +1、-1 的序列组成，在时间域(码长)和频率域具有明显特征。从某一个特定卫星发来的每一组信号都有一个唯一的序列组合。测距码可以在公开发布时让公众都清楚，也可以在被加密时仅仅提供给授权用户。

设计有三种类型的测距码：公共接入测距码(为公众所知，不加密)；测距码采用商业加密的方式进行加密；或者测距码采用政府加密的方式进行加密。

基准测距码由一个短周期原码组成,该码由一个长周期二级码调制而成。结果码有与一个长期二级码周期相等的等值周期。原码是基于常规 Gold 码,寄存器长度为 25。二级码是按照事先规定的序列来提供,码长范围从 4(E5B - I 信道)到 100(E5a - Q 和 E5b - Q 信道)。编码序列的周期从 1ms(E6B 信道)到 100ms(E5a - Q、E5b - Q 和 E6c 信道)。信号获取时间预计在 30 ~ 50s 的范围之内。

预计有五种类型的数据:

- 导航数据;
- 完好性数据;
- 商业数据;
- 公共管制服务数据;
- 搜救数据。

这些数据或者属于公开访问数据(导航数据、完好性数据,虽然预计会具有对完好性数据进行加密的能力,或者搜救数据),或者属于受保护数据(使用商业加密的商业数据,使用政府加密的公共管制服务数据)。

测距码和数据都承载了特定服务所需要的特定信息。在 10 组 GALILEO 信号中,6 组用于公开服务和生命安全服务,两组专门用于商业服务,还有两组则专门设计用于公共管制服务。

有一套半速率 Viterbi 卷积编码方案用于所有传播信号。鉴于上面的频率计划和目标服务都是以 GALILEO 信号为基础,各种各样 GALILEO 载体的调制类型促使在不同标准之间达成权衡:在卫星上的执行损耗降到最低;使用当前最先进的相关设备;卫星上电源功效的最大化;在 GPS 接收机上将由 GALILEO 信号产生的干扰降到最低;以及在用户接收器的性能和相关复杂性进行优化。E5 调制设想将两组四相相移键控信号进行合成。E6 和 E2 - L1 - E1 两组信号都具有三个通道,在相同的 E6/E2 - L1 - E1 载波上发送,共同使用改进型调制。在 E5 调制情况下,预计通过两个通道的合成而产生的四相相移键控信号是通过第三通道进行相位调制,调制指数(选择数值为 0.6155)被用来设置三个通道内的相对功率。

GALILEO 信号的主要参数在表 5.9 中列出,包括用于各类预想服务的通道类型[24]。

3. 地面段

地面部分的主要功能是卫星控制和任务控制。卫星控制包括通过使用遥测遥控上行链路进行监测和控制来对星座进行管理。任务控制将在全球范围内控制导航任务的核心功能(轨道确认和时钟同步)以及在全球基础上确认并分发(通过 MEO 卫星)完好性信息(在预警时间要求内完成警报预警)。

表 5.9 GALILEO 信号参数和标测服务

信号编号	信号标签	信号用途	片率/(Mchip/s)	测距码加密	数据率/(bit/s)	数据加密	服务
1	E5a(I)	数据	10	公开接入	25	不加密	公开服务/生命安全
2	E5a(Q)	导航	10	公开接入	—	—	公开服务/生命安全
3	E5b(I)	数据	10	公开接入	125	部分	公开服务/生命安全/商业服务
4	E5b(Q)	导航	10	公开接入	—	—	公开服务/生命安全/商业服务
5	E6(A)	数据	5	政府	待定	加密	公共管制服务
6	E6(B)	数据	5	商业	500	加密	商业服务

续表

信号编号	信号标签	信号用途	片率/(Mchip/s)	测距码加密	数据率/(bit/s)	数据加密	服务
7	E6(C)	导航	5	商业	—	—	商业服务
8	E2 - L1 - E1(A)	数据	M	政府	待定	加密	公共管制服务
9	E2 - L1 - E1(B)	数据	2	公开接入	125	部分	公开服务/生命安全/商业服务
10	E2 - L1 - E1(C)	导航	2	公开接入	—	—	公开服务/生命安全/商业服务
11	L6 下行	数据	—	—	—	—	人道主义搜救

GALILEO 控制中心是系统核心,包括了所有控制和处理设施。它的主要功能包括轨道确定和时间同步、全球卫星完好性确认、GALILEO 系统时间的维护、卫星与所提供服务的监测和控制以及各类离线维持服务。

地面部分的更多组成部分包括 GALILEO 监测站,从 GALILEO 卫星收集导航数据、气象以及其他需要的环境信息。这些信息随即发给 GALILEO 控制中心做进一步处理。

GALILEO 上注站包括在 S 波段上的独立双向遥测遥控站、在 C 波段上的专用 GALILEO 任务相关上行链路以及 GALILEO 监测站等。任务上注站只具有任务相关的 C 波段上行链路。

最终,全球区域网(GAN)提供了通信网络,将世界上所有系统组成部分联系在一起。

此外,计划将设立一个服务中心为用户和增值服务供应商提供一个平台来处理计划性和商业性问题。该中心主要负责为服务性能和数据收集、当前和未来 GALILEO 服务性能、重要管理内容的说明和使用等提供信息和保证,并且提供认证和注册信息,与欧洲以外地区的组成部分进行沟通,与人道主义搜救服务供应商进行沟通,以及与 GALILEO 商业服务供应商进行沟通等。

5.4.2 本地组成部分

GALILEO 的本地组成部分由所有 GALILEO 本地元件构成。GALILEO 计划包括对一些试验性本地元件的设计和研发,这些元件主要用于满足相关服务所需要的特别功能。GALILEO 本地元件可以在需要的时候增强系统性能,并且可能将 GALILEO 与其他全球卫星导航系统以及地域性定位和通信系统(如 D - 全球卫星导航系统、Loran - C、UMTS;见第 9 章)进行联合,为更多用户提供服务。下面这些系统功能都是本地元件样机所要求的。

- 本地精确导航元件,提供本地差分修正信号,用户终端可以用来调整每颗卫星的有效范围,以便纠正星历误差和时钟的不精确性,并且对在对流层和电离层延迟所形成的误差进行补偿。完好性信息的质量将通过告警门限和预警时间得到增强。

- 本地高精度导航元件,提供本地差分信号,三频模糊度解算用户终端可以用来调整每颗卫星的有效范围,以便纠正星历误差和时钟的不精确性,并且对在对流层和电离层延迟所形成的误差进行补偿。

- 本地辅助导航元件,可以使用单路或双路通信功能来辅助用户终端在困难环境下确定位置。在以用户终端为中心的处理情况中,需要单路通信来为用户终端提供卫星信息(如星历和多普勒),以便减少首次定位的时间;这将让用户更快确定自身位置。这类信息还将减小在用户终端的空间信号跟踪阈值,但也会导致可用性的降低。在以服务为中心的处理情况中,需要双路通信来使在用户终端接收到的伪卫星信息传回到中央处理机构,在那里可以将位置计算出来然后回传给用户终端。

• 本地增强可用性导航元件，提供本地补充性“伪卫星”传输，用户终端可以在使用附加GALILEO卫星情况下，用于在卫星视野范围受限或者需要较高可用性时进行补偿。本地测距信息在正常情况下也要比从GALILEO卫星接收的信息具有更高的质量。

合适的用户终端研发工作也列入计划，以便对这些本地元件样机提供的各类改进性能进行测试和验证。本地元件的安装、使用和收益将通过在GALILEO核心系统和外部系统（尤其是移动通信）之间定义接口控制文件以便于开展。GALILEO本地元件的存在和移动通信结构的推广共同提高了在导航和传输两项基本功能上的联合获取能力。因此，这种协同将直接转化成GALILEO市场份额的提高。此外，服务中心也将被定义以便通过本地元件向用户提供额外增值服务和数据（例如，计划内卫星运行中断情况，改善星历/时钟预算）。本地元件在全球的推广使用还将为在本地元件上接收空间信号能力的可能运用创造便利，同时便于对影响GALILEO信号的干扰源进行识别和隔离。

另外，GALILEO系统结构的另外一项“以本地为基础”的服务值得一提。事实上，与生命安全相关的完好性信息是由GALILEO全球组成部分提供的，并且在全球都有效。不过，感兴趣的区域可以附加提供一项可选择的区域完好性服务。这将使相关区域可以根据自身的完好性需求和规定来将GALILEO系统用于生命安全相关的应用项目。区域内元件将使相关区域有机会确认自身的完好性信息，并且通过卫星来进行广播。GALILEO系统基础结构的地区－全球接口如图5.7所示。

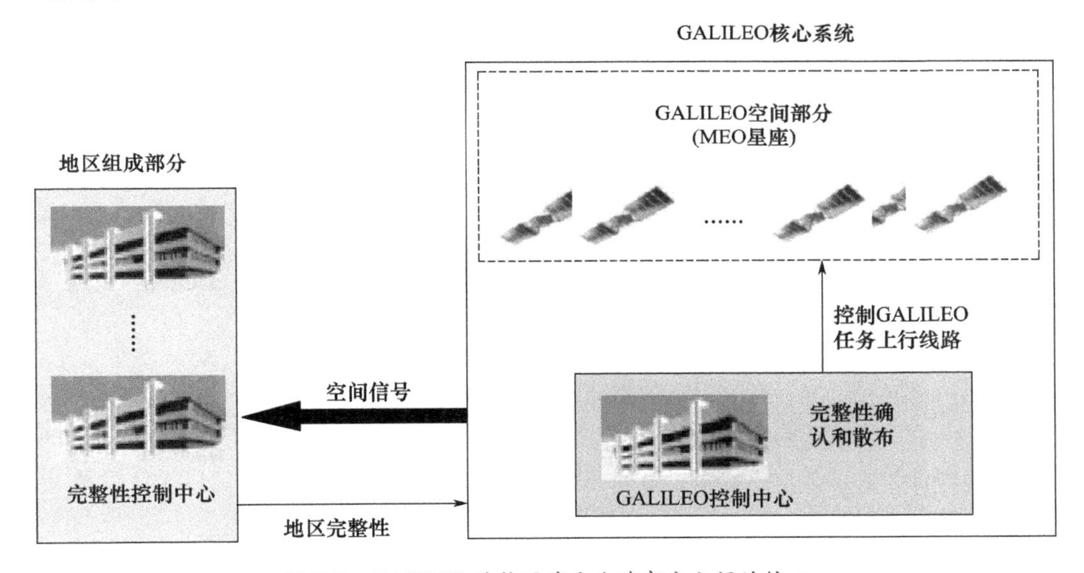

图5.7　GALILEO结构区域和全球部分之间的接口

5.4.3　与EGNOS的集成

在第4章中提到，EGNOS系统由四个主要部分组成：地面段、空间段、用户段和保障设施。EGNOS元件在功能上与GALILEO全球组成部分相独立，以避免出现共模故障。

EGNOS应当被用作GALILEO的先行方案，并且被当作工具来使GALILEO快速进入市场[26-27]。EGNOS与GALILEO的集成不会产生任何问题：在机构设立层面，将EGNOS和GALILEO计划综合进入一个实体是确保最优互补的最佳解决方案。因此，JU加入了对EGNOS运行的管理监督工作，并且很快启动了必要的工作来与经济运营商签订特权授予协议，使EGNOS系统自2005年起开始工作。

5.4.4 用户部分

GALILEO 用户部分包括不同类型用户接收机系列,功能各异,根据不同服务需求来使用 GALILEO 信号。用户必须装备足够数量的多功能终端来从所有的 GALILEO 服务(全球、本地、联合)中获得充分利益。在用户终端实现的功能:功能 1,直接接收 GALILEO 空间信号——这是真正的 GALILEO 接收机;功能 2,使用由区域和本地组成部分提供的服务;功能 3,可与其他系统互操作。作为 GALILEO 本地组成部分,用户终端必须在研发阶段范围内进行研发。作为任何一个 GALILEO 终端的基础组成,GALILEO 接收机承担了功能 1。而功能 2 和功能 3 基于应用需求之上是可选的,一部分功能可以由同样的设备来完成(例如,接收本地信号,与通用移动通信系统互操作,与 GPS 互操作,接收 GALILEO 空间信号)。一些标准终端将被研发用于展示可达到的性能。

GALILEO 用户终端的主要结构和接口如图 5.8 所示。

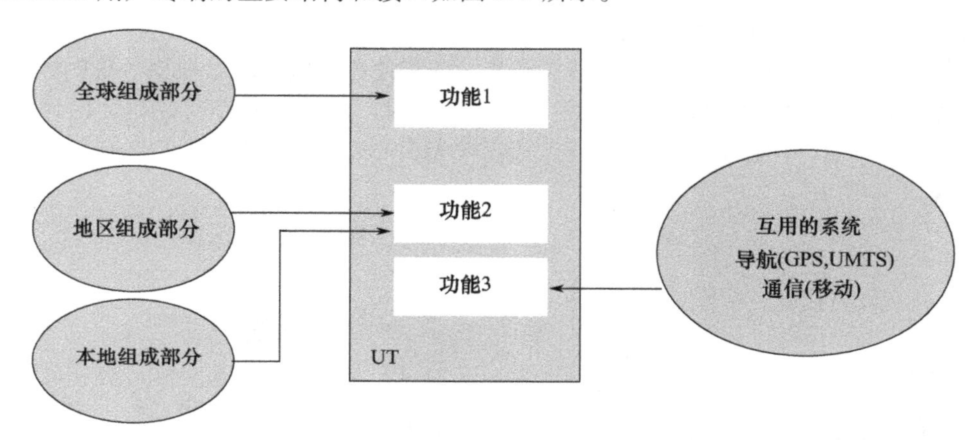

图 5.8 GALILEO 用户终端的主要结构和接口

5.4.5 外部组成部分

正如在 5.1 节和 5.2 节中所预期,一些欧洲之外的国家也在 GALILEO 计划上与欧洲展开合作协议,并且在运行阶段还将出现类似需求。如果欧洲以外的地区选择补充 GALILEO 的全球完好性,由地面部分组成的区域组成部分将能在它们所在的区域帮助 GALILEO 变得更加完整。这些组成部分的部署、运行和资金来源都由相应地区服务提供商负责。区域完好性数据可以经由 GALILEO 地面部分,与 GALILEO 卫星系统和其他服务提供商的数据一起上传到卫星上。

GALILEO 基础结构的一个外部组成部分与 GALILEO 的搜救服务相关,如 5.3 节所述,对国际搜救卫星协助跟踪系统提供保障。完整的搜救任务包括:一个用户部分(遇险呼救信标),在危险情况下它能发送报警信息(在 406 ~ 406.1MHz 范围内);一个空间部分,可以探测到信标所发出的报警信息,并且在 1544 ~ 1545MHz 波段内的一个频段(100kHz)上在全球传播;一个专用地面部分(称为本地用户终端,或者 LUT)接收与空间部分相关的报警信息并进行处理。LUT 设计为接收由 LEO 卫星(LEO - LUTs)、地球同步卫星(GEO - LUTs)或者与 GALILEO 卫星相似的 MEO 卫星(MEO - LUTs)转发的报警信息;而任务控制中心负责对报警信息进行验证,并且将其转发到救援协调中心的营救小组处。

GALILEO 搜救服务对于国际任务的贡献主要包括在 GALILEO 卫星上装载了人道主义搜救

仪以及对接收地面站(MEO-LUTs)的设计。在全世界的五个站(充分散布)应当能提供全球覆盖;并且预想引入一项新的功能,由营救小组将信息回传到求救信号发送信标处。回传的信息由返回链路服务提供商进行处理。救援协调中心将对返回链路服务提供商进行指定,与 GALILEO 地面部分进行连接。回传信息将由 GALILEO 地面段上传。

5.5 互 操 作

在 GALILEO 卫星运行的环境中,其他卫星和地面导航系统都已经运行多年,并且在未来将继续运行,或者将要投入使用。因此,互操作是该项目能否成功的一项重要问题。

互操作是一个系统的功能特性,在与其他系统联合使用时,在用户端的接收机应具有该功能以便获取新型或者类似服务来提高服务性能[32]。互操作的概念包括三个阶段:共存或者兼容(即缺乏互操作性)、交替使用以及联合使用(具有完全的互操作性)。

GALILEO 与另外一个系统的共存表示 GALILEO"不会损坏"而使另外一套系统的服务降阶。这是对任何一套新型导航系统的一项基本要求,这由国际电信联盟的频率分配政策以及 GALILEO 信号的可行性研究进行确保[28]。

GALILEO 与另外一套系统的交替使用表示 GALILEO 与其他系统之间在用户接收层面上存在集成,用户可以在同一接收机上使用 GALILEO 或者其他系统。用户还能使用两套系统来拥有新型或者性能得到提升的类似服务。

GALILEO 和另外一套系统的联合使用表示在 GALILEO 和其他系统之间,在系统层面上已经完全集成。用户可以使用两套系统,来拥有新型或者性能得到提升的类似服务。这一特质主要是在逻辑上,并且规定了互操作性的各类重要等级;实际实现将会展示系统之间的部分互操作性。

GPS 和 GLONASS 不是互操作的,即使在市场上具有 GPS 和 GLONASS 合成接收机。它们在用户看来是一个唯一的"盒子",但事实上里面是两台并联的接收机,分别处理各自的信号。不过它们的组合方式仍然具有提高用户性能的潜能。关于 GALILEO 非常重要的一点是,它独立于其他任何一套系统,即使在部分功能上与一些系统互操作。GALILEO 关于互操作性的部分参考内容如图 5.9 所示[33]。

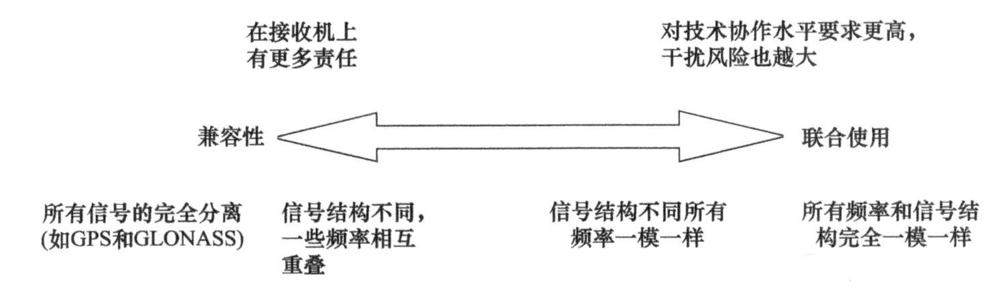

图 5.9 GALILEO 的互操作水平

最终,在 GALILEO 和其他系统之间的互操作性可以从三个方面来考虑:与其他卫星导航系统的互操作性、与地面导航系统的互操作性以及与非导航系统的互操作性。本节,首先会对第一部分内容进行说明,其他内容会在第 9 章中具体说明。GALILEO 和其他卫星导航系统(如 GPS 和 GLONASS)的互操作性仅仅包括图 5.9 中前三层内容。

GALILEO 和 GPS 部分共享分配频率,如图 5.10 所示。通用性将根据非政府服务来进行分析。

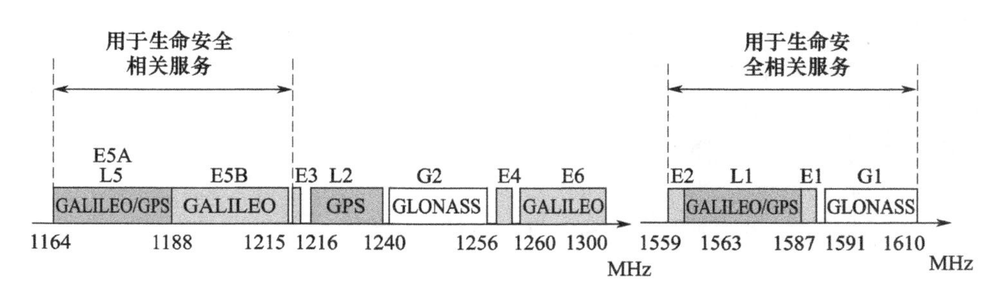

图 5.10　在频谱水平上的通用性

这就意味着，GALILEO 的公共管制服务和 GPS 的 M 码即使被分配进相同频段（L1），也将出于显而易见的国家和国际安全原因而进行加密，且互不通用。图 5.11 显示了不同的信号选择，以改变接收机设计的技术载荷[34]。

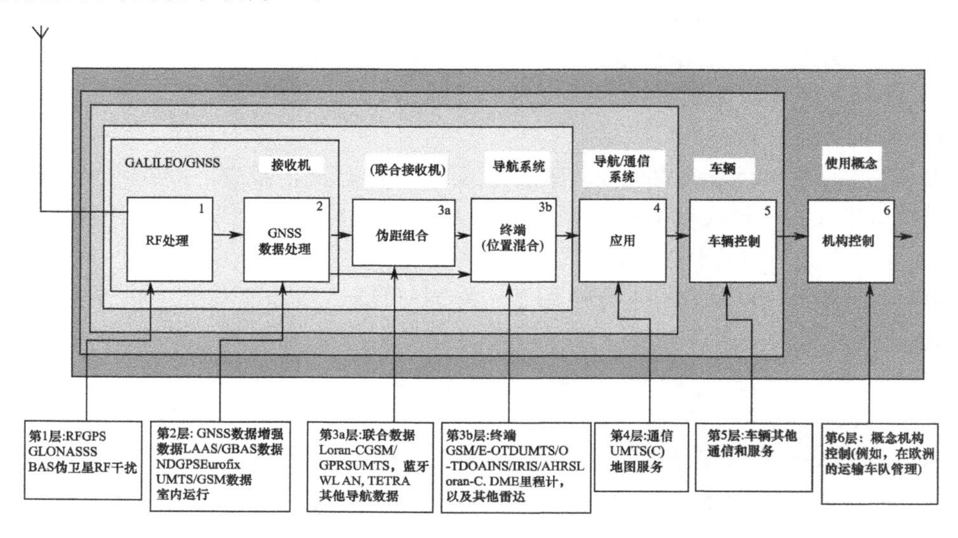

图 5.11　GALILEO 通用性问题上的基本模式

在信号层面关于互通性的技术问题包括频率、带宽、扩频和编码结构、调制、数据率、信息结构、前向纠错（FEC）算法以及功率。GALILEO 信号可以与 GPS 共享 L1 波段，并且其 E5a 波段在频率上与 GPS 的 L5 相似。接收机的设计可以从共享同一天线来获益，并且它将使用 RF 通道来对下列每一组信号进行计算：

- GPS 和 GALILEO L1；
- GPS L5 和 GALILEO E5b 与 E5b；
- GALILEO E6（最终为 E6 公共管制服务）；
- GPS L2；
- 最终加密 M 码和 L1 上的公共管制服务。

商用接收机将对部分信号进行计算，即对列表上前两组或者前三组进行计算。价格比较低廉的接收机，内置在移动电话中或者用于休闲功能，通常只计算列表上的第一组信号。用于生命安全运输的接收机应当计算前面四组信号，而军用接收机则将计算列表上所有的信号。

接收机的数字信号处理器将对采样数字信号和局部重复信号之间的相关函数进行处理。因此，接收机导航处理器将提取可以用于计算定位、测速和授时算法的数据。GPS 和 GALILEO 数据必须具有共同的时间和测地参照系来融合进入单一的定位、测速和授时算法。GALILEO 将使用该系统时,并且被转换成国际原子时。在一年时间内 GALILEO 系统时和国际原子时之间的偏移应当控制在 50ns(2σ)之内,而 GALILEO 系统时和国际原子时之间的偏移虽然具有不确定性,但是在任何一个 24h 周期内,都应该少于 28ns(2σ)[35]。GALILEO 将对协调世界时和国际原子时之间的时间差进行广播。GPS 使用两个授时刻度,内部"GPS 系统时间"和协调世界时,第一个用于位置计算,而第二个则是用于为授时用户提供时间计算。可以预见,GALILEO 将会把 GALILEO 系统时和 GPS 系统时之间的偏差传播给用户,以保证通用性。

GALILEO 将使用 GALILEO 地球参考系(GTRF)作为测地标准。从实际角度上来看,它应当是国际地球参考系统的独立实现。GPS 使用 WGS-84 坐标系(见第 2 章)。两个坐标系之间的差异在几厘米范围之内,并且有一个数学转换式可以被用来恢复完全参照一致性。绝大部分商用接收机不需要对这么小的不一致进行任何纠正。导航处理器将接收 GPS 和 GALILEO 的伪随机测量值,而定位、测速和授时算法的计算将遵循两个不同的策略:

- 定位求解方案的混合;
- 原始测量数据(伪随机)的混合。

两种方法在精确性上都有着相同的性能[33]。第二种方法更可取,因为在可见卫星数量少于四颗的情况下,以及在困难环境(如峡谷中间且只有一个星座)的情况下,三维位置和时间无法计算。混合星座将能允许在两个系统中三颗以上卫星可见的情况下,对三维位置和时间进行计算。

为了合理地共同使用 GALILEO 和 GPS,接收机应当具备足够多的通道来对两个系统的卫星进行追踪。

并非是技术因素,而是政治和战略因素使得与 GPS 互操作的决定向前推进[1]:

- 采用一项通用基准信号结构用于各自的公开服务;
- 确认一项适用基准信号结构用于公共管制服务;
- 一个处理流程,允许通过联合或者单独的方式来对基准信号结构进行优化,以进一步提高性能;
- 通用时间和测地标准的确认,以便于 GPS 和 GALILEO 的联合使用;
- 在卫星导航物品和服务的销售上不存在歧视的情况;
- 承诺保留国家安全能力;
- 签订协议,不限制终端用户使用或者进入各自的公开服务。

GALILEO 卫星信号与 GPS 第Ⅲ阶段设计方案相一致,该设计方案是基于真实运行经验之上,并且被设计为尽可能的具有互操作能力。

Galilei 研究材料[33-36]显示 GALILEO 和 GLONASS 信号的联合处理将对射频接收机具有较强的影响。这就意味着,不太可能使用较为廉价的技术在单一射频通道上对两组信号进行处理。很有可能 GLONASS 信号将无法被绝大部分应用来处理。即使可以确保两组系统共存,但是 GALILEO 和 GLONASS 接收机(如果有相关产品)很有可能是两台并联的接收机(对于用户来说放置在一个盒子里),并且定位也是通过各自的算法来进行定位计算。

5.6 安全问题

GALILEO 是为了民用领域而设计的,不能被当作一项多用途技术。至今没有任何 GALILEO 文件提到 GALILEO 产品具有任何军事用途。因此,GALILEO 的安全性没有按照任何军事系统设计的典型程序进行。不过,作为卫星导航系统的拥有者,其自身也具有相应的责任。虽然欧洲委员会认可 GALILEO 作为一个民用系统,其他国家或者颠覆活动组织或者恐怖集团并不这么认为。这就是为什么安全问题对于 GALILEO 而言如此重要:它一定不能成为战争或者恐怖行动的工具。

由于公开服务不会加密,并且对任何人都是自由使用的,因此欧洲政策制定者们必须为这个系统最终被第三方非授权使用而做好准备。不过,一些市政活动和市民安全将基于 GALILEO 之上。GALILEO 必须保护好自身,防止出现"拒绝服务"的现象,以及非故意干扰或者恶意堵塞而导致为用户提供错误信息。GALILEO 的安全问题主要分成四个关键方面:

- 基础结构的安全(建筑、台站、空间部分、资源之间的数据和通信链路)。由于资源的某些故障,可能会导致所需导航性能的降低。
- 空间信号的安全(防止无意干扰或者恶意堵塞)。它包括恐怖分子、反叛分子、颠覆分子或者敌对组织对公共管制服务或者生命安全服务的破坏。
- 在战争情况下,非授权用户对 GALILEO 服务的误用,或者用于恐怖用途。
- 对授权用户终端在走私、逆向工程以及传送密钥的解密等扩散性活动方面的控制。

在安全性上,GALILEO 具有非常灵敏的基础结构。自从其设计阶段开始,来自两个独立机构的专家组就开始对安全问题进行分析:GALILEO 系统安全委员会,由欧洲委员会进行协调,以及 GALILEO 安全顾问会,该机构由欧洲空间委员会设立。实际上,GALILEO 系统安全委员会和 GALILEO 安全顾问会被 GALILEO 安全委员会所代替,该机构根据第 876/2002 号规定第 7 条而设立,用于处理与系统相关的安全问题。GALILEO 安全委员会只是临时工作,因为其任务周期与 JU 相同,因此将延续到 2006 年研发阶段结束。GALILEO 安全委员会目前有三项主要任务[37]:

- 在安全相关的技术问题上提供专家建议(加密);
- 向委员会在与第三国之间的谈判上提供技术援助(例如与美国共享频率);
- 协助建立在未来用于安全用途的运行框架。它包括"在发生危机情况下中止或者限制信号发射"的责任、对授权用户的规定、对不扩散和出口控制等国际义务的监督等。

参考文献

[1] "Loyola de Palacio Welcomes the Outcome of EU/US Discussions on GALILEO," IP/04/264, Brussels, Belgium, 25. 02. 2004.

[2] "Progress in GALILEO - GPS Negotiations," IP/04/173, Brussels, Belgium, June 2, 2004.

[3] "GALILEO: Three Operators Competing for the Concession," IP/04/172, Brussels, Belgium, June 2, 2004.

[4] Ruggieri, M., and G. Galati, "The Space Systems Technical Panel," IEEE System Magazine, Vol. 17, No. 9, September 2002, pp. 3 - 11.

[5] El - Rabbany, A., Introduction to GPS: The Global Positioning System, Norwood, MA: Artech House, 2002.

[6] Progress Report on GALILEO Programme, Commission of the European Communities, Brussels, Belgium, May 12, 2001.

[7] "Council Resolution of 5 April 2001 on GALILEO," Official Journal C 157, 30. 05. 2001, pp. 1 - 3.

[8] "Commission Communication to the European Parliament and the Council on GALILEO," Commission of the European Communities, Brussels, Belgium, November 22, 2000.

[9] Inception Study to Support the Development of a Business Plan for the GALILEO Programme, Final Report, Price Waterhouse Coopers, November 14, 2001.

[10] "2420th Council Meeting - Transport and Telecommunications," Brussels, Belgium, March 25 - 26, 2002.

[11] "Action Programme on the Creation of the Single European Sky," Communication from the Commission to the Council and the European Parliament, Commission of the European Communities, Brussels, Belgium, November 30, 2001.

[12] Iodice, L., G. Ferrara, and T. Di Lallo, "An Outline About the Mediterranean Free Flight Programme," 3rd USA/Europe Air Traffic Management R&D Seminar, Napoli, Italy, June 2000.
[13] "GALILEO - Mission High Level Definition," EC/ESA, September 2002.
[14] "Developing the Trans - European Transport Network: Innovative Funding Solutions—Interoperability of Electronic Toll Collection Systems"; Proposal for a Directive of the European Parliament and of the Council on "The Widespread Introduction and Interoperability of Electronic Road Toll Systems in the Community," Communication from the Commission, n. COM(2003)132 Final, 2003/0081(COD) of April 23, 2003.
[15] "European Transport Policy for 2010: Time to Decide," White Paper, European Communities, 2001.
[16] "Council Regulation (EC) No. 876/2002 of 21 March 2002: Setting Up the GALILEO Joint Undertaking," Official Journal L 138, May 28, 2002, pp. 1 - 8.
[17] Progress Report on the GALILEO Research Programme at the Beginning of 2004, Communication from the Commission, the European Parliament and the Council, COM(2004)112 Final, Commission of the European Communities, Brussels, Belgium, February 18, 2004.
[18] "GALILEO Study Phase Ⅱ - Executive Summary," Price Waterhouse Coopers, January 17, 2003.
[19] "Inception Study to Support the Development of a Business Plan for the GALILEO Programme," Executive Summary Phase Ⅱ, Price Waterhouse Coopers, January 2003.
[20] "EU and China Are Set to Collaborate on GALILEO—The European Global System of Satellite Navigation," IP/03/1266, Brussels, Belgium, September 18, 2003.
[21] "EU and Israel Agreement on GALILEO, Under EU Auspices, Cooperation Between Israel and Palestinian Authority Are Taking Off," DN IP/04/360, March 17, 2004.
[22] "GALILEO Strengthens Euro - Mediterranea Partenrship," IP/03/42, Brussels, Belgium, February 24, 2003.
[23] "Proposal of Council Regulation on the Establishment of Structures for the Management of the European Satellite Radio - Navigation Programme," n. COM(2003)471 Final, 2003/0177(CNS) of July 31, 2003.
[24] "The Galilei Project - GALILEO Design Consolidation," European Commission, ESYS Plc, Guildford, United Kingdom, August 2003.
[25] "The Commission Proposes Integrating the EGNOS and GALILEO Programmes," IP/03/417, Brussels, Belgium, March 20, 2003.
[26] "GALILEO - Integration of EGNOS - Council Conclusions," n. 9698/03(Presse 146), 5. VI. 2003.
[27] "Integration of the EGNOS Programme in the GALILEO Programme," Communication from the Commission to the European Parliament and the Council, COM(2003)123 Final, March 19, 2003.
[28] Hein, G. W., et al., "The GALILEO Frequency Structure and Signal Design," Proc. ION GPS 2001, Salt Lake City, UT, September 2001, pp. 1273 - 1282.
[29] Godet, J., et al., "Assessing the Radio Frequency Compatibility Between GPS and GALILEO," Proc. ION GPS 2002, Portland, OR, September 2002.
[30] de Mateo Garcia, J. C., P. Erhard, and J. Godet, "GPS/GALILEO Interference Study," Proc. ENC - GNSS 2002, Copenhagen, Denmark, May 2002.
[31] Pany, T., et al., "Code and Carrier Phase Tracking Performance of a Future GALILEO RTK Receiver," Proc. ENC - GNSS 2002, Copenhagen, Denmark, May 2002.
[32] Crescimbeni, R., and J. Tjaden, "GALILEO - The Essentials of Interoperability," Proc. of Satellite Navigation Systems: Policy, Commercial, and Technical Interaction, Strasbourg, France, May 26 - 28, 2003.
[33] "GALILEI—Navigation Systems Interoperability Analysis," Gali - THAV - DD080, October 2002.
[34] Turner, D. A., "Compatibility and Interoperability of GPS and GALILEO: A Continuum of Time, Geodesy, and Signal Structure Options for Civil GNSS Services," Proc. of Satellite Navigation Systems: Policy, Commercial, and Technical Interaction, Strasbourg, France, May 26 - 28, 2003.
[35] "GALILEO Mission Requirements Document," Issue 5, Rev. 3, October 10, 2003.
[36] GALILEI—Multimodal Interoperability Analysis Report, DD - 070, 2002.
[37] Lindstrom, G., and G. Gasparini, "The GALILEO Satellite System and Its Security Implications," Occasional Papers No. 44, Institute of Security Studies—European Union, April 2003.

第6章　GPS Ⅲ现代化发展转型

6.1　引　　言

GPS是美国国防部为用户提供全球的定位、测速和授时的精确估算而开发的。尽管该系统最初是为4万名军事用户而设计的，而现在GPS已经成为使用最广泛的导航系统，在全世界拥有超过2000万军事和民事用户。

GPS在军事和民事领域不断增加的重要性，以及对提升GPS性能和容量以支持更高精度和可靠性民事军事任务的需求，已经促使美国防部制定了一个升级计划，设计实现新一代导航系统架构，即GPS Ⅲ[3-6]。

1999年1月25日，美国副总统戈尔发布一份官方声明，通告了一项价值4亿美元的GPS现代化项目[7]。通过引入空间和控制上的技术改进以及为未来GPS卫星增加新的导航信号，改善现有服务的性能，同时为军事、民事、商业和科学等广泛领域提供新的服务：

> 全球定位系统——一个技术造福于国民乃至全球人民的典型案例，美国作为GPS项目开发的领导者，倍感自豪。GPS现代化升级在全球信息公用事业发展史中具有重要的里程碑意义，并将帮助我们在下个千年实现该技术的最大化充分利用。
>
> ——副总统戈尔，1999年1月25日

需要重点强调的是，GPS现代化升级项目是在GPS原始设计基础上进行改进，而不改变其系统架构。为了实现GPS Ⅲ，需要对其进行重新设计。因此，此次由GPS向未来GPS Ⅲ的现代化升级将放弃传统的过渡升级模式，就像GSM到UMTS之间GPRS的升级过程。

当前的现代化升级项目将对提供给军事和民事用户的GPS核心服务进行改进，而这些服务已经以各种前所未有的方式提供了导航、定位和授时功能应用。

6.2　空间部分的现代化升级

正如第1章中强调的，GPS现代化升级项目开始于最后8颗Block ⅡR型卫星(图6.1(a))向Block ⅡR－M(现代化升级)型卫星的转换，该项目由洛克希德·马丁公司[8]负责，主要是对Block ⅡR型卫星进行改进，增加广播L2频率新民用编码即L2C，以及L1和L2上的新军用M编码。第1颗Block ⅡR－M型GPS卫星的发射计划已于2005年制定，剩余卫星发射计划于2007年底制定。

目前(材料编写期间)，GPS星座共有29颗卫星，其中Block Ⅱ型2颗，Block ⅡA型16颗，Block ⅡR型12颗。Block ⅡR型卫星的最后1颗(ⅡR－12)于2004年11月6日发射，2004年11月22日开始运行并发挥效能。预计2014年将实现M编码和L2C编码全球覆盖形成初始运行能力，2015年实现全运行能力。

Block ⅡF型(图6.1(b))卫星是继Block ⅡR－M(现代化升级)型卫星之后的下一代卫星，于1990年从波音北美公司订购[9-11]。按照最初协议，应该建造33颗GPS卫星。但国防部削减

(a)

(b)

图 6.1 (a)GPS 卫星:Block ⅡR 型(洛克希德·马丁公司产品),(b)GPS 卫星:Block ⅡF 型

了 GPS 项目的卫星数量,变成了现在的 12 颗。改良的 Block ⅡF 型卫星被称为"ⅡF Lites(精简版)"。此外,修订后的协议将新的导航载荷引入ⅡF 型卫星,除之前引入 Block ⅡR-M 型卫星的两个军用 M 编码信号和民用 L2C 信号外,还使其具备了在 1176.45MHz 上广播新的第 3 个民用信号(L5)的能力。L5 信号将于 2016 年形成初始运行能力,2019 年实现全运行能力。此外,Block ⅡF 型卫星将比之前的卫星具备更长的在轨寿命。GPS 卫星的寿命由两个因素决定:设计寿命和平均任务持续时间。表 6.1 显示了当前及未来型号 GPS 卫星[8,10-13]的设计寿命和平均任务持续时间。

需要特别提及的是,Block Ⅱ型和ⅡA 型卫星实际的平均任务持续时间比设计要求的时间要长得多(见表 6.1),其中,Block Ⅱ型卫星达到了 9.6 年,Block ⅡA 型卫星为 10.2 年。因此,考虑到当前在轨卫星增加的运行寿命,Block ⅡF 型卫星的设计寿命和平均任务持续时间数值比最初型号卫星(设计寿命为 15 年,平均任务持续时间为 13 年)要短,在 GPS Ⅲ现代化升级计划[10-13]中,原始的数值应该算上延后时间。

在 Block ⅡR 和 Block ⅡF 型卫星之后,现阶段 GPS 项目为 GPS Ⅲ的研发做了准备,其卫星载荷将拥有 Block ⅡF 型卫星具备的所有功能。此外,M 编码信号的功率也将提高以改善它们的抗干扰性能。

表6.2列出了新信号的使用情况。目前,还未对GPS Ⅲ卫星星座特征进行定义。正在进行的两项研究将探索完全不同的两种体系结构:创新性的三平面星座结构和在当前GPS中应用的传统六平面星座结构。同时,卫星的数量也仍未确定,但应该在27~33颗之间。

表6.1 GPS卫星的设计寿命和平均任务持续时间

GPS卫星型号	设计寿命/年	平均任务持续时间/年
Block Ⅱ	7.5	6
Block ⅡA	7.5	6
Block ⅡR/ⅡR-M	10	7.5
Block ⅡF	12.7	11.3

表6.2 新信号的使用情况

	L1 C/A	L1 P/Y	L1 M	L2 C	L2 P/Y	L2 M	L5 Civil(民用)
Block ⅡR	是	是			是		
Block ⅡR-M	是	是	是	是	是	是	
Block ⅡF	是	是	是	是	是	是	是
GPS Ⅲ	是	是	是	是	是	是	是

依据公布的GPS Ⅲ高功率编码日程表,初始运行能力预计将于2021年实现,全面运行能力预计将于2023年实现,整个星座维持运行预计将至少到2030年。

6.3 控制部分的现代化升级

GPS现代化升级包含对控制段的升级。该升级项目于2000年开始,由波音公司负责,计算机科学公司和洛克希德·马丁公司予以配合协作。项目的主要目标是降低运行费用、减少操作员工作量和提高系统性能。现代化升级进程为运行控制段提供了升级增量组,通过增加新的功能和能力来提高系统性能。新的航天器技术和信号也将获得重视。对运行控制段的主要升级可概括如下[3-6,14,15]:

- 精度改善计划;
- 替换当前分布式架构估算的主控站主机;
- 增加直接民用编码监控;
- 在加利福尼亚州范登堡空军基地建设全任务备用主控站;
- 升级运行控制段中的接收机/天线和计算机技术;
- 增加ⅡR-M和ⅡF型卫星的指控能力和功能。

目前仍在执行的精度改善计划项目是由美国防部于1996年发起,其主要目的是提高广播导航信息质量和GPS整体精度。关于运行控制段现代化升级,主要方案包括增加6个新的NIMA地面站(图6.2)、一个新的上载策略和运行控制段卡尔曼滤波器中的单分区处理,以实现对GPS跟踪网络的升级[14]。

跟踪网络增强计划将使得GPS跟踪测量的时效性、质量以及相关计算参数都得到显著提升。新的上注策略包括提升通过运行控制段将导航数据上传到GPS卫星的速率。

图6.3显示了GPS空间和控制部分的现代化升级日程,已考虑到会与Block Ⅱ和ⅡA型卫星一样,初始运行能力和全面运行能力的日期可能也会有出入,因为它与每一型卫星的平均任务持续时间有关。

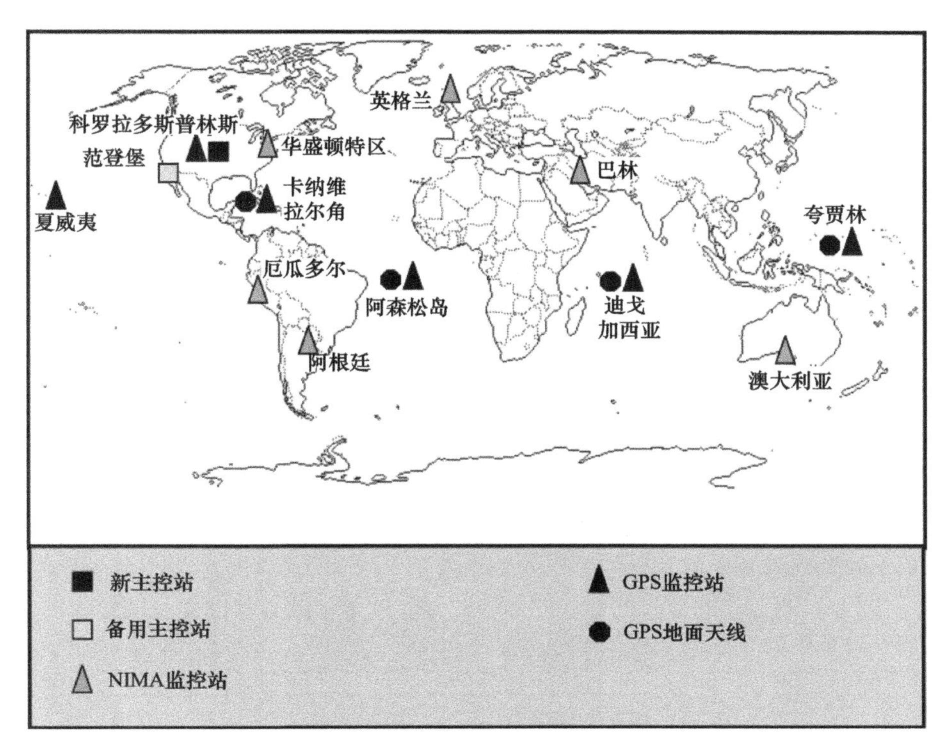

图 6.2　GPS 现代化升级后的运行控制段工作站位置图

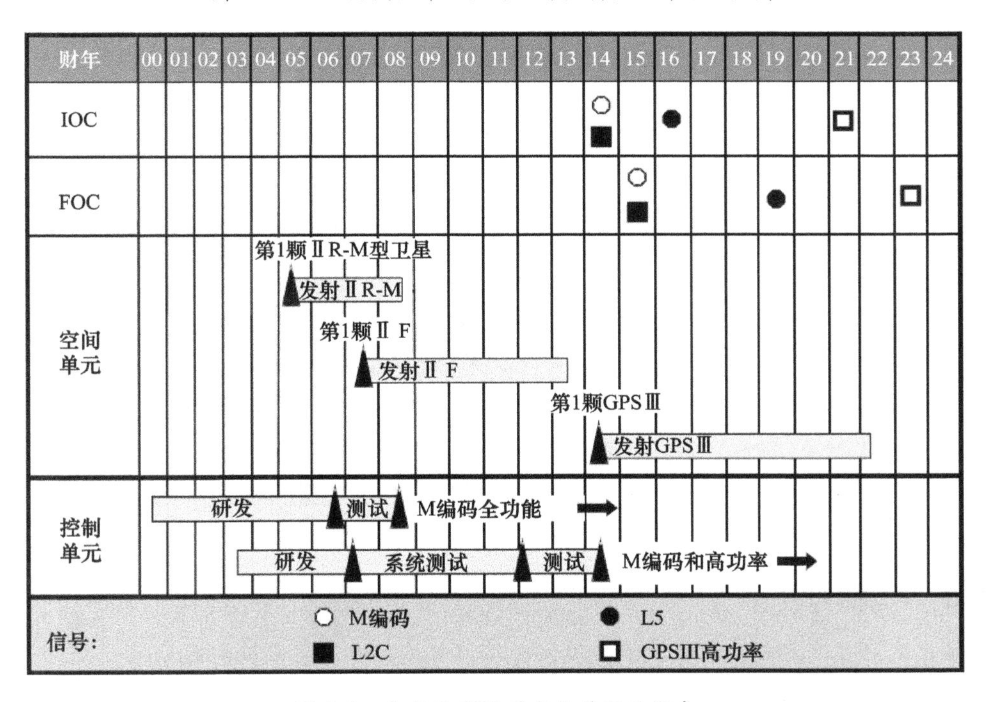

图 6.3　公布的 GPS 现代化升级日程表

6.4　GPS 信号的现代化升级

现代化升级计划为民事和军事用户提供了一套扩展信号来确保更高精度和更可靠的测量。

1998 年，美国副总统戈尔发布一份官方声明，宣布修改 L2 信号并将第三个民用信号用于航空用途。稍后，一份白宫报告对此进行了确认[16-17]。值得注意的是，将增加四种新信号，其中 L2 和 L5 载波上的两种信号将用于民事，L1 和 L2 载波的两种 M 编码信号将用于军事。图 6.4 显示了升级后信号的演变发展[3-5,18]。

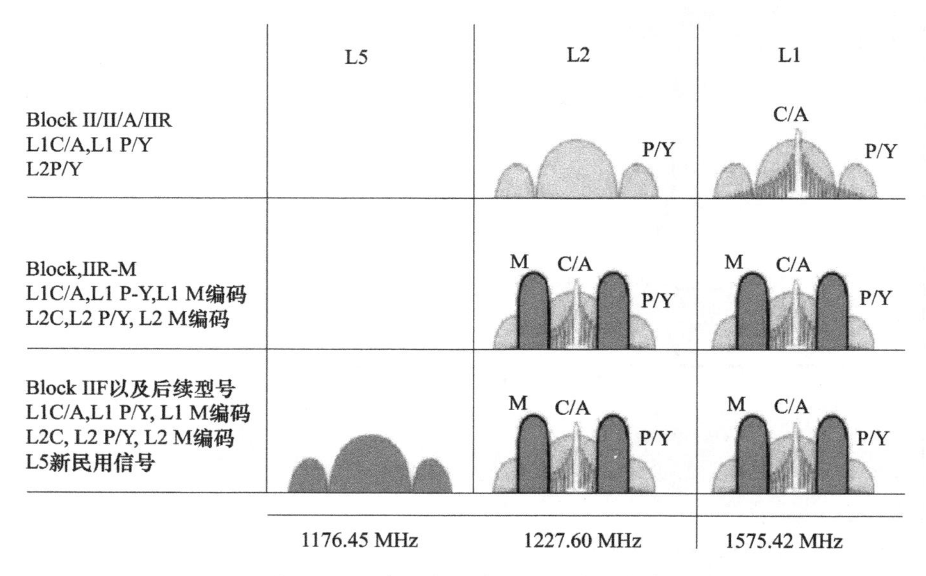

图 6.4 信号现代化升级后的演变发展

6.4.1 L1 信号

现代化升级计划引入了 L1 载波上的一个新军用 M 编码信号，$f_{L1}=1575.42\text{MHz}$。第 k 颗 GPS 卫星传输的 L1 信号可用算式表述如下：

$$x_{L1,k}(t)\ \sqrt{2P_{c/a}}C_{C/A,k}(t)D_k(t)\cos(\omega_1 t+\varphi)+\sqrt{2P_p}C_{P,k}(t)D_k(t)\sin(\omega_1 t+\varphi)+\text{新军事 M 编码} \tag{6.1}$$

式(6.1)中的前两项分别表示 L1 C/A 民用信号和 L1 P/Y，第 3 章已经对此进行了论述。M 编码经过了 10.23MHz 副载波频率以及 5.115Mchip/s 传播码率的二进制偏移载波（BOC(10.23,5.115)）调制。使用的传播编码是一串经过信号保护算法得到的伪随机比特流。由于传播和数据调制使用了二相位调制，因此该信号占用了载波的一个相位正交信道。

此外，新的 BOC 调制方案使得已有的军用和民用信号能够兼容，不会出现因相互干扰而使测量精度下降的情况[18-20]。

6.4.2 L2 信号

正如之前介绍的，新的民用和军用信号被设计为 L2 频率，$f_{L2}=1227.60\text{MHz}$。如第 3 章介绍的，第 k 颗 GPS 卫星传输 L2 信号的新数学表达式如下：

$$\begin{aligned}x_{L2,k}(t)\ &\sqrt{2P_p}C_{P,k}(t)D_k(t)\cos(\omega_2 t+\varphi)+\\&\sqrt{2P_C}C_{RC,k}(t)F\{D_k(t)\}\sin(\omega_2 t+\varphi)+\\&\text{新军事 M 编码}\end{aligned} \tag{6.2}$$

式(6.2)中的第1项和最后1项表示军用信号。值得注意的是,第1项包含了之前第3章中提到的P/Y编码调制信号,最后1项为新的军用信号,通过新的M编码调制获得。

式(6.2)中的第2项包含L2载波上传输并由所谓的置换编码调制得到的新民用信号。在此项中,P_C表示信号功率,$C_{RC,k}(t)$表示第k颗卫星的扩频置换编码,$D_k(t)$表示25bit/s比特率导航数据的二进制序列,其前向纠错方案使用编码率$R=0.5$。

L2民用信号工作原理方框图如图6.5所示[20]。

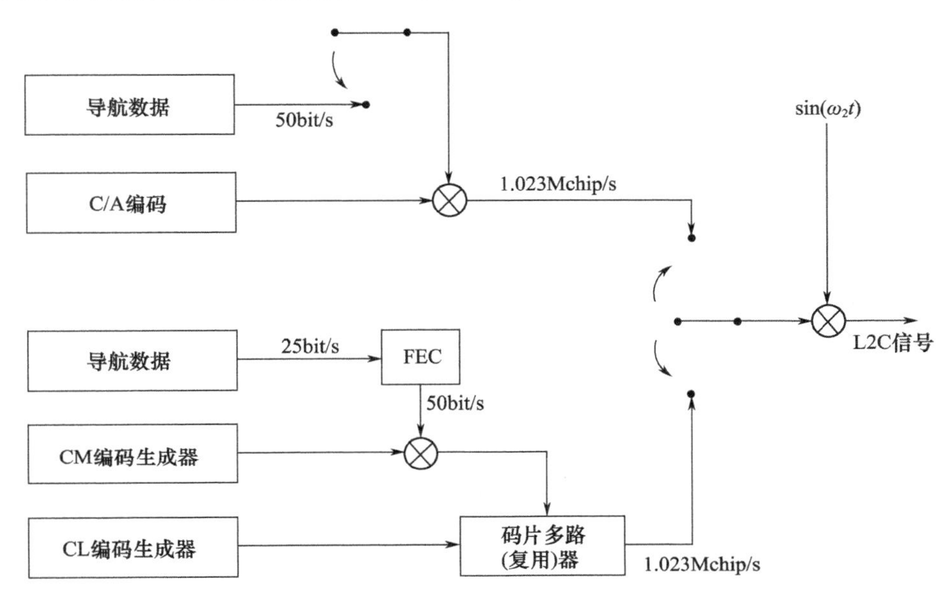

图6.5 L2C民用信号工作原理方框图

新的置换编码与C/A编码拥有同样的码片速率,1.023Mchip/s,通过时分多路传输的两组编码获得,分别为一个10230码片长度的中等长度编码和一个767250码片长度的长编码。由于两组码片长度都比C/A编码码片长度要长,因此置换编码的长度要显著长于C/A编码。如图6.5所示,工作原理图显示卫星可以通过一个切换开关同时广播置换编码和C/A编码。此外,需要重点强调的是,长编码无法通过导航数据调制得到,中等长度编码和C/A编码同样也是(可通过切换开关来选择该调制方式)。这一特性在低信噪比环境中非常有用。

式(6.2)中的M编码信号与L1载波[18-19]中的特性相同:

- 具有伪随机传播编码的BOC(10.23,5.115)调制;
- 在传播和数据调制中使用双相位调制;
- 与已有的民用和军用信号不会相互干扰。

6.4.3 L5信号

由于现有民用信号无法满足一些服务需求,包括关键安全应用(如民用航空导航),因此需要在航空无线电导航服务波段中引入一个新的民用信号L5,$f_{L5}=1176.45\text{MHz}$。

L5信号的数学表达式如下:

$$x_{L5,k}(t)\ \sqrt{2P_G}C_{G_1,k}(t)NH_{10}(t)F\{D_k(t)\}\cos(\omega_5 t+\varphi)+\sqrt{2P_G}C_{G_2,k}(t)NH_{20}(t)D_k(t)\sin(\omega_5 t+\varphi) \tag{6.3}$$

式(6.3)中,由于L5中未提供军用信号,因此同相和正交特征结构都被用于民用目的。

式(6.3)中,P_G 表示信号功率,$D_k(t)$ 表示比特率为 50bit/s 的导航数据序列,$C_{G_1,k}(t)$ 和 $C_{G_2,k}(t)$ 分别表示第 k 颗卫星同相和正交结构的扩频代码,$NH(t)$ 是因引入诺依曼 - 霍夫(Neumann - Hoff)代码而产生的项。L5 信号工作原理方框图如图 6.6[20] 所示。

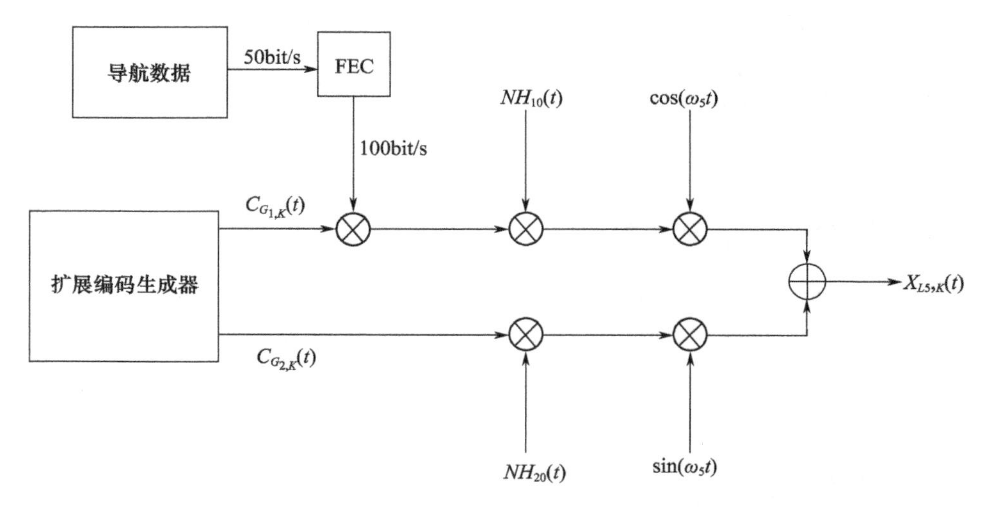

图 6.6　L5 信号工作原理方框图

两个扩频代码都拥有码片速率 $R_G = 10.23$Mchip/s,编码长度 $L_G = 10230$,持续时间 $R_G/R_G = 1$ms。图 6.6 显示了由诺依曼 - 霍夫代码调制生成的同相和正交结构,分别通过系数 10 和 20 来扩展编码长度。在码片速率 R_G 中,新的编码持续时间,同相信号为 10ms,正交信号为 20ms。此外,与新的 L2 信号一样,L5 载波也提供了无数据结构,只有同相信号可由导航数据调制生成,该导航数据由前向纠错以速率 $R = 0.5$ 进行编码,如图 6.6 所示。

6.5　GPS 现代化性能和信号能力

美国政府移除选择可用性的决定可以认为是民事用户环境现代化升级进程中的第一步(见第 3 章)[21,22]。

此外,正如先前部分中提到的,新的民用信号具有更高的信号跟踪和获取能力[20]。这些新属性可归纳如下:

- 使用长编码;
- 引入信号的前向纠错;
- 在 L5 上使用更快速的编码;
- 可用无数据组件结构。

每个属性都会带来特定获益。L2 和 L5 上的长编码可以减少因相关和正交相关导致的干扰冲突。这一特点在弱信号以及堵塞环境中,例如城市和森林,非常有用。

前向纠错方案用于导航数据序列,可减少接收端的误差数值。使用该方案,用获取失败的概率进行评估时,其性能有约 5dB 的提升。

正如之前论述的,L5 信号拥有比 L2 信号大 10 倍的码片速率。使用快速编码能够提升自动相关功能的特性,在 GPS 接收端[23-26] 可更好地减轻多路径效应和降噪。

在低信噪比环境中引入无数据组件结构非常有用,它允许用户使用基于预测方案的特殊算法来增加数据获取能力。

使用更多的民用信号能够显著改善全球用户系统的数据精度[27-28]。将民用信号进行适当组合，例如在使用三种信号的情况下，通过三频模糊度解算方式，可减少用户接收端的电离层延迟误差，它是造成 GPS 误差预算的主要原因。此外，航空无线电导航服务波段中新的 L3 民用载波为民用航空用户提供了生命安全服务冗余。

表 6.3 显示了单独 GPS 的 SPS(见第 3 章)用户等效测距误差 UERE 预算变化。根据相关误差源[15,29-30]，最终 UERE 的主要来源可分为用户测距误差 URE 和用户仪器误差 UEE。

考虑到这些因素以及运行控制段的现代化升级，如表 6.3 所列，增加的一个民用信号将显著减少电离层误差[27-28]。同时增加的 NIMA 工作站也将减少由于星历和时钟带来的误差，允许获取低于 1.3m 的 URE 值[6,14]。因此，GPS 现代化升级项目将主要影响 URE。表 6.4 显示了 95% 水平的单独 GPS 的 SPS 误差变化，根据表 6.3 中的 UERE 预算和一个 HDOP 典型值。

表 6.3　单独 GPS 的标准定位服务 UERE 预算变化

误差源	UERE				
	URE			UEE	
	大气延迟		星历和时钟	接收端噪声	多路径
	电离层	对流层			
L1 C/A 可用性	7.0	0.2	2.3	0.6	1.5
两种民用信号可用性	0.3	0.2	2.3	0.6	1.5
两种民用信号以及增加的 NIMA 工作站可用性	0.3	0.2	1.25	0.6	1.5

表 6.4　95% 水平单独 GPS 的 SPS 误差变化

误差源	L1 C/A 可用性	两种民用信号可用性	两种民用信号以及增加的 NIMA 工作站可用性
总 URE	7.4	2.3	1.3
总 UEE	1.6	1.6	1.6
总 UERE	7.6	2.8	2.1
HDOP(典型值)	1.2	1.2	1.2
整体水平精度/m	18.2	6.7	5.0

根据这些因素，表 6.5 列出了利用民用信号[15,29-30]的单独 GPS 的 SPS 水平精度性能变化。

正如之前提到的，GPS 现代化升级进程将引入 L1 和 L2 频率上的 M 编码调制，它将构成不远将来军用 GPS 设施的核心。该编码的主要目的是阻止未经授权的军事用户将无线电导航服务用于敌对用途，不仅保护美国及其盟友，阻止敌方在战争中使用 GPS，同时也保障友方可持续使用定位服务。该编码提供了革新性加密算法、更稳定的信号获取以及更高的传输功率，提升了性能，保障了安全性、稳定性、测量精度及可靠性[31-34]。

表 6.5　95% 单独 GPS 的 SPS 水平精度性能变化

时间	水平精度/m	民用信号可用性
2000 年 5 月以前	20 ~ 100	L1 C/A，具备 SA
现在	10 ~ 20	L1 C/A，不具备 SA
2015 年	5 ~ 10	L1 C/A 和 L2C
2019 年	1 ~ 5	L1 C/A、L2C 和 L5

6.6 GPS Ⅲ的特点

可以预见，未来数年，对无线电导航服务以及不断提升的精度和革新服务需求将出现指数级增长，设计一个新的导航项目显得非常必要，它将替换现代化 GPS 系统。事实上，研究已经表明，尽管进行了改进，现代化 GPS 系统仍然无法满足这些需求。新项目被命名为 GPS Ⅲ，由美国国会于 2000 年批准。项目的初始阶段，包括需求定义和结构设计，目前已在进行中，并由空军 GPS 项目办公室以及三个合同商洛克希德·马丁公司、波音公司和光谱航天(Spectrum Astro)公司联合运行。

GPS Ⅲ以及 GALILEO(见第 5 章)被视为全球导航服务的未来。该系统旨在实现 GPS 的长期性能目标，满足未来三十年民用、军用和商业应用需求，提供一个具备成本效益的系统，能够显著提升导航服务的质量。

GPS Ⅲ的主要能力可概括如下：

- 增殖和灵活性；
- 高水平的信号可用性；
- 显著增加的定位、测速和授时精度；
- 高水平的连续性；
- 显著增加的完好性；
- 自主导航。

GPS 的现代化升级过程表明对实用系统进行设计上的改进非常困难且缓慢。正因如此，设计一个适应性强、能够满足用户不断增加需求的系统至关重要。该系统能够提供低廉且快速的产品改良，使用在存储、功率、质量和处理器能力上具有较强适应能力的组件。

GPS Ⅲ将可提供高功率信号。功率的增加将显著提升系统性能，尤其是在测量精度、信号获取以及抗干扰能力方面。定位、测速和授时精度性能同样依赖于被地面控制站用于向航天器传输星历和时钟校正数据的地面单元更新的延迟时间长短。较长的延迟时间将造成定位、测速和授时精度受限。现阶段 GPS 的延迟时间长达 24h，对航天器的更新一天不超过两次。GPS Ⅲ的设计将提供更短的延迟时间，达到每 15min 更新一次。这将显著提升单独定位、测速和授时的精度。

此外，通过更新地面单元、增加地空和空空链接的稳健性和安全性，同样可以实现性能的提升。

GPS Ⅲ将对现阶段单独 GPS 系统最脆弱的部分(如完好性)进行改进，这也是民用航空导航等安全性要求极高的应用项目的首要需求。GPS Ⅲ将通过执行停机监控、探测、验证、报警和校正补偿等，来确保导航解决方案的完好性。通过全球网络可对空间信号状态进行持续监控，针对信号质量出现的重大衰退及时向用户报警。美国宇航公司基于铱星、TDRS 和 Silex 进行的研究表明，以太空为基础的网络，使用星间跨链路比起拓宽地面工作站网络来说，更能满足前面提到的需求[35,36]。

自动导航意味着卫星能够自动估计时钟和星历误差。将卫星通信链路引入到空间部分，可使用户使用星载的交互测距方法来满足自检需求。该功能将显著降低主控站的工作量，如果需要(如主控站停机)，可保证维持高性能的导航服务。

要实现这些功能，需要一个网络设计，能够在特定时间内探测并报告突发的故障和停机事件，广播传感器数据，允许快速的星座控制并转发导航数据信息。

图6.7显示了GPS Ⅲ的框架结构。概括来说，GPS Ⅲ将能够改善整体性能，提高作战人员的能力，同时满足未来民用需求，并确保GPS能发挥最佳性能直到2030年。

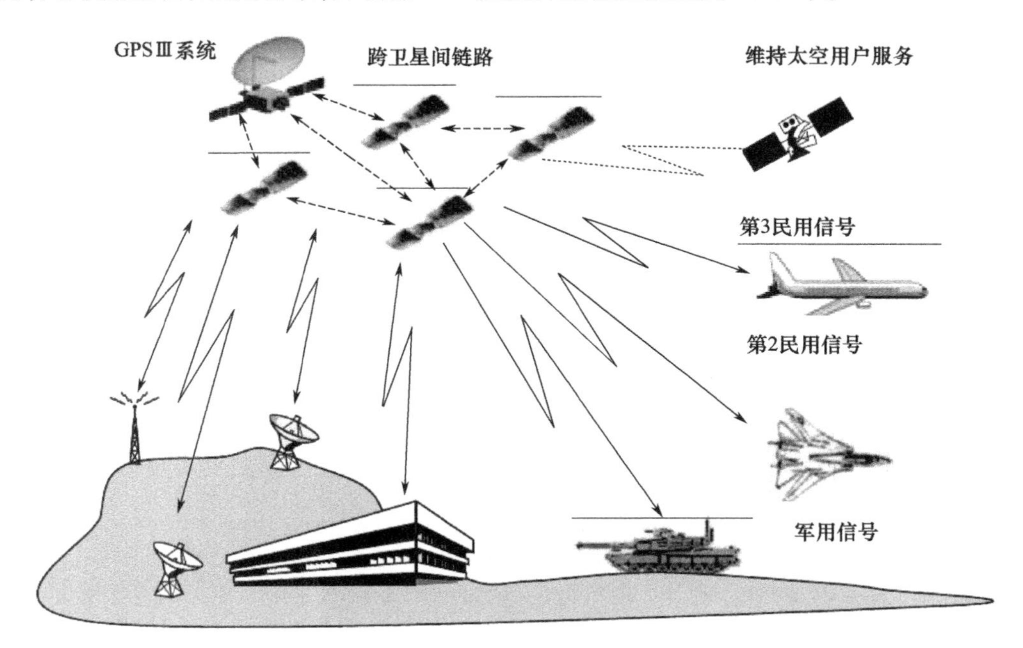

图6.7　GPS Ⅲ的框架结构

参考文献

[1] Kaplan, E., (ed.), Understanding GPS: Principles and Applications, Norwood, MA: Artech House, 1996.

[2] Parkinson, B. W., and J. J. Spilker Jr., "Global Positioning System: Theory & Applications," American Institute of Aeronautics and Astronautics, Vol. I, 1st edition, January 15, 1996.

[3] Fontana, R., and D. Latterman, "GPS Modernization and the Future," Proc. of IAIN/ION Annual Meeting, San Diego, CA, June 2000.

[4] Van Dierendonck, A. J., and J. Spilker, "GPS Modernization," Journal of the Institute of Navigation, 2001.

[5] Shaw, M., K. Sandhoo, and D. Turner, "Modernization of the Global Positioning System," GPS World, Vol. 11, No. 9, September 2000, pp. 36 – 44.

[6] Evans A. G., and R. W. Hill, (eds.), G. Blewitt, et al., "The Global Positioning System Geodesy Odyssey," Journal of the Institute of Navigation, Vol. 49, No. 1, Spring 2002, pp. 7 – 34.

[7] "New Global Positioning System Modernization Initiative," Office of the Vice President, White House press release, January 1999.

[8] http://www.lockheedmartin.com.

[9] "The Boeing Company Receives GPS Ⅱ F Modernization Approval," Announcement—The Boeing Company: Key Developments, March 13, 2002.

[10] Fisher, S. C., and K. Ghassemi, "GPS IIF – The Next Generation," Proc. of the IEEE, Vol. 87, pp. 24 – 47, No. 1, January 1999.

[11] http://www.boeing.com/satellite.

[12] http://www.navcen.uscg.gov.

[13] de Jong, K., "Success Rates for Integrated GPS and GALILEO Ambiguity Resolution," Revista Brasileira de Cartografia, No. 54, Brazil, December 2002.

[14] Malys, S., et al., "The GPS Accuracy Improvement Initiative," Proc. of ION GPS – 97, Kansas City, MO, September 1997.

[15] Galati, G., "Detection and Navigation Systems/Sistemi di Rilevamento e Navigazione," Italy: Texmat, 2002.

[16] "GPS to Provide Two New Civilian Signals," Office of the Assistant Secretary for Public Affairs, Press Release, March 1998.

[17] Spilker,J. J. ,and A. J. Van Dierendonck,"Proposed New Civil GPS Signal at 1176.45 MHz,"Proc. of ION GPS -99,Institute of Navigation,Nashville,TN,September 1999.

[18] Betz, J. W. , et al. , "Overview of the GPSMCode Signal," Navigating into the New Millennium: Institute of Navigation Nat. Tech. Mtg. ,Anaheim,CA,January 2000,pp. 542 -549.

[19] Barker,B. C. ,et al. ,"Details of the GPS M Code Signal,"Proc. of ION 2000 National Technical Meeting,Institute of Navigation, Long Beach,CA,January 2000.

[20] Enge,P. ,"GPS Modernization:Capabilities of the New Civil Signals,"Australian International Aerospace Congress,Brisbane,Australia,August 2003.

[21] Georgiadou, Y. , and K. D. Doucet, "The Issue of Selective Availability," GPS World, Vol. 1, No. 5, September/October, 1990, pp. 53 -56.

[22] Conley,R. ,"Life After Selective Availability,"U. S. Institute of Navigation Newsletter,Vol. 10,No. 1,Spring 2000,pp. 3 -4.

[23] Bétaille,D. ,et al. ,"A New Approach to GPS Phase Multipath Mitigation,"Proc. of ION National Technical Meeting, Anaheim CA,January 2003,pp. 243 -253.

[24] Kelly,J. M. ,and M. S. Braasch,"Validation of Theoretical GPS Multipath Bias Characteristics,"Proc. of IEEE Aerospace Conference,Big Sky,MT,March 2001.

[25] Park,K. ,et al. ,"Multipath Characteristics of GPS Signals as Determined from the Antenna and Multipath Calibration System (AMCS),"Proc. of ION GPS Meeting,Portland,OR,September 2002,pp. 2103 -2110.

[26] Ray, J. K. , M. E. Cannon, and P. Fenton, "GPS Code and Carrier Multipath Mitigation Using a Multiantenna System," IEEE Trans. on Aerospace and Electronic Systems,Vol. 37,No. 1,January 2001,pp. 183 -195.

[27] Afraimovich,E. L. ,V. V. Chernukhov,and V. V. Demyanov,"Updating the Ionospheric Delay Model Using GPS Data,"Application of the Conversion Research Results for International Cooperation,Third International Symposium,SIBCONVERS '99,Vol. 2,Tomsk,Russia,May 1999,pp. 385 -387.

[28] Hatch,R. ,et al. ,"Civilian GPS:The Benefits of Three Frequencies,"GPS Solutions,Vol. 3,No. 4,2000,pp. 1 -9.

[29] Kovach,K. ,"New User Equivalent Range Error(UERE)Budget for the Modernized Navstar Global Positioning System(GPS)," Proc. of The Institute of Navigation National Technical Meeting,Anaheim,CA,January 2000.

[30] Lau,L. ,and E. Mok,"Improvement of GPS Relative Positioning Accuracy by Using SNR,"Journal of Surveying Engineering, Vol. 125,No. 4,November 1999,pp. 185 -202.

[31] Betz,and J. W. ,"Analysis ofMCode Interference with C/A Code Receivers,"Proc. of ION 2000 National Technical Meeting,Institute of Navigation,Long Beach,CA,January 2000.

[32] Betz,J. W. ,"Effect of Jamming on GPS M Code Signal SNIR and Code Tracking Accuracy,"Proc. of ION 2000 National Technical Meeting,Institute of Navigation,Long Beach,CA,January 2000.

[33] Betz,J. W. ,and J. T. Correia,"Initial Results in Design and Performance of Receivers for the M Code Signal,"Proc. of ION 2000 National Technical Meeting,Long Beach,CA,Institute of Navigation,January 2000.

[34] Fishman,P. ,and J. W. Betz,"Predicting Performance of Direct Acquisition for theMCode Signal,"Proc. of ION 2000 National Technical Meeting,Institute of Navigation,January 2000.

[35] Maine,K. ,P. Anderson,and F. Bayuk,"Communication Architecture for GPS Ⅲ,"IEEE Aerospace Conference,Big Sky,MT, March 2004.

[36] Maine,K. ,P. Anderson,and F. Bayuk,"Cross -Links for the Next -Generation GPS,"IEEE Aerospace Conference,Big Sky,MT, March 2003.

第 7 章　卫星导航的法律政策和市场政策

7.1　引　　言

要理解卫星导航世界的特性和能力,其中的一个重要步骤就是在法律和市场相关层面上对各类系统的接口方式和产生的问题有所了解。

对导航未来全球市场的预测显示这个行业正处于快速膨胀的开始阶段,预计到 2015 年全球交易额将会有大约一亿四千万欧元[1]。虽然最初是以产品为引导而占据市场的主导地位,根据估计服务供应将很快在卫星导航市场中发挥重要作用。

图 7.1 显示了 2000—2020 年这段时间[1]内与定位系统硬件相关的年交易额(净交易额)。

全球年度卫星导航产品和服务交易额趋势如图 7.2 所示。根据估计,到 2020 年[1],服务交易额将增长到 1120 亿欧元。

各级层面上的规定包括国际、大洲范围、以及国家层面上 – 将对卫星导航系统的使用产生引导作用。

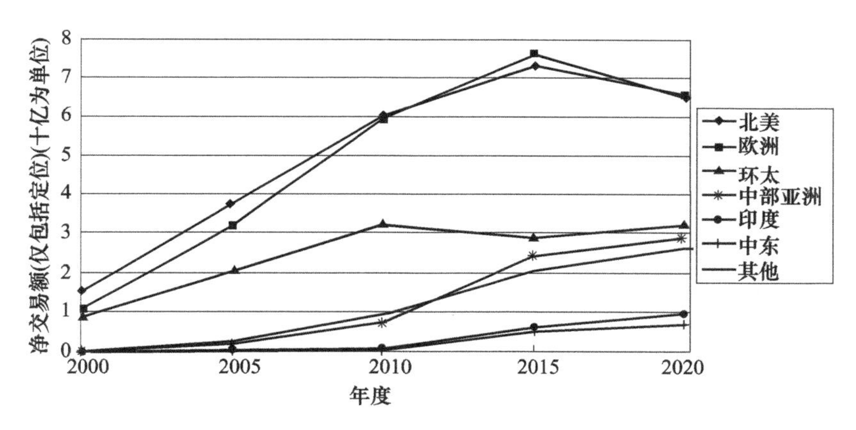

图 7.1　卫星导航产品的年度净交易额

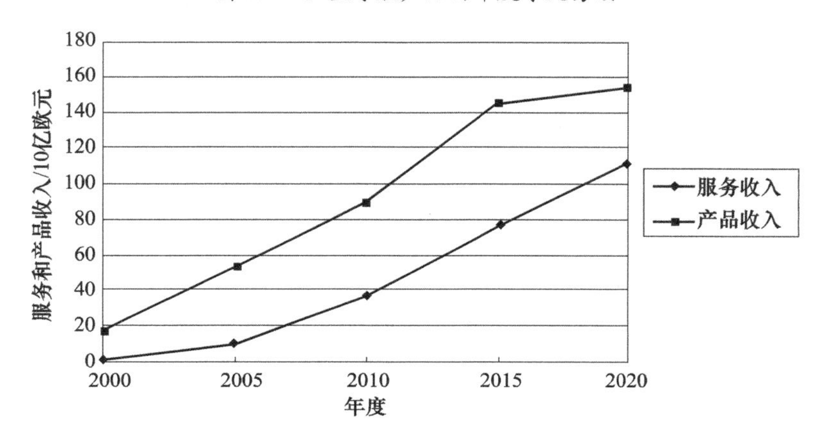

图 7.2　全球年度卫星导航产品和服务交易额趋势

简而言之,规定内容对性能或者技术进行授权,或者对某类技术的使用进行授权。关于性能授权的规定需要为服务提供一整套性能标准,并且从技术角度来说必须是中立性质。一个典型的例子就是在美国,规定授权将移动电话呼叫紧急服务电话时采用本地化处理,以遵守联邦通信委员会(FCC)的相关规定。一些美国通信机构选择了全球卫星导航系统为基础的解决方案。然后 AT&T 和 Cingular Wireless 却选择了网络为基础的解决方案,Cingular、Nextel、Sprint PCS 和 Verizon Wirless 都选择了辅助 GPS 方案。后面这些公司计划到 2005 年 12 月 31 日[1]之前,通过 GPS 来为 95% 的手持电话用户在全国范围内提供服务。考虑到 Nextel、Sprint PCS 和 Verizon Wirless 共有 5 千万以上的用户,提出的规定建议将明显提升卫星导航的市场份额。

在技术授权上,规定要求使用单独的技术来提供服务。这一点明显促进了授权技术的使用。此类规定为全球卫星导航系统提供了与其他技术相比更加确定和良好的市场增长。一个例子就是英国政府制定政策,要求所有救护车都安装卫星导航装置,便于资源管理[1]。此外,还有一个例子就是德国在机动车道路上用于卡车行驶里程的收费系统,通过以卫星导航为基础的系统进行收取。根据估计,大约有 1.2 ~ 1.4 辆次卡车需要接受这种收费来安装卫星导航接收机[1]。在技术授权方面,还有些例子是卫星导航并不强制使用,但是却作为标准导航辅助手段推荐使用。例如,在航空芝加哥公约中 SARP 的情况。许多国家,尤其是南美和非洲,通常会将这些 SARP 直接引入国家法律中,而不进行较大修改,从而对接收机的销售直接产生积极影响。诸如国际民航组织和国际海事组织等国际机构则会在使用卫星导航的基础上来对未来政策进行阐述。在欧洲,这些规定在各类领域或者已经进入实施阶段,或者已经在讨论之中,例如公路收费、农业、渔业、道路(安全)、海关、司法和家庭事务、环境以及通信等。全新的政策和标准将进一步驱动对精确和可靠的导航系统的需求[2]。

考虑到这些复杂情况,本章的目的在于为读者对法律和市场相关问题提供全面了解,重点是介绍 GPS、增强系统、以及 GALILEO。此外,主导这些系统的法律和市场相关政策也会因研发阶段和运营阶段的不同而不同。因此,笔者选择重点介绍那些对特定系统、相关业绩以及发展趋势产生有效影响的方面。

特别是,由于 GPS 代表着导航概念的实际实施,在定位和导航市场上最初的处理过程,以及在分析上的进展,包括标准化方面的内容都特别能引起兴趣。

增强系统由于其在两代导航系统之间的过渡作用这一特性,也因此具有法律和市场方面的问题。最后,GALILEO 正处于研发之中由于受到时间和财务方面的限制,因而正在面对这一阶段相关的法律和市场问题。

在选择本章专题和内容编写时,已经将上述方面的问题都充分考虑在内。

7.2 GPS

GPS 的系统结构在第 3 章中已经说明。本节主要为读者提供更多关于这个系统的信息,特别是在美国无线电导航的法律和市场政策方面,因为它们在这个系统的维护保养和未来研发中起着关键作用。

7.2.1 市场方面

GPS 最初是部署用于为美国陆军在导航和定位上提供支援,不过,随着时间流逝,这套系统已经远远超出了它最初的军事领域范畴,开始为军事和民用用户提供导航服务。如今的 GPS 可以被看作为信息资源，在民用、科技和商业功能等大范围内提供精确定位、定时以及速度等信息保障。考虑到当前GPS民用领域中应用产品的数量巨大，用户市场也迅速膨胀，已经大大超过了军事用户，两者之间的比率大约是8∶1[3-5]。

GPS的成功和民用领域产品的增长使得GPS服务和产品的市场蓬勃旺盛。图7.3显示了2000—2008年(含)GPS装备交易额的预测，正如在联合商业情报研究材料中所说[6]。

GPS的显著增长主要是由于两个因素：由于技术创新，GPS接收机日益小型化、廉价化，因而价格持续降低，同时为用户提供的服务却与日俱增。图7.4中显示了1991—2004年GPS接收机的价格变化趋势。

因此，从最初作为军事用途，没有任何商业目标的系统开始，GPS现在正推动着一大批价值数十亿美元商业活动的开展。这类商业活动的数量预计在未来几十年内还将持续增长，因为GPS现代化项目正在进行之中，许多新的功能都将被加入到这个系统中去(见第6章)。

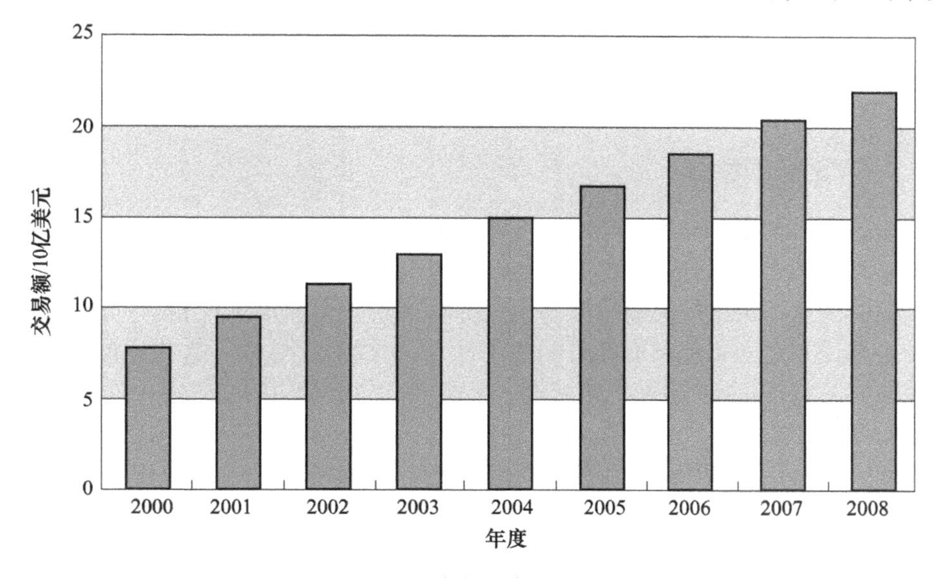

图7.3 GPS装备交易额的预测图

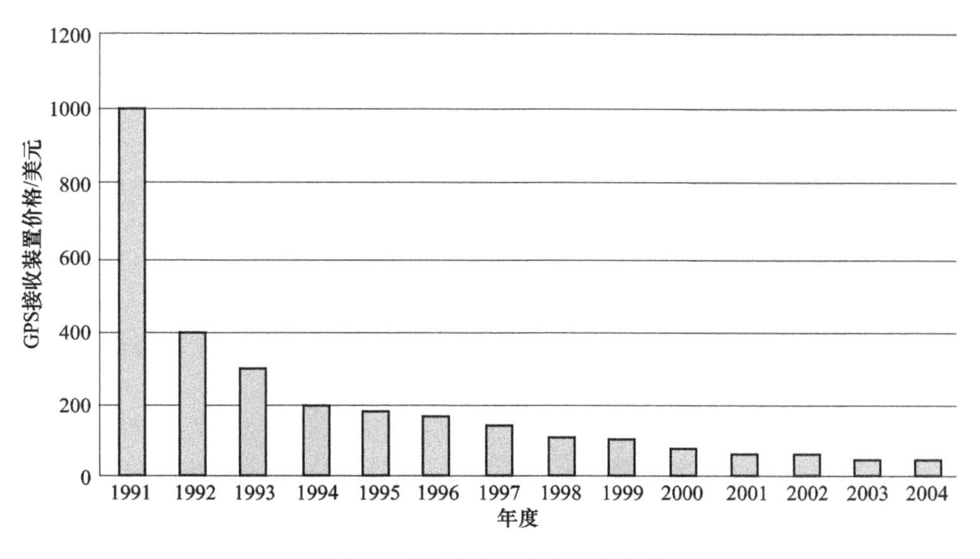

图7.4 GPS接收机价格变化趋势

7.2.2 成本方面

GPS 是一个昂贵的系统,特别是其空间和控制段,包括它们的操作、更换和维护。因此,美国政府不得不对系统的成本进行持续的精确分析,对系统预算进行评估,努力避免不必要的成本。

因为 GPS 当前提供商业服务,因此其可以被当作商业系统。因而,按照市场法则需求,它必须确保盈利。持续进行的开支分析是对在新型服务上投资进行评估和设立优先次序的基础。因此,美国的经济政策只对那些有成本效益的系统运营进行保留。

GPS 支持与安全、保密和商业相关的应用程序。这些导航服务的经济利益是在国家层面上进行评估的,因此对国家经济产生影响。在一些情况中,例如在一些地区,联邦导航系统没有获得法律认可,在这样的区域提供空中导航援助对于美国联邦政府来说在经济上是没有利润的。此时,导航服务由私人、共同或者州立集团来提供,为当地经济带来效益。

美国联邦政府的政策规定,通过一般税收或者运输信托基金来回收服务成本,运输信托基金主要来自非直接用户的费用。不过,正如在总统决策指令中所规定的,GPS 的标准定位服务(见第 3 章)必须向所有用户免费提供。

7.2.3 GPS 标准格式

本节主要说明 GPS 数据的处理和管理上所使用的标准。这一点非常重要,标准对系统的研发和运行确立了框架和范围,因为它们对系统在市场和法律方面的健康性和有效性都有着影响。

GPS 市场的快速增长也促使制造商和用户都对规定一个通用标准格式产生需求,以此来确保在不同装备和设备之间都能具有充分的通用性、兼容性和完好性。这些标准格式是由一部分研究团队来研发的,以符合上述提到的需求。下面对一些最常用的格式逐一进行简短的说明。

7.2.3.1 RINEX 格式

接收机独立交换是一种国际标准格式,由瑞士伯尔尼大学的一个研究团队开发,用于在不同的 GPS 接收机之间进行切换[7]。RINEX 是一种 ASCII 文件,这种特性增加了其分发的机动灵活性,因为 ASCII 文件属于简单文本文件,任何一台商用 GPS 接收机都能方便地读取(甚至是人员)。一份 RINEX 文件就好比是存储在接收机内存中的压缩格式二进制文件的转换文件。目前已经开发了不同版本的 RINEX 格式;当前使用的版本是 2.10 版,它对以下六种 RINEX 文件进行了规定:

- 观测数据文件;
- 导航信息文件;
- 气象文件;
- GLONASS 导航信息文件;
- 地球同步卫星数据文件;
- 卫星和接收机时钟数据文件。

一个新的 2.20 版文件目前正被建议用于处理配备 GPS/GLONASS 接收机的低轨卫星[8]。这类标准格式的命名惯例为“ssssdddf. yyt”,其含义在表 7.1 中解释。

在这些 RINEX 文件类型中,对于绝大部分 GPS 用户来说,最重要的是观测数据、导航信息和气象文件。每一种文件都包括两个部分:信头和数据。特别是,观测数据文件包含测量(观测)期间、接收机/天线站、GPS 时间、测量值(原始码和载波数据)、编号以及在测量期间可视卫星列表等信息。导航信息文件包括在第 3 章中提到的导航数据中包含的卫星信息,如卫星钟参数、卫星健康程度以及历史参数等。气象文件包含在大气状态下的时标信息,如温度、气压、湿度以及其他相关信息。

表 7.1 RINEX 命名惯例的说明

字符	含义
ssss	地点名称
ddd	第一次记录年份的日期
f	文件序列号
yy	年份,以两位数字表示
t	文件类型:O - 观测数据文件
	N - 导航信息文件
	M - 气象文件
	G - GLONASS 导航信息文件和地球同步卫星数据文件

7.2.3.2 NGS - SP3 格式

正如在第 2 章中所述,在评估用户位置中的一个关键方面是对卫星星历的精确认知。为了便于更换精确卫星星历,美国国家测地勘察组织研发了 NGS - SP3 格式[9-10]。标准产品 3(SP3),事实上是一种国际标准,用于规定诸如精确轨道数据和相关卫星时钟修正等卫星信息的格式,其中考虑到所有时间都以 GPS 系统时间为参照。NGS - SP3 是一种 60 个字符长的 ASCII 文件,由两个部分组成:信头和数据。信头包含观测部分的信息,例如卫星的日期和数量。数据由历元(纪录)组成。每个历元包含 GPS 星座中任何一颗卫星的星历和时钟修正,为每一颗卫星都分配了一行专用的 ASCII 数据文件。

7.2.3.3 RTCM SC - 104 格式

国际海运事业无线电技术委员会第 104 专门委员会(RTCM SC - 104)格式是与差分 GPS 服务相关的行业标准[11]。该格式由 RTCM 建议设立,以确保和提高差分运行的有效性。这个标准规定了从基准站发送到漫游接收机(见第 4 章)的差分伪距修正格式。因此,它主要用于为实时差分 GPS 发送信息。RTCM SC - 104 包含了 64 种信息类型,每一种都包含了差分信息。这些信息由一连串二进制数字组成,其长度取决于信息的内容和类型。在 64 种信息类型中,对于实时差分 GPS 用户来说,最感兴趣的信息是 1 型和 9 型,因为它们都包含了两种在用户伪距测量时非常实用的差分信息,具体说来就是每一颗与传送基准站通视的卫星的伪距修正,以及伪距修正的更新速率。

7.2.3.4 NMEA0183 格式

国家海事电子协会 0183 格式是用于实时海上导航来与海上电子装置交互的标准。特别地,这个标准格式是用于将 GPS 信息从 GPS 接收机传送到以定位为输入的硬件上[12]。NMEA0183 标准是采用 ASCII 格式的数据串,数据采用句子格式,每一句的长度不超过 82 个字符。

7.2.4 GPS 联邦机构

GPS 受美国联邦政府所管理,其考虑到该系统的"双重用途"—民用和军用,因此有两个政府机构对系统和提供的服务进行管理:国防部和运输部[3,13]。

国防部有责任对仅用于国家安全和国防所需的导航进行运行和提供维护保障,特别是负责国防专用的导航和用户装备的研发、测试、评估、实施、运行以及维护保障。此外,国防部还要确保军用车辆所需的必要导航性能,以确保在军用和民用环境之间的互操作性。国防部还有义务向世界范围内的民用用户提供 GPS 标准定位服务,正如在法规 10U. S. C. 22881 中所规定的[3,13]。

运输部的职责是提供[美国法典第49条(U. S. C.)第301小节]导航保障,以确保有效和安全的运输。在运输部内部,有三个主要联邦机构参加无线电导航的规划:

- 联邦航空局;
- 美国海岸警卫队;
- 圣劳伦斯海道发展公司。

联邦航空局负责研发和实施导航系统以便在国家空域系统中启动有效和安全的空中导航,用于军事航空和民用航空两个领域。联邦航空局还通过国际协定的要求,向空中无线电导航提供援助。美国海岸警卫队负责为有效和安全的海上导航提供导航援助。圣劳伦斯海道发展公司则为美国和圣劳伦斯通海水域提供导航援助。圣劳伦斯海道发展公司还与加拿大的圣劳伦斯通海航道管理机构合作,提供船舶交通控制系统。运输部包括一些其他联邦机构(如智能交通系统联合项目办公室、海事管理局以及联邦交通管理局)为特别用户提供导航援助。

此外,还有其他联邦机构也加入了无线电导航计划,如NASA、NGS、国家海洋和大气管理局以及商业部。

7.3 增强系统

本节对以WAAS和EGNOS卫星为基础的增强系统(见第4章)相关的法律和市场政策进行概述。关于EGNOS,要特别关注其与GALILEO进行联合的研讨。这非常重要,因为它关系到对欧洲无线电导航计划发展的了解。

7.3.1 WAAS

正如在第4章中提到的,WAAS是以GPS为基础的导航和着陆系统,其主要为空中导航用户而设计。当前,WAAS在空中的信号是稳定的,为绝大部分美国用户提供可靠的导航服务。虽然WAAS仍然在研发之中,但其效益已经可以在市场上获得,因此为用户也带来了利益。

为了更好地理解WAAS在航空市场上的影响,有必要提到关于这个市场的一些因素。空中导航市场基本上可以分为两类:空运飞机行业和通用航空集团。后者是指个人或者公司所拥有私人飞机,主要用于个人飞行或者休闲飞行以及公司交通等。这些市场具有成百上千亿美元的商业规模,并且对无线电导航服务[4]具有非常高的需求。WAAS的目的就在于通过向空中导航提供更加精确、更加稳定、更加完整的GPS服务来满足这种需求。因此,WAAS可以取代当前在空中导航环境中使用的绝大部分导航系统,将它们的导航特性融入一个系统。这将减少控制人员的工作量,特别是减少航空电子设备成本,从而带来更加持续和有效的运行[14]。尤其是在谈到航空电子设备成本问题时,WAAS的特点可以大幅削减飞机和训练成本,因为WAAS减少了所需机载导航装置的数量,来确保仪表飞行规则(IFR)所规定的高标准和NASA所规定的安全和能力。

在这个方面,WAAS对于联邦政府和私人机构来说都是一个良好的投资机遇。不过,在2003年9月,美国参议院拨款委员会对众议院拨款委员会关于WAAS项目完全投资的建议进行了补充,明显缩减和限制了对WAAS的资助[15-17]。显而易见,可以预测到预算的削减将导致WAAS的研发工作将明显放缓,并且WAAS为公众和私人用户所带来的利益也将延缓。

当前WAAS市场政策定位于向国际扩张,因为联邦航空局目前仅授权在NAS内部使用该系统。事实上,随着这种以地球同步卫星为基础的结构,使 WAAS 覆盖了加拿大和墨西哥的绝大部分范围。因此,只要增加少量基站,WAAS 就能在上述国家提供服务。WAAS 团队正在努力为这种能力提供保障,墨西哥特别是加拿大加入到 WAAS 项目中,对美国联邦政府而言是一个重要的商业机遇。

7.3.2 EGNOS

作为欧洲增强系统(见第 4 章),EGNOS 是 GALILEO(见第 5 章)推荐的导航服务改进方案的重要构造模块。在独立运行基础上,EGNOS 所能获取的预估利润可在五个应用方面实现,这五个方面,未来商业发展的潜力为基础,预计在非航空领域的总的净利润绝大部分估计是在欧洲到 2020 年将达到约 150 亿欧元[19]。这五项应用的利润份额(以百分比的形式)在表 7.2 中概要说明。

表 7.2 来自 EGNOS 的利益

市场份额	利润分配/%
道路运输	84
精细化耕种	12.6
海道测量	2.0
培训防护和控制	0.7
内陆水稻	0.7

除了提到的五个方面之外,EGNOS 的许多潜在利润预计将来自民用航空集团。商业航空公司是民用航空方面中仅有的可能会获取收益的部分:费用可能以当前欧洲控制机制为基础,与停用 VHF 全向测距和全向信标而带来的节省成本预估相一致。接下来 16 年中,独立运行的 EGNOS 业务的收益预计不会超过其运行成本,因此,这个项目需要更多的财政支持来完成。因此,任何希望得到财务回报的私人公司,只会接受来自公共部门的确保能获得财务回报的 EGNOS 合同。因此,它们将希望 EGNOS 与 GALILEO 结合,以便通过结合来削减成本,从而获取收益。

虽然 EGNOS 的研发主要是由民用航空的需求所推动,服务主要用于与 ECAC 联合体和欧洲海上核心区域相当的核心地区,但是仍然有许多进一步的战略计划用于更多的 EGNOS 商业发展:地理拓展、市场区域拓展,以及除地球同步卫星(见第 4 章)之外其他传输装置的开发利用。这些备用装置包括因特网、数字音频广播、移动电话,以及所有在同步卫星能见度受限的城市环境中有效的手段。

EGNOS 市场分析的一个重要方面是其对 GALILEO 的影响[19-22]。EGNOS 给 GALILEO 带来的利益主要有四个方面:财务、项目、采购和市场占有。

特别是在财务方面,主要利益来自:对 GALILEO 商业案例的改进,以合并公共和商业机构与服务来减轻竞争风险为基础;EGNOS 的早期市场发展和收益;从 EGNOS 获得持续的公共支援而提升私人投资商的信心;以及随着 EGNOS 经验的积累,可能会减轻一些技术风险从而改进成本控制。

在计划方面,利益将会从在 2008 年和 2010 年分别使用 GALILEO 公开服务和生命安全(见第 5 章)服务之后有可能取得的增长中获取,因为:一次成功的 EGNOS 安全案例可以减轻 GALILEO的安全风险;EGNOS 提供了前期机遇来研发安全相关应用产品的标准和程序;并且 EGNOS 研发经验将能降低一些技术风险。

在采购方面，主要利益来自于特许经销商投标增加情况，投标的依据主要是：从 EGNOS 获取的早期收益；EGNOS 持续获取的公共支援对私人领域投资商的积极影响；联合服务降低了竞争风险；EGNOS 与 GALILEO 的最佳结合促进了公共/私人范围风险分配的优化。

最后，市场占有的利益主要基于：EGNOS 能增加对 GALILEO 的市场认知；一项成功的 EGNOS 安全案例可以减轻与 GALILEO 安全案例相关的风险；标准和程序的早期开发可以减轻与 GALILEO 生命安全服务相关的风险。

除了作为 EGNOS 与 GALILEO 结合后的产物而具有的预期潜在收入之外，EGNOS 还准备扩张到 GALILEO 服务在欧洲之外的市场中去，与其他增强系统进行竞争（见第 4 章），这将改进 GALILEO 的商业活动，并且确保欧洲之外的市场在 GALILEO 于 2008 年开始运行时仍然对其开放。对 EGNOS 与 GALILEO 结合的分析显示可以节约运营成本：由于结合而产生的节省在两套系统的功能上保持相互独立的情况下可能会占 9%，而在完全结合后可以达到 12%[19]。但资本成本不太可能因为两个系统的结合而发生任何节约情况；不过，结合仍然会对 EGNOS 自身在 2004—2009 年期间削减成本有利。

7.4 GALILEO

第 5 章对 GALILEO 进行了详细的说明。由于 GALILEO 仍然处于研发过程这一现实，其中对项目结构、计划表以及组织结构提供了详尽说明，用以支持、融合并使技术信息有效。因此，下面仅对在第 5 章中省略的一些关键内容进行说明，更多是与法律和市场问题有直接关联的内容。所以，对第 5 章中所包含计划性问题的充分理解将是对本节内容掌握的基础。

7.4.1 GALILEO 的法律框架

考虑到 GALILEO 提供服务的数量，以及服务用户遍布全世界，特别是在一些重要的安全和保密相关应用领域上，该系统将在一个非常复杂的法律和制度环境下运营。因此，在 GALILEO 研究框架（GALILEO 项目）中，一个法律团队对与 GALILEO 相关的法律现状进行了分析，对问题、缺口和重复部分出现的原因进行了评审，并且提供了解决它们的建议[23]。从这个范本开始，对各个方面适用的法律制度的分析就变得可行，无论是在国内还是在欧洲甚至是在全球范围内，并且对它们对 GALILEO 的信号传输和服务所产生的影响也进行了分析。

GALILEO 的机构框架内包含公共监测实体，即 GALILEO 监督机构（见第 5 章）和一个私人运营商，即 GALILEO 特许经营公司（见第 5 章），它们通过一个特许协议而关联在一起。随后一份 GALILEO 协议建立，作为特许的法律保障。GALILEO 核心系统的主要法律关系预计在增值服务提供商和终端用户之间。这包括区域部分，提供区域完好性，以及本地部分，通过增强核心信号或者在 GALILEO 信号的基础上提供增值服务（见第 5 章）来增强 GALILEO 的全球服务，如图 7.5 所示。

合同协议可能会在 GALILEO 经营公司和第三方服务提供商之间存在，例如，为了提供服务保证，包括提供服务的水平、完好性保障（生命安全）或者安全保障（公共管制服务），以及从服务支付上产生的责任商定等。特许协议需要对能影响 GALILEO 经营公司商业自由的重要因素进行调整来安排这类合同。

特许协议需要具体涉及与 GALILEO 经营机构相关的重要法律问题，例如在 PPP 内部对风险的共同承担（见第 5 章）、各种长期计划性问题，以及为系统提供财务支援并从经营活动中获得收入的相关机制等。

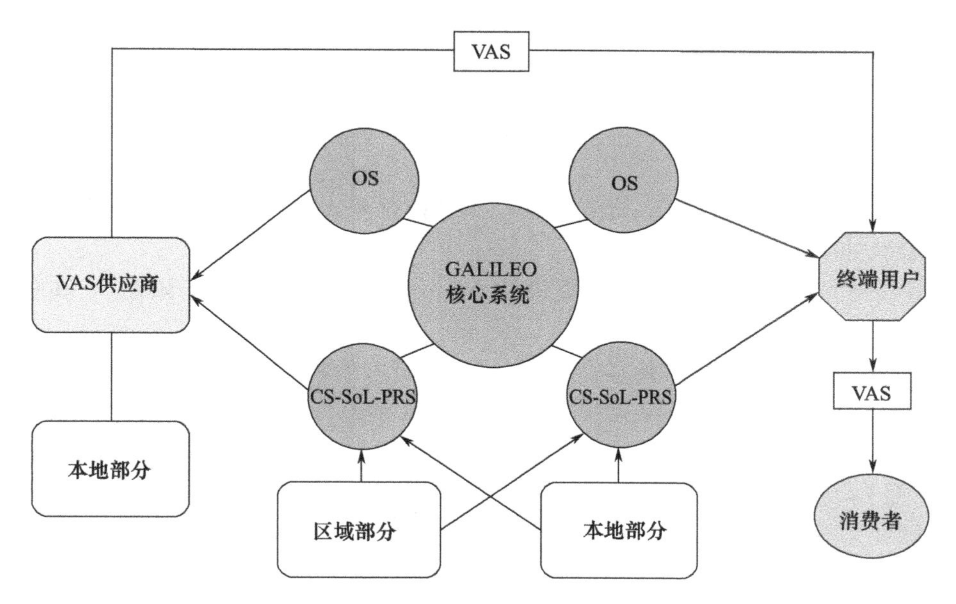

图 7.5 GALILEO 的法律/功能模型

由于 GALILEO 会进入一部分极其重要的与安全/或者保密相关的经营，在出现损害情况时的责任是个重要问题，需要在特许协议和 GALILEO 经营公司与顾客之间的合同中得到解决。另外，GOC 不生产和销售接收机，结果就是产品责任诉求和第三方责任诉求属于非契约性责任，因而这两方面不太可能被涉及。GALILEO 的服务不太可能造成损害情况，而在下游产品中会存在较大风险。建议让 GALILEO 经营公司在整个合同环节提供广泛的责任覆盖，如图 7.6 所示[23]。

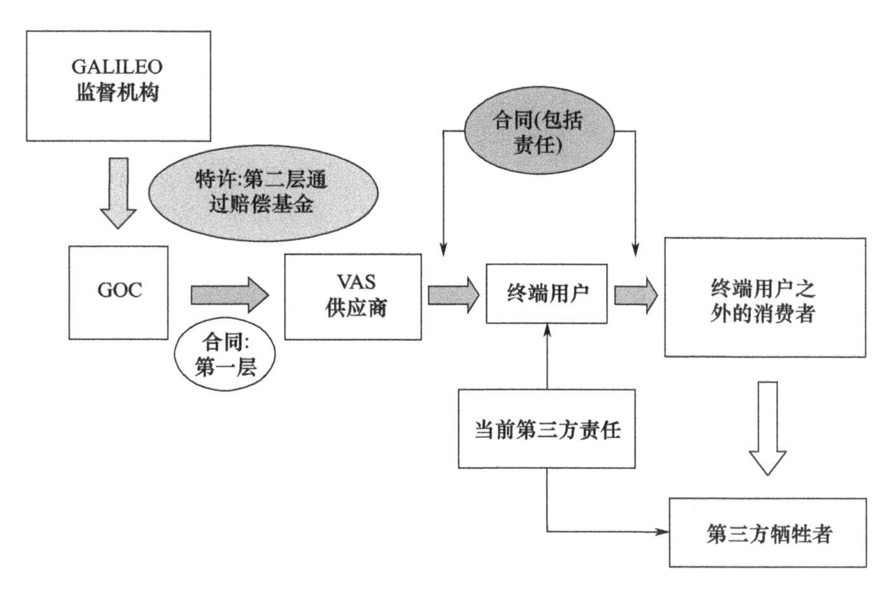

图 7.6 GALILEO 责任和合同环节

GOC 应当向其客户提供降级责任，以防他们被卷入合同以及非合同责任诉求中，以此来确保 GALILEO 经营公司如合同中所约定，不需要负责第一级责任赔偿；第二级责任赔偿将通过转让和赔偿基金来进行补偿。增值服务或者终端用户将会被当前合同环节的责任范围所包含，并且如果他们可以证明 GALILEO 服务是损害产生的最终原因，将具有索赔的权利。

关于 GALILEO 法律任务的更多重要结果包括：

- 在 GALILEO 空间信号上应当就兼容接收机的生产申请专利，与那些有意将自己与GALILEO商标联系在一起的制造商共同建立专利共享。这些可以成为从公开服务获取收入的一个重要来源。

- 一项关于访问控制的政策，通过加密和服务拒止来确保，尤其是在公共管制服务相关方面，达到符合欧洲要求的安全水平。

- GALILEO 向当前搜救卫星系统提供的重要增强技术没有受法律限制，它在相关法律框架内运行。

安全方面，一旦 GALILEO 开始运行，欧洲政策制定者们将可以选择使用该信号来扩展欧盟共同外交与安全政策和欧盟共同安全与防务政策的活动范围。关于快速反应部队（RRF）的发展，使用 GALILEO 将能帮助提高其作战能力[24]。从政治层面上来说，一套独立的导航和定位系统将增加欧盟 CFSP 的水平；另外，全球卫星导航系统的所有权带来更多的责任。当欧洲委员会认为 GALILEO 是一套民用系统时，其他国家未必这么认为。从运营层面上来说，这暗示着欧洲政策制定者们必须准备好处理系统被第三方非授权使用的情况。

在欧盟和美国之间需要设立一个永久性论坛/工作团队来处理正在产生和未来将会产生的棘手问题，人员应当由政策制定者或者具备相当资质的人员来组成。此外，还应当成立由双方军事代表组成的一个工作组，以便在危机产生时（如非对称信号使用和堵塞）可以协调处理大西洋两岸的政策。

7.4.2 联合经营条例

联合经营的概念、研发和实现相关的创新方法已经在第 1 章和第 5 章中说明，使读者熟悉了 GALILEO 挑战的基础。下面通过对 JU 的条例进行解读来从法律角度熟悉这个问题，该条例共由 23 条组成[25]。

第 1 条规定了总部位置（布鲁塞尔）和成员组成（欧洲委员会、欧空局作为创建成员），正如在第 1 章中指出，欧洲投资银行以及其他通过供应程序的企业也能成为会员。此外，第 1 条还规定了 JU 资本的组成，包括其成员带入的资产；创建成员共享他们承诺范围内的资本，EC 的 2.5 亿欧元和欧空局的 5 千万欧元，不过其他企业需要支付 5 百万欧元（大型企业）和 25 万欧元（小型/中型企业，或者 SME）。根据第 1 条，JU 可以做出不超过资本可承受范围之外的财务承诺。

第 2 条非常重要，它说明了 JU 的主要任务，特别是：EGNOS 在 GALILEO 项目中的最佳融合，GALILEO 研发和验证阶段的实施以及在部署和运行阶段的各项准备的保障工作；按照规定程序，开启成功完成项目所需要的研究开发项目，包括第一系列卫星的发射（通过欧空局，并且根据规定的程序），来对系统性能和可靠性提供端到端演示；在不同阶段中有必要向经营机构理事会提出在公共以及私人基金动员上提供协助。

第 3 条和第 4 条分别规定了 JU 与欧空局签订的协议，以及关于服务提供相关的合同。JU 的法人资格在第 5 条中进行了说明，特别强调了其获取或者清除可移动或者固定资产的能力，以及作为法律诉讼代表人的能力。第 6 条则规定了 JU 在为了 GALILEO 研发阶段而创造或者调动的有形和无形资产上的所有权。

JU 机构的类型、组成以及职责（例如管理层、执行委员会和主任）等在第 7 ~ 10 条中规定，而第 11 条则规定了员工的组成。

关于收入、财政年度延伸、成本预算、财务规定、年度账目以及资产负债表在第 12 ~ 15 条中说明。

第16条规定了项目发展计划和年度报告,而责任和保险问题则在第17条里说明。

敏感信息的保护规定在第18条中,要求将GSSB的经验考虑在内。

在第1条中规定以外的其他成员进入JU规定在第19条中。

第20条说明JU将运行四年,并且将根据条例的修订而适当延期。清算人规定在第21条中,而第22条则强调任何在本条例中没有涉及的问题都将依据JU成员所在国的法律。最后,第23条对任何一个JU成员为修改条例提出建议的流程进行了规定。

7.4.3 监督机构与安全和保密规定中心

正如第5章中所规定,欧洲卫星无线电导航系统具有战略性质,并且有必要充分保护和代表大众的基本利益。在这一方面,向公共机构委托对系统部署和运营阶段进行监督的需求促成了监督机构与安全和保密规定中心的设立[26]。第5章说明了这两个机构的主要任务,并且将其纳入GALILEO项目的部署过程中。

就法律方面相关内容而言,由23条内容组成的规定被监督机构与安全和保密规定中心用于处理各类活动。特别是,适用于监督机构的19条内容包含了其目的和目标(第1条)、任务(第2条)、所有权(第3条)、法律地位、成员以及本地办公室(第4条)、管理委员会(第5条)及其任务(第6条)、主任(第7条)及其任务(第8条)、科学技术委员会(第9条)、预算(第10条)及其建立(第11条)、实施和控制(第12条)、财务规定(第13条)、反欺诈措施(第14条)、特权和豁免(第15条)、职员(第16条)、责任(第17条)、文件使用和对个人特征数据的保护(第18条)以及第三方国家的加入(第19条)。

值得一提的是,这些规定授予了监督机构合法身份,可以用法人的身份来完成任务。

安全和保密规定中心的四个条款内容主要包含了中心的设立(第1条)和中心的任务(第2条),其组成和运营(第3条),以及实力登记(第4条)。

7.4.4 PPP投标流程

在GALILEO初期研究的第二阶段,发布了一份有趣的文件[19]来支持研发一份用于导航项目的经营方案。这里主要对GALILEO这类复杂工程结构的真实部署相关的法律和市场问题进行说明,包括:GALILEO PPP的采购计划;知识产权,特别是通过对GALILEO知识产权的保护,有从技术注册费用中获取收入的潜力;以及对与GALILEO项目相关的欧洲增强方案的最佳途径[例如EGNOS(见3.2节)]。

初期研究的前面阶段(第一阶段)对即将提供的服务、可能产生的收入、规格和成本、公共和私人投资情况、PPP结构以及购买系统并进行资助的战略等内容进行了完整的报告。这份报告展示了公共方面向GALILEO提供支援的一个案例,并且私人领域也有意愿加入到PPP的适当环境中。PPP应当通过授予特许权来实施。在这种处理模式下,负责管理特许权授予过程和研发阶段的JU,会将用于GALILEO部署和运营的特许权通过竞标的方式授予私人领域的组织。

在部署和运营阶段,将私人和公共部分的功能和责任进行明确区分非常重要,这可以使公共和私人部门集中精力在各自范围内发挥极致。设想的特许模型预计将能从组件的版税上获取收入,这笔费用将由设备供应商在将GALILEO部件装入产品时支付,使用户可以接收到公开提供的服务以及服务供应商提供的服务,他们使用特别加密信号来在完好性服务的基础上提供其他增值服务、商业服务以及经增强的服务性能等(见第5章)。

PPP的主要目标是将适当的风险和责任通过有效处理方法转移到私人领域,以创造契机优化公共领域的利益来获取金钱价值。特别是PPP对采购的目标在于:通过给私人领域赋予责任以确保系统性能和规格符合商业市场和公共领域的性能要求来优化效率;从市场产生收入的优化;缩减公共开支和能力的需求来在更长的周期中扩展公共贡献;以及通过引入私人领域的高效率服务来使整个寿命的成本达到最优化。

采购计划包括三个阶段的投标过程:最初投标,对有限数量的投标人进行选择,随后邀请他们参加完全特许投标。为了将成本降到最低,并且为投标人提供一个可以接受的风险 - 回报率,在特许投标的最后阶段对投标人数量进行限制。最初投标的标准主要是资质合格,而特许投标评估标准则包括可能会对公共领域所具有的金融影响,包括收入/利润共享建议,在服务提供上的创新,可靠性和达到建议商业计划目标的潜力,以及支持商业计划的基本依据(如为系统供应提供的出价、财政方面的出价、市场研究以及与潜在客户和合作伙伴的任何协议或者共识备忘录等)。

采购计划被认为是在研发阶段的系统关键设计评审以及在轨确认评审之前就应完成的特许投标。在评审中如果需要对设计进行任何修改,会有一个适当的机构来进行处理,并对公共领域和特许权获得者之间进行财务调整。特许权获得者的能力包括复杂卫星系统的采购和运营,为导航产品的使用而进行市场开发以及提供包含全新技术和综合财务方案的服务。

GALILEO 项目从公共领域的比较活动中获益,目标在于确定将整个项目置于公共领域控制下的成本和收入潜力。这为衡量私人领域投标的整体利益提供了一个基准,并且结果将是提高公共领域的协商地位。此外,通过比较还能对风险以及其对成本和收入的潜在影响进行详细分析。

投标人的竞争是获取金钱价值的重要步骤:使用最佳利润方式进行采购的可信性和能力是这个方面成功的关键因素。在 GALILEO 方面,考虑到在研发阶段,在欧空局技术管理之下要达到这些目标特别具有挑战性,另外在欧洲内部研发这些必要的技术非常重要,同时对一个新生市场收入的预测也是非常困难的,尤其是在卫星导航服务这样的情况中。

在研发阶段的一些重要特性和影响会在下文中重点说明。首先,对部署阶段的卫星,从欧洲范围之外允许部分有竞争力的采购是有可能的,考虑到其他非欧洲国家可能已经对卫星导航系统的相关技术具有专业知识。其次,特许方在债务市场获取资金用于采购 GALILEO 的能力将是非常重要的。最后,大约 60% 的地面部分成本将会在研发阶段产生,绝大部分是软件成本。后者需要由 JU 向特许方提出要求,并且在研发阶段签订的合同协议必须确保该项内容可行。需要在部署阶段建立的地面部分,包括非定制的装备,专用建筑以及软件。装备将包括商品项目,其为公共领域从财富获取价值的能力将是有限的。私人领域通过财富增长获取价值的能力,特别是与专用建筑相关的能力预计也将是有限的。不过,这并不是最主要的问题,因为地面部分仅仅占了特许方投资成本的 20% 。

特许协议在 JU 与特许方之间签订,以确保特许方作为公共授权的欧洲导航服务供应商,在能够确保其经营活动符合公共利益时,应当考虑以下内容:获取和保持许可证责任;服务提供商确保消费者可以在不同供应商之间选择的权利;通用服务和媒体推广/新产品的义务;在特许方作为主要供应商的情况下,对于所有服务价格的控制;通过发布和公开数据来向消费者和监管机构提供高透明度;与 GALILEO 监管机构和区域监管机构进行合作;审计和检查的权力;以及安全、责任和保密相关事宜等。

7.4.5 在欧洲产业内的商业发展

欧洲传统产业实力已经在组件设计、系统合成以及服务提供上得到展示,不过,对泰勒斯旗下 Ashtec 和 Magellan 品牌的购买显示欧洲企业对制造领域具有更强的控制力,即使其绝大部分生产过程仍然在欧洲国家内部进行。在市场占有率方面,关键领域是个人移动电话(图7.7)[23]。

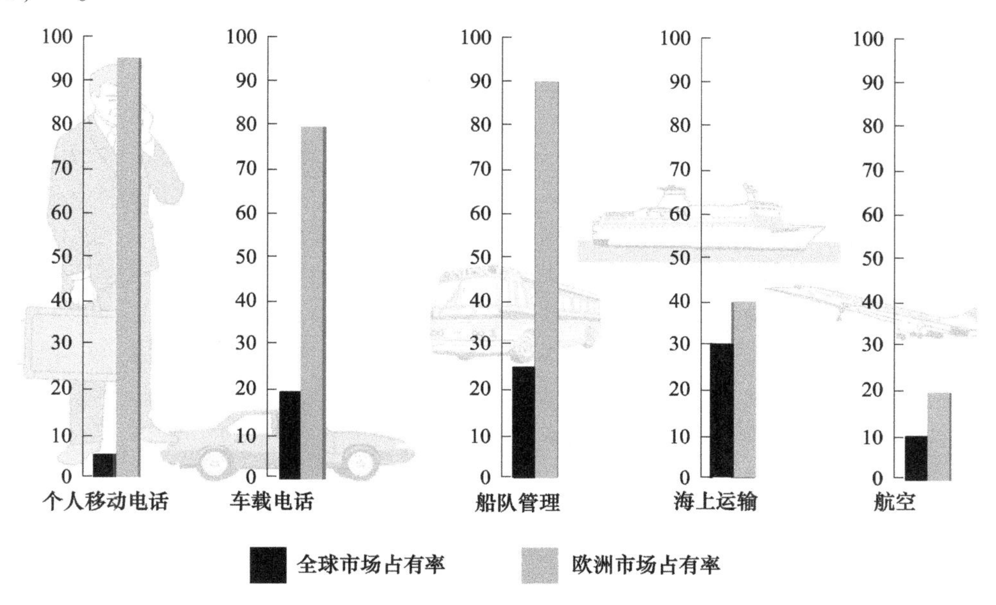

图7.7 全球和欧洲市场占有率

具有GPS功能的手机在国内的较低需求说明,目前在主要欧洲制造商中,还没有一家能在具有GPS功能的手持设备市场中占据主要地位[23]。

全球卫星导航系统产品和服务的全球收入在2010—2020年增长250%。欧洲产业的机遇在于在这些全世界收入内至少获取三分之一的利润。

在这些市场占有率数字的基础之上,2015年从全球市场为欧洲供应商将能获取的总收入已经得到预估[23]。一些结果在表7.3中列出,显示了在产品阶段(例如,在系统集成上)最大部分收入(58%)的具体情况。

表7.3 欧洲参与者通过价值链的领域获取的收入(2015年)

领域	份额/10亿欧元
系统合成	47.3
服务	34.3
组成部分	1

欧洲在全球卫星导航系统全球市场的竞争能力可以通过集中欧洲参与者的实力、在市场领域和具有高利润和增长潜力的应用领域加大投资来增强。欧洲参与者的主要机遇存在于应用市场上的系统集成方面,例如远程信息处理、个人移动电话、以及勘测等,不过在组件层面上,只需考虑专用和能产生利益的产品。

7.4.6 标准和证书

作为最新卫星定位和导航系统,GALILEO必须遵守所有必要的现行国际标准和证书要求[23]。这对生命安全服务来说特别重要。

在标准化领域中,一些重要活动包括:对生命安全标准与GALILEO(SAGA)欧洲委员会项目设立标准共同进行宣传,包括所有标准化内容;在国际民航组织、国际海事组织、欧洲民用航空电子学组织以及航空需求和技术方案等主要标准化机构开展技术研讨时提供贡献;研发方案,使

GALILEO 和 GALILEO + GPS 接收机能在运行使用中达到最佳通用性；用于未来生命安全接收机的无线电频率干扰减轻技术和相关标准；以及在航空和海洋运输领域对 GALILEO 服务和生命安全应用进行评估。

为了在全球范围内引起关注并得到使用，GALILEO 应当在第 3 代伙伴项目(3GPP)的标准中具有明确的定位，这个项目在一些电信标准机构与市场伙伴(例如设备制造商和移动通信运营商)之间制定的合作协议，目的在于为 3G 移动系统提供全球适用的技术标准——该系统正在由移动电话集团建立。因此，在 3GPP 中推广 GALILEO，说明其对当前标准的影响力，包括 GALILEO 作为全球卫星导航系统本地服务的附加解决方案已经在实施之中。对 GALILEO 信号所要求的信任程度，包括它的精确性、可用性、完好性、通用性以及应用认证需求等需要通过 GALILEO 认证程序的设计和实施来达到。后者还代表了未来应用认证的一个里程碑。认证机构的建立，与欧洲委员会进行联系，是规定认证需求并根据专家意见来通知认证单位和进行管理的一个重要步骤。认证单位应当提供书面保证，说明系统的研发、实施、运营以及可靠性都符合规定要求，认证处理程序如图 7.8 所示。[23]

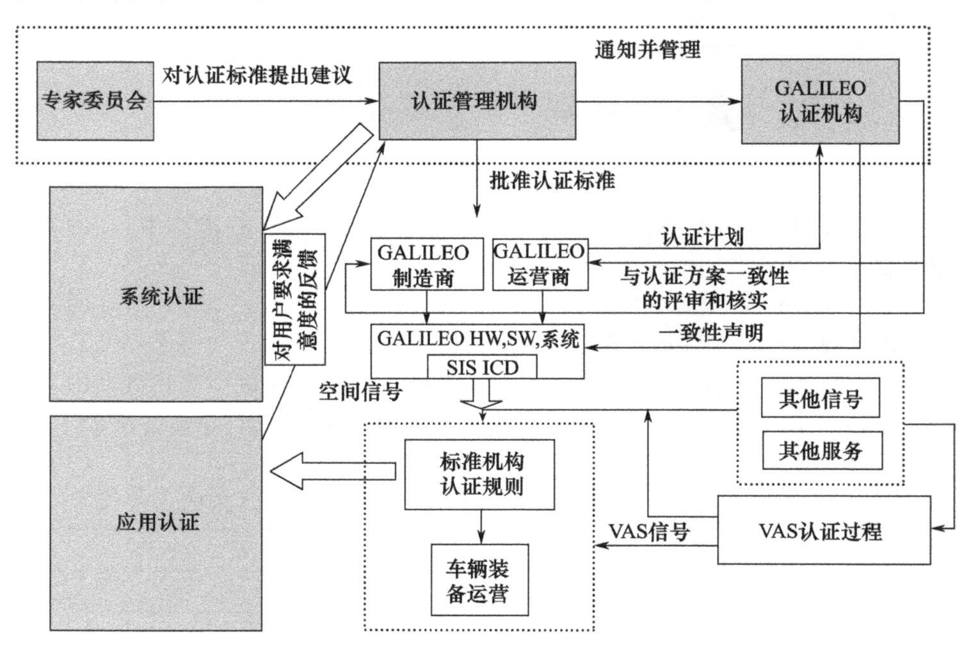

图 7.8 GALILEO 的认证方法

参考文献

[1] Business in Satellite Navigation—An Overview of Market Developments and Emerging Applications, Rep. GALILEO Joint Undertaking, March 5, 2003.

[2] Spada, M., "Aeronavigazione Satellitare e Eommercializzazione Nello Spazio," A. Giuffrè Editore, Milan, Italy, 2001.

[3] "2001 Federal Radionavigation Plan," Department of Defense, Department of Transportation, 2001.

[4] Kaplan, E. D., (ed.), Understanding GPS: Principles and Applications, Norwood, MA: Artech House, 1996, Chapter 12, pp. 487 - 516.

[5] Rycroft, M., (ed.), "Policy, Commercial and Technical Interaction," Kluwer Academic Publishers, Proceedings of an International Symposium, Strasbourg, France, May 26 - 28, 2003.

[6] "GPS World Markets: Opportunities for Equipment and IC Suppliers," ABI Researcher, 2003.

[7] Gurtner, W. ,"RINEX: The Receiver - Independent Exchange Format," GPS World, Vol. 5, July 1994, pp. 49 - 52.
[8] Gurtner, W. , and L. Estey, "RINEX Version 2. 20: Modification to Accommodate Low Earth Orbiter Data," University of Berna, April 12, 2001, ftp://ftp. unibe. ch/aiub/rinex/rnx_les. txt.
[9] Remondi, B. W. , "Distribution of Global Positioning System Ephemerides by the National Geodetic Survey," First Conference on Civil Applications of GPS, Institute of Navigation, September 1985.
[10] Remondi, B. W. , Extending the National Geodetic Survey Geodetic Orbit Formats, NOAA Technical Report 133 NGS 46, 1989.
[11] "RTCM Recommended Standards for Differential GNSS Service," Radio Technical Commission for Maritime Services, Version 2. 2, Alexandria, VA, January 1998.
[12] "NMEA 0183 Standards for Interfacing Marine Electronics," National Marine Electronic Association, Version 3. 0, NC, July 2000.
[13] 2001 Federal Radionavigation Systems, Department of Defense, Department of Transportation, Final Report, November 2001.
[14] "WAAS Benefits Register," April 23, 2004; http://www. gps. faa. gov/Library/index. htm.
[15] http://www. thomas. loc. gov/home/approp/app04. html.
[16] http://www. faa. gov/aba/html_budget.
[17] Weber, D. , "Happenings on the Hill," SatNav News, Vol. 21, November 2003.
[18] Sigler, E. , "WAAS International Expansion," SatNav News, Vol. 20, June 2003.
[19] "Inception Study to Support the Development of a Business Plan for the GALILEO Programme," Executive Summary Phase II, Price Waterhouse Coopers, January 2003.
[20] "GALILEO—Integration of EGNOS—Council Conclusions," n. 9698/03 (Presse 146), June 5, 2003.
[21] "Integration of the EGNOS Programme in the GALILEO Programme," Communication from the Commission to the European Parliament and the Council, COM(2003)123 Final, March 19, 2003.
[22] "The Commission Proposes Integrating the EGNOS and GALILEO Programmes," IP/03/417, Brussels, Belgium, March 20, 2003.
[23] "The Galilei Project—GALILEO Design Consolidation," European Commission, ESYS Plc, August 2003.
[24] Lindstrom, G. , and G. Gasparini, "The GALILEO Satellite System and Its Security Implications," EU Institute for Security Studies, Occasional Paper No. 44, April 2003.
[25] "Statutes of the GALILEO Joint Undertaking," Official Journal of the European Communities, May 28, 2002, L. 138/4 - 8.
[26] Proposal of "Council Regulation on the Establishment of Structures for the Management of the European Satellite Radionavigation Programme," n. COM(2003)471 Final, 2003/0177(CNS), July 31, 2003.

第 8 章　分层问题

8.1 引　　言

前面各章介绍了第一代、第二代和下一代卫星导航系统的复杂结构、特征和服务。GNSS 最显著的特点在于其具有广泛的应用潜力。

GNSS 的当前和未来的应用可以按高度模型进行表现,即用户位于三个主要的层级:

(1) 陆地/水面层(L/W)(地表、大洋/近海/湖泊/河流);

(2) 空中层(A)(大气层的区域);

(3) 空间层(S)(高于大气层区域直至深空)。

这三个分层中的每一个都包含了各类应用(如公路/铁路交通、导航、航空、测量、休闲活动),这些应用已经是或即将成为全球卫星导航系统服务的用户,以提升系统的性能和效率。图 8.1是分层模型展示图,每个分层包含若干用户类型。

接下来将按分层介绍全球卫星导航系统的当前和潜在应用。

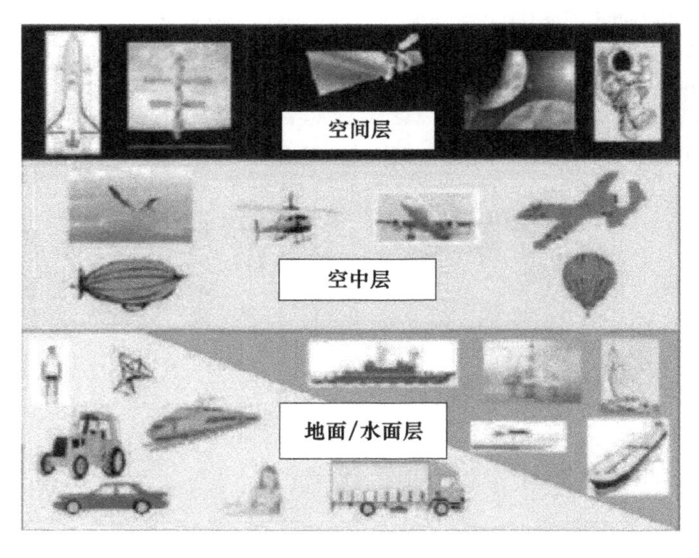

图 8.1　全球卫星导航系统用户与应用分层模型

8.2 陆地/水面层

8.2.1 陆地

8.2.1.1　智能交通系统

智能交通系统,即运输远程信息处理系统,是将电子技术、信息技术、通信技术与交通工程这一概念相结合,以更好地管理和提升交通系统的表现、效率和安全。从 1995 年开始,美国 ITS 协会和交通运输部开始研究工业和政府部门如何利用 ITS 的问题[1]。

GPS 是开发高级智能交通系统服务的关键技术。因此,政府部门需要制定配套的政策[2-3]。需要注意的是,智能交通系统服务的不同用户之间的联系十分紧密。这意味着一些服务可以共享同一个物理、技术和信息基础设施以降低成本并提高性能。第一步是要确定各类服务可归入的“服务组”。虽然不能做到无所不包,但“服务组”有助于分割智能交通系统的潜在应用。原有的 29 个用户服务列表已经扩展到了 33 个智能交通系统用户服务(表 8.1)[3]。随着用户需求的变化以及新技术的出现,该表也将出现变化。由于篇幅有限,本书无法详述智能交通系统的结构与规划[4],但将通过已开发的应用和未来的趋势来解释卫星导航在智能交通系统中的角色。GPS 主要用于定位单一车辆或舰船。定位信息可以与数字地图、控制中心、车辆传感器和其他用户互动,从而用于各类服务。

1)路线导航

定位配合数字地图为用户提供了路线导航服务。通过视觉和听觉界面,此项服务允许用户了解到达特定地点应遵循的详细路线。路线导航可以在多个用户终端中显示。这些终端通常被称为“卫星导航仪”。如有需要,用户终端可以集成车辆移动传感器设备,这些传感器主要是里程计和陀螺仪。传感器数据可以由卫星导航仪处理,以计算出一个定位结果,而无需 GPS 的帮助。这种方法被称为航迹推算,而计算出该结果的系统被称为惯性导航系统(INS)。INS 的主要缺陷是,作为独立系统其系统误差会随时间而增加。INS 可以与 GPS 协同工作,因此,每次有可用的 GPS 结果时,惯性导航系统可以根据 GPS 重新标定其结果[5]。当由于环境条件不佳无法获取 GPS 结果时(如峡谷、隧道或茂密的植被环境),惯性导航系统可以改善卫星导航的性能;在这种情况下,卫星导航仪采用了精确性稍差但永远总是可用的 INS 定位结果。当前的技术趋势是在同一个用户终端中集成多个车载娱乐功能,如 FM 广播、CD 播放器、DVD 播放器、移动电话、电视和信息机动性服务。图 8.2 所示为一个高级用户终端。

表 8.1 用户服务

用户服务包	用户服务
旅行与交通管理	1.1 旅行前信息
	1.2 路途中驾驶员信息
	1.3 路线指示
	1.4 租赁车辆匹配与预定
	1.5 旅行者服务信息
	1.6 交通控制
	1.7 事件管理
	1.8 旅行要求管理
	1.9 排放测试与减少
	1.10 高速公路-铁轨交叉口
公共交通管理	2.1 公共交通管理
	2.2 路途中通行信息
	2.3 个人定制的公共交通
	2.4 公共交通安全
电子支付	3.1 电子支付服务

续表

用户服务包	用户服务
商业车辆运行	4.1 商业车辆电子许可
	4.2 自动路边安全监测
	4.3 车载安全监控
	4.4 商业车辆管理程序
	4.5 危险品安全与事故响应
	4.6 货物运输
紧急情况管理	5.1 紧急情况通知和人员安全
	5.2 紧急情况处置车辆管理
	5.3 救灾与疏散
高级车辆安全	6.1 纵向避撞
	6.2 侧方避撞
	6.3 交叉路口避撞
	6.4 视距改善以避撞
	6.5 安全准备
	6.6 撞车前约束
	6.7 自动车辆运行
信息管理	7.1 档案化数据功能
维护与建设管理	8.1 维护与建设作业

来源:文献[3]。

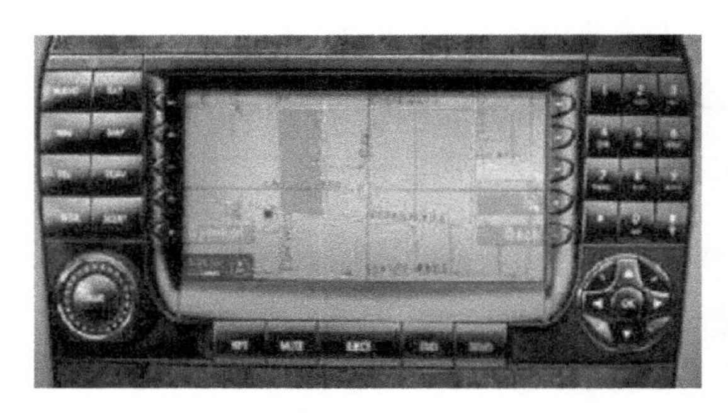

图 8.2 信息机动性高级用户终端

一些用户终端不使用车辆传感器,这些终端通常为便携式终端,包括综合了 GPS 接收机和数字地图软件的个人数字助理设备(PDA)和笔记本电脑,它们采用标准操作系统(如 Windows、Palm、Symbian)。大多数卫星导航可以使用星基增强系统的信号(如 EGNOS/WAAS)来改善其性能。路线导航系统的性能也与其电子地图的精确性和可用性密切相关。路线导航可能受到无线网络提供的信息的动态影响,其中包括交通堵塞或交通管理系统采取的决定(比如,为了绕开一条出现示威游行或封路的道路)。该信息通常通过无线电频道或手机网络传输。在欧洲,交通信息频道正在成为交通信息的实际标准。

2)旅行者服务信息(信息机动性)

旅行者的位置是信息机动性服务得以运行的关键信息,信息机动性是一组技术和应用,允许"移动中的用户"获取地理和基于位置的信息。本部分将讨论 ITS 框架下的卫星导航对旅行者服务信息的影响，而 8.2.1.2 节将讨论移动位置服务。当提出一项服务要求或定期更新服务时（跟踪模式），该旅行者的定位信息将发送至控制中心。最常见的通信方式是移动电话网络；信息可以通过语音通话、短信或数据传输提供。信息机动性服务很可能将受到 3G 和 4G 移动网络发展的显著影响[6]。最常见的服务是与旅行安全和效率相关的，比如天气预报、路线建议、交通或道路堵塞信息、道路条件、重型或危险货物运输以及加油站位置。这些服务可以“按要求”提供或“接收特定事件后弹出”。位置与规划路线使得控制中心可以只发送与旅行者相关的信息。通常来说，用于提供信息机动性服务的终端也会集成车载娱乐和路线导航功能，同时还有一些集成了车辆防盗功能。车辆安全服务将车辆防盗传感器（如移动传感器、振动传感器）和卫星导航及移动通信融合。如果车辆传感器确认发生盗车，将自动发送信息至控制中心。追踪信息并将车辆位置和移动情况告知用户和相关部门。现在已经开发出了许多高级信息机动性服务的用户终端，但是大众市场对此接受度还不高。此外，由于上路的用户终端数量较小，与此类服务相关的成本仍然相对较高。各个用户终端都具有自己的专利通信标准和专利技术，使得成本难以降低。不过尽管降低价格困难重重，市场分析还是对于此类服务的预期收入十分乐观。信息机动性需要标准，而三个方案可能可行：在政府政策的支持下，大型用户终端制造商协商采用一个通用标准（包括硬件、软件和通信协议）；小型制造商采纳一个大型制造商规定的一个标准；或是所有制造商采纳个人电脑的硬件和软件协议。最后一个方案似乎更符合用户的期望，实际上，经常可以发现在车辆上有基于个人电脑的自定义用户终端（主要用于车载娱乐系统）。此类用户自定义终端的优势包括：可以在标准操作系统（如 Windows、Linux）下采用更大的软件库；采用自定义最新且低成本的硬件；易于更新；可以使用互联网信息服务；以及较高的性价比。

3）交通控制（探测车辆）

交通流量测量是智能交通系统最具挑战性的问题之一。交通流量监控技术有很多，如果能够很好地整合，可以达到极佳的效果。交通流量测量的主要设备包括闭路电视（通常集成了一个视频图像处理器）、红灯摄像头、微波车辆检测系统、红外探测器、声学和超声波探测器、电感回路检测器以及坡道计量传感器。但是，每个技术都有其缺陷，如设备成本高、安装或维护成本高、在特定条件或性能低下，以及范围小或寿命短。由于每个车载用户终端可以记录和发送（通过移动网络）其实时位置、方向和速度，卫星导航可以起到关键性的作用。如果将大量用户终端的信息融合，这些参数可以算出精确的和大面积的交通流量信息[7]。此项技术的应用在未来数年应该会显著增加，特别是在带双向通信功能的高级标准化信息机动性用户终端在市场上普及之后，交通流量测量可能成为此类终端的免费特征。

4）事故处理

卫星导航可以在处理撞车事故中发挥重要作用。道路事故通常由非自动系统发现（如即时的紧急呼叫），只有在事故现场在视频监视系统覆盖范围以内时，摄像头才能发现事故。大多数道路网并不具备这种条件。综合车载传感器、卫星导航和移动通信系统可以形成一个生命安全事故探测系统。车载传感器（如基于加速计的撞车传感器）可以探测到撞车事故，通信系统可以将最后位置发给控制中心。根据传感器的反应（如事故的严重程度）、道路类型、事故车辆数量和驾驶员或乘客的语音呼叫信息，控制中心决定是否派遣应急车辆（警车、救护车等）。在困难条件下，此项服务的作用明显，比如：在乡下地区的道路上乘客无法呼叫紧急救助的情况；能见度很低的夜间事故，或地面条件恶劣（如陡峭的斜坡）以及车上乘客无法进行紧急求助呼叫的情况；还有其他任何事故严重程度需要自动探测系统来通知及时救援的情况。在道路事故中，控制中心可以向所有附近的车辆发送一条紧急信息。用户位置附近的事故信息可以用于提供急救或是避免连环事故。用户终端可以记录所有传感器数据（包括位置、速度和加速度）用于事故后分析（如黑匣子）。如果加入所谓的“紧急按钮”，该用户终端可以在紧急情况下提供帮助（如车辆故障、外部威胁和需要求助）。这种情况下，该用户位置被发送至控制中心以提供所需服务。

5）公共交通管理

卫星导航系统提供的车辆位置即时信息可以用于高级公共交通管理等服务。控制中心可以管理实际路线并与计划相对比。如果交通条件导致车辆延误，可以“近实时地”修改计划。关于车辆位置的信息（以及预计到达时间）可以通过互联网、移动电话或公交车顶的可变信息交通标志告知用户。此外，个性化公共交通服务（PPT）也可以利用卫星导航系统。PPT 可以分为两类：灵活的路线操作和随机的路线操作。两类 PPT 都基于所接收的要求来满足灵活的车辆路线要求。PPT 的目标是实现接近“门对门的服务”。了解这些“有需求”的车辆的位置和预计路线有助于用户选择更佳的路线。此外，用户终端可以综合通信和地图系统（比如多功能移动电话或个人数字助理），告知搭乘一辆公交车到达目的地的最佳时间和地点，甚至可以预留位置。控制中心可以记录新的预定并将该信息发送至车辆的导航系统。驾驶员将遵循导航系统的路线指示，而无须与控制中心进行语音通信。GPS 的一个应用是出租车派送服务[8]。这是明显的个性化公共交通概念的延伸，根据车辆和乘客的位置，控制中心负责选择和协调哪辆车去接送客人。

6）电子支付服务

电子支付服务指的是为乘客提供通用电子支付媒介的所有系统，适用不同的交通工具和功能。第一代电子支付服务主要采用电子卡（比如预付磁卡或非接触式智能卡）支付通行费（比如高速公路收费站、停车费或公共交通车票）。此类电子支付服务系统的共同点是用户必须与电子系统互动。采用移动电话短信支付则属于另一种。在高速收费站支付中预付电子卡仍然十分普遍，但是信用卡正在逐渐替代这种过时的系统。

第二代电子支付服务将不包含系统和用户之间的互动。比如，系统不需要驾驶员在通过收费站时停在护栏前。一个特定的用户终端采用短距离通信，或通过闭路摄像头自动识别车辆号牌来确定用户身份。用于支付停车费和公交车票的蓝牙终端也属于此类系统，因为系统采用无须用户操作的无线通信。

未来的趋势显示，第三代电子支付服务系统将了解用户的位置信息，从而提供高级服务。卫星导航是新一代电子支付服务的关键工具，这种概念的首个应用是远程通行费支付服务，该服务采用带定位和通信功能的用户终端。当 GPS 测算的位置（有时是由星基增强系统提供的位置）得出车辆位置在需要支付通行费的公路上时，自动支付费用。系统也可以用于限制进入区域（比如市中心）的控制，寻找停车位，以及探测交通事故。欧洲委员会最近通过的一项法令[9]规定，未来所有的收费系统均应相互兼容或被所有欧盟成员国采用。GALILEO JU（联合备忘录）最近资助了一项名为“车辆远程通行费支付”（VeRT）的项目，旨在研究和验证在新的 EPS 概念中利用 EGNOS 和移动通信[10]。由于还不存在可靠、高效且低成本的方法在城市和室内定位个人，将此类服务用于非车载用户仍需研究。

此外，还应指出的是，即使第一代电子支付服务也未实现全球范围的应用。

7）其他服务

在智能交通系统框架下，还有一些特殊服务需要利用卫星导航。本节并不试图详述或预测特殊服务的未来趋势，但是我们想要让读者了解即使最传统的应用也可以在定位信息的帮助下实现升级。另外，一些智能交通系统的先进概念正在成为现实，并在未来（长期）完全改变我们对交通的定义。

传统的保险服务可以加入一个“按使用次数支付保险”的新概念。卫星导航系统计算出用户的位置，通过移动通信网络告知控制中心，并将重要的参数记录在“黑匣子”设备中。保险控制中心可以追踪车辆的移动来计算用户的保险开支,重要的参数包括:在保险有效期内的使用时间比例和使用间隔时间;车辆通常使用的环境类型;可能影响最终保险开支的车上情况信息;以及事故情况下的“黑匣子”数据。

在日常生活中,环境参数对于我们的健康以及我们星球的未来都越来越重要。主要城市的地方政府通常负责管理当地的环境(通常包括监测污染、温度、湿度和气压情况)并基于相关数据制定缓解交通阻塞的政策。环境监测通常是在城市的关键位置安装特定的传感器(污染测定仪)来测量一系列参数。这些设备只能得到本地测量结果,因此不能用于大范围影响的判定。配有环境传感器的特殊车辆可以用于测量特定时间和地点的相关参数,测量记录可以以“近实时的方式”发送至控制中心,或是储存在车辆上用于后续分析。

车辆位置的实时信息对于危险或高价值货物运输的追踪及操作规划都至关重要。在这些应用中信号完好性和通信安全十分重要。大型机构使用卫星导航技术追踪车辆,并向用户提供货物追踪服务。配备导航设备和环境传感器的特殊车辆正被用于“车辆性能和尾气检测系统”(VPEMS),文献[11]介绍了该系统的实施与测试阶段。该项目的目的在于建立一个能够收集完整的交通、行程和环境数据的系统,以作为制定有效环境政策的科学依据。收集城市污染信息的传统方法,比如路边环境监测器、交通监测器等,无法提供单个车辆的数据,也无法了解单个驾驶员行为的临时性因素,因为它们只是测量平均(污染)浓度,而非排放情况;此外,许多健康问题是与累计接触相关。正是出于上述原因,车辆性能和尾气检测系统项目开始实施。设计车辆通过多种方式及时收集通行、交通和环境的参考信息,具体方式包括 GPS、GIS、GSM、数据仓储、数据挖掘技术以及车载环境仪器。项目团队首先确定了可能对 VPEMS 全部或部分功能感兴趣的潜在用户和服务。然后,核心设计活动专注于开发一个能够满足车队管理要求的系统,包括收集车辆状态(包括离合器压力、制动压力、制动压力超过阈值、发动机转速、油耗、车辆速度、通信距离和胎压)以及车辆排放(区分尾气排放和舱内排放的碳氢化合物、一氧化碳、二氧化碳、氧化一氮、氧以及颗粒物的总量)。该系统的设计目的是将来能够在一般车辆上扩展 VPEMS 系统功能[11]。

集合一系列服务的高级车辆控制与安全系统有着野心勃勃的目标,但只有通过集成多种传感器和移动通信以保证较高的导航性能,这些目标才能实现。目标之一是建立车辆防撞系统,这需要通过车辆间通信和/或车辆与设施间通信[12-13]。不过,如果自动公路系统(AHS)能够实施,则会实现交通的完全变革。该系统计划采用特制车辆,通过全自动化的控制,在高速公路车道上实现无人驾驶[14]。自动公路系统可以降低油耗,提高效率和安全性,缩短通行时间并减少堵车。

8.2.1.2 *移动位置服务*

移动位置服务指的是根据用户的位置而通过一台个人电脑、个人数字助理或电话(移动或固定电话)发送和/或接收信息的应用[15]。8.2.1.7 节中介绍室内定位技术。这里只介绍移动位置服务的定位技术。

移动位置服务在公共市场上推广的主要动因是美国 FCC 和欧洲 EC 颁布的关于紧急电话的两部法令。两部法令(其中欧洲的法令较为宽松)都强制要求无线网络运营商能够在紧急情况下以精确和可靠的方式自动向用户位置所在的政府部门发送紧急呼叫。满足上述要求的两项主要技术包括:一个基于网络的方案,利用网络的内在定位功能(cell - ID,定时超前、到达时间或到达角度);另一个是手持设备方案,利用手持设备来定位(E - OTD,到达时间差异测量和辅助 GPS)。第二种方案对额外设施的投资要求较低,特别在美国市场被广泛采用。这种方案主要基于带 GPS 功能的 GSM 芯片组。移动位置服务对于服务供应商和网络供应商的主要优点体现在：

（1）基于位置的账单；

（2）紧急呼叫者位置；

（3）基于位置的信息服务。

预计上述信息服务将在未来数年快速增长[16]。LBS 将延续无线移动通信的趋势，可能将成为 4G 移动网络的基础性服务。从用户角度来看，可以将移动位置服务分为三类：

（1）个人导航服务；

（2）目的地信息；

（3）基于位置的广告服务。

第一类指的是帮助用户确定如何抵达目的地的所有服务，其中包括：

- 路线指示（室内与户外）；
- 抵达选定目的地的公共交通信息；
- 地图数据（室内与户外）；
- 寻找朋友服务（其他用户的位置与路线）；
- 用于路线指示的定位增强服务；
- 交通与天气信息；
- 任何有助于选择最佳路线的其他信息。

第二类指的是让用户更好地了解所在位置的服务，其中包括：

- 兴趣点信息（包括酒店、饭店和医院）；
- 旅游者信息（室内与户外），包括博物馆、图书馆、雕像景点提供的信息；
- 定位增强服务；
- 任何有助于更好了解用户所在地的其他信息。

第三类指的是推荐用户选择一个新目的地的所有服务。其中包括利用用户地点信息的所有广告服务。

8.2.1.3 地理信息系统和地图

地理信息系统是根据位置储存、管理和显示数据的电脑系统：一个地理参考数据库（采用的测地参考系统为 WGS－84，见第 2 章）将信息按分层或主题分类，分别对应特定的地形类别以及特定的数据类型[17]。总的来说，地理信息系统可以用于不同水平的环境监测、制模与管理、商业分析、运输、街道装饰物、电力与通信基础设施规划、紧急服务以及教学工具。因此，地理信息系统技术的应用领域包含本章简介中的所有分层（L/W、A 和 S 分层）；但是其主要用途是陆地分层相关的问题。

GPS 早期的用途是提供地球物理学特征或航空照相测量学研究；地球表面的照片需要地面上的指数标记或控制点来提供参考位置并确定照片的比例尺与朝向。如果相机位置和曝光时间足够精确，则可以去掉地面参考点或控制点。通过 GPS 和惯性导航系统可以达到上述目的：不仅能够提供成像设备的精确位置，还能提供其朝向，因此图像可以直接关联测地参考系统而无需地面控制点。但是，在实践中，可能还是需要少量的地面控制点才能达到理想的精度[18]。为了获得理想的结果，GPS 和惯导系统可以互补：惯导系统往往会随时间飘移而需重置；GPS 拥有自参考能力，是对惯导系统的完美增强，而惯导系统可以反过来解决 GPS 动态定位中的周期模糊问题。当缺少足够数量的 GPS 信号时，惯性导航系统可以在短时间内作为有效的定位工具[19]。

GPS 测绘方法，无论是动态 GPS 或实时动态（RTK）GPS，均可以作为地籍测量的有效方案，能够克服诸如测绘面积广大或穿越私人土地等障碍。在无阻碍区域,最好的方法应该是 RTK GPS,因为它能实地提供结果;相反,有阻碍区域适合采用综合方案。

利用 GPS,测绘员可以解决上述问题。此外,GPS 提供电子格式的用户自定义坐标,便于采用地理信息系统进行后续分析。

电子空中成像传感器和电子摄影测绘技术可以完成整个电子摄影测绘工作程序,而无需胶卷和扫描,从而减少了工作时间和成本[20]。

路线地图,或其他任何类型的地图,可以通过在特定区域通行绘制;利用 GPS 可以进行自动道路输入来生成高质量的地理信息系统数据库[21]。总的来说,如果数据必须以数字形式收集,GPS 应用有很大优势:除了路线地图绘制外,其他情况还包括直升机对管道等传输线路的数字化编制,或是绘制森林与溪流地图。除了应用惯性导航系统,还可以利用视频摄像头来解决地理信息系统数据库信息收集过程中可能忽略的问题。路线地图还能提供街道的高度信息(如数字高度模型)。

俄亥俄州立大学开发了一款移动绘图系统,系统可以安装在多个平台上[22],如一台中心线涂漆车(图 8.3);传统的道路中心线测量方法存在一些缺陷,如测绘人员安全问题、较低的测绘效率、阻断交通以及无法频繁更新道路情况信息。俄亥俄州交通部支持了该项目:虽然移动绘图系统的精度低于传统测绘技术,但是中心线涂漆车可以在维护人员的指引下以正常速度行驶,从而避免封闭道路,也提高了人员的安全性。中心线位置收集的数据可以组织输入一个地理信息系统数据库,用于提供其他设施的位置信息。此外,成像模块获得的影像可以用于获得人行道条件的信息,而且重复测绘获得的路面数据可以用于追踪道路情况和改善雨水排水系统。

图 8.3　中心线涂漆车

综合 GPS/惯性导航系统的直接地理参考系统可以用于空中遥感和光探测与测距["莱达",(机载)激光雷达, LIDAR],即利用机载激光扫描器来测量各点在地面以上的高度[20,23](图 8.4)。

利用基于 GPS/惯性导航的激光测量参考点位置和方向可以直接获得数字高程模型(DEM)。此外,此类 LIDAR 可以在夜间或多云与大风条件下有效工作,还可以通过飞越森林、沙漠和冰雪覆盖区域实现高度测量[20,24]。

最近几年成功开发了全数字化多传感器绘图系统,在生成数字影像地图上更新时间很短,可以实时处理获取的数据,并将其嵌入飞机上的低分辨率图像,这两点对于森林消防和其他紧急情况下的应用至关重要。DORIS 是一个全数字直接绘图系统[25],系统综合了所有上述技术:数字

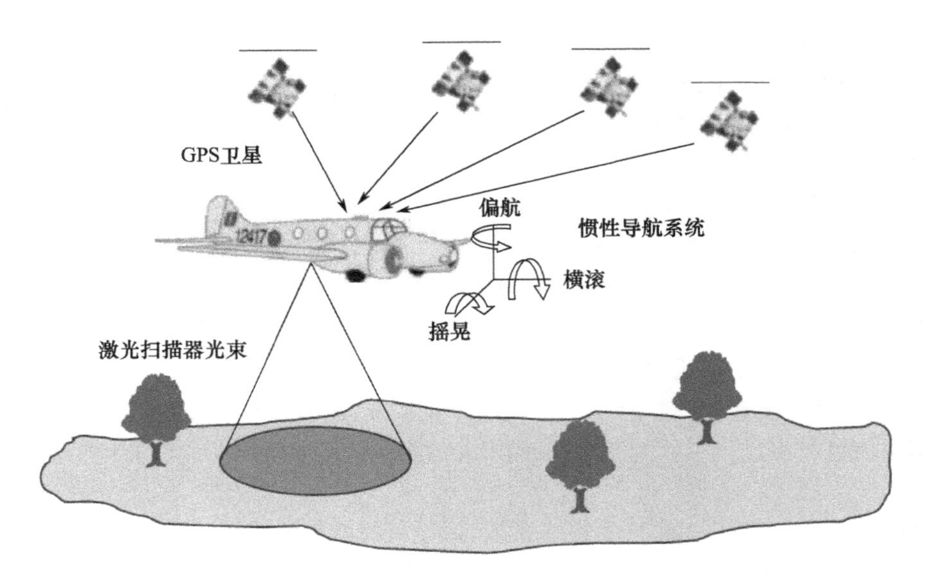

图 8.4　用于机载绘图的 GPS

摄像头、LIDAR 扫描系统、GPS/INS 直接地理参考系统,还包括一个数据获取和处理以及图像地图生成软件包(图 8.5)。

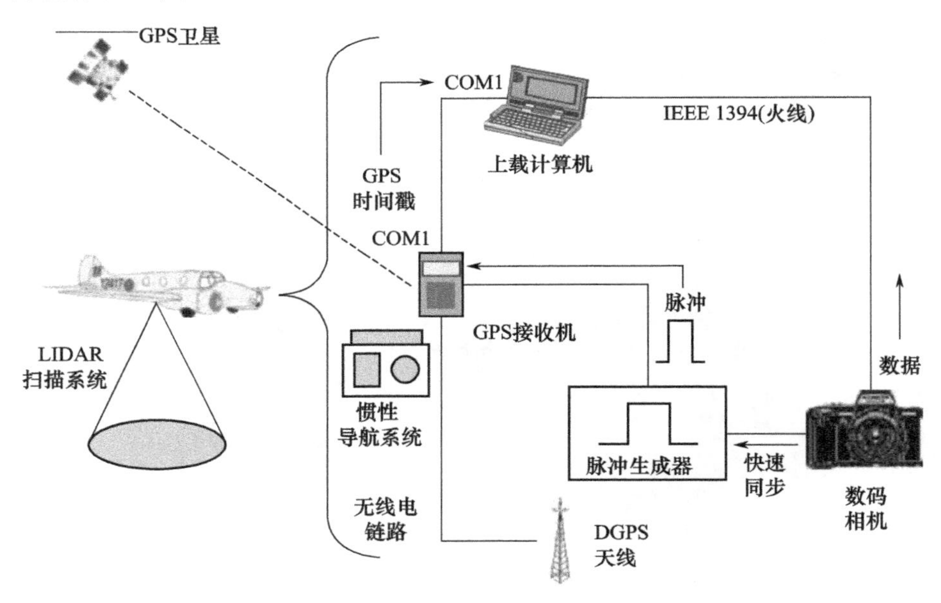

图 8.5　DORIS 项目

此外,GPS/惯性导航系统综合应用可以有效地用于海底绘图。传统的水深测量方法利用测量船上的单束回声探测器,这种方法存在一些缺陷:耗时且无法完全覆盖海底。结合 GPS/惯性导航系统系统和一个多束回声探测器可以解决上述问题。多波束回声以多个角度发出,只要合理规划测绘航线且船只严格遵守航线要求,就能高分辨率地覆盖海底区域[20,26](图 8.6)。GPS 导航可以帮助实现这一目标。多束回声探测器,特别是发出外波束的探测器,需要船只精确的位置和高度信息,而 GPS/惯性导航系统恰好可以实现该目的。

另外一个利用 GPS/INS 组合导航系统的技术是机载激光测海系统。其工作原理和陆基空中激光系统类似。在移动位置服务中,激光束部分从海面反射,部分从海底反射,所以可以通过

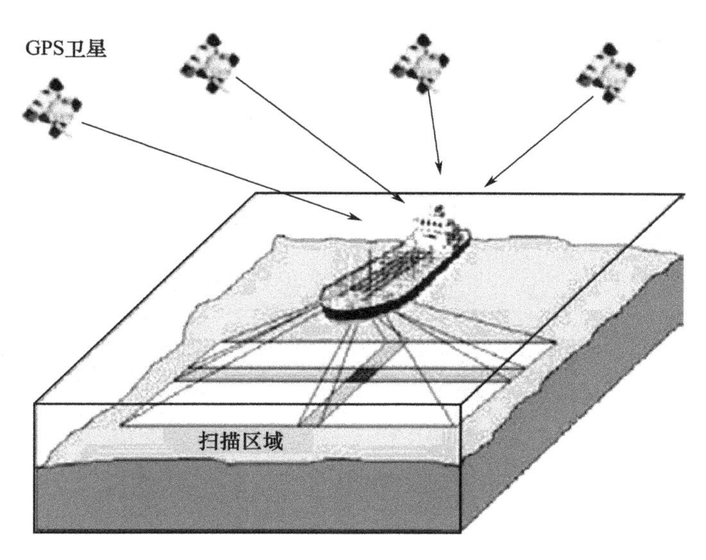

图 8.6　海底绘图的 GPS 应用

两个反射脉冲之间的时间差来计算水深(图 8.7)。将水深测量与基于 GPS/INS 的激光位置和方向结合,就可以获得精确的海底地图。该技术还可以用于狭窄水道等复杂区域。但是,该技术的缺陷在于其仅限于浅水区且对水体清澈度十分敏感[20]。

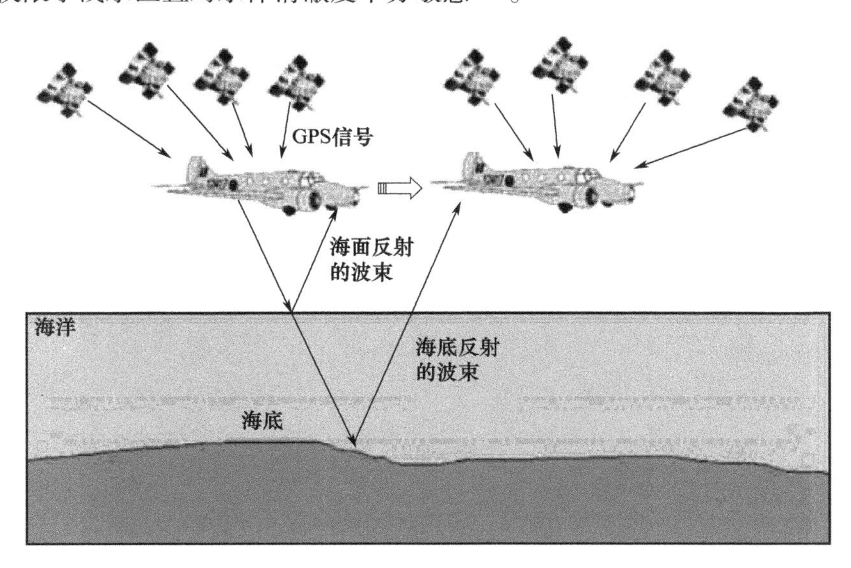

图 8.7　机载激光测海系统

利用 GPS 还可以进行电离层的绘图[27],对电离层活动的研究,无论是磁场平静期或是扰动期,传统技术包括电离层无线电信号、电离层探测测量以及非连贯散射雷达。上述研究主要基于单一站点或一个本地设施网获得的测量数据,同时还利用了搭载电离层传感器的独立轨道卫星,其关键缺陷在于缺乏即时的全球覆盖。

要理解磁场与热电离层之间的联结过程需要一个持续运行的全球监视系统,而持续运行的 GPS 接收机可以很大程度上达到这一效果。GPS 信号经历的反射可以经处理算出电离层的总电子含量(TEC),即信号途径中心 $1m^2$ 的面积的柱状体内自由电子总数量(图 8.8[27]),这对于平静期与扰动期均适用,可以研究电离层中的能量的通量消散和传输过程。介质的反射指数确定了电磁波通过的发散速度;如果介质是分散的(电离层就属于分散介质),反射指数则取决于环境电子密度,电子密度随高度、纬度和经度而变化。总之,GPS 信号在穿越电离层时速度不断变化。需要考虑的重要量化指标是由于电离层影响 GPS 信号存在的总附加延时。延时与总电子含量成正比,因此可以计算出总电子含量。

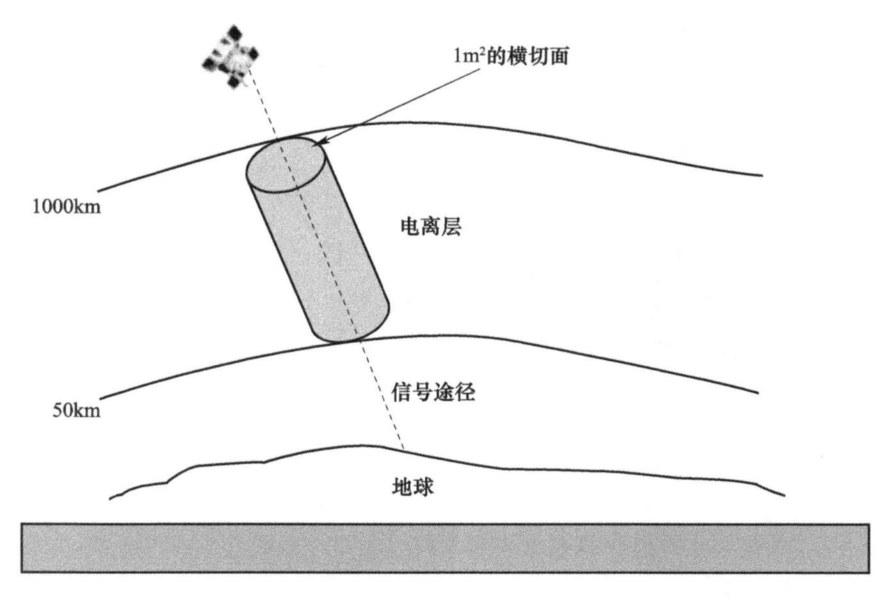

图 8.8　总电子含量的定义图示

GPS 还可以用于管理分散式仓储(如需要堆叠大量钢材并预防钢材变形的钢厂)。所有的钢材堆都必须按计划定期调整。但是,产品类型不同,只能从存放位置来区分。因此,每堆钢材的位置可以用 GPS 来确定,将数据输入一个中央数据库中(图 8.9)。

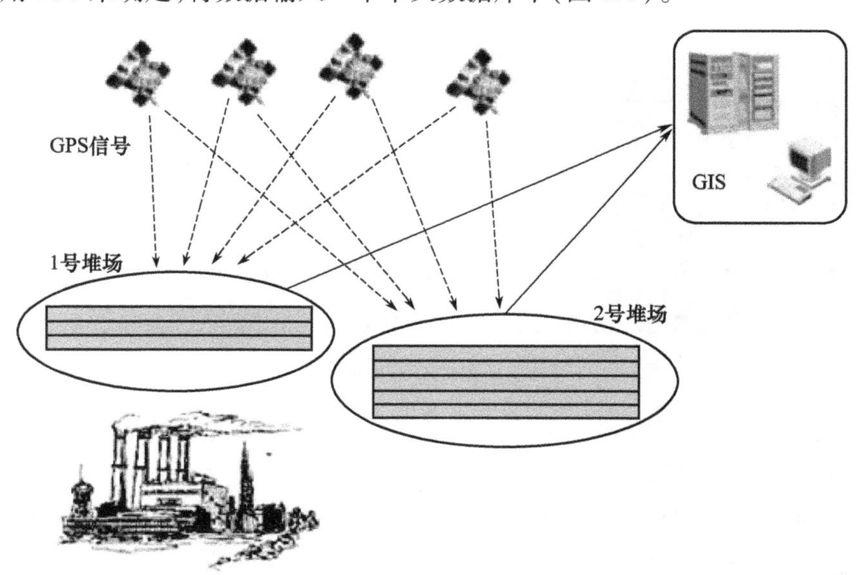

图 8.9　采用 GPS 定位技术的钢厂

最后,GPS 结合地理信息系统可以用于实现对野生动物的追踪。追踪数据可以在 GIS 中储存与种群数量变化或动物迁移和栖息地相关的信息(图 8.10)。

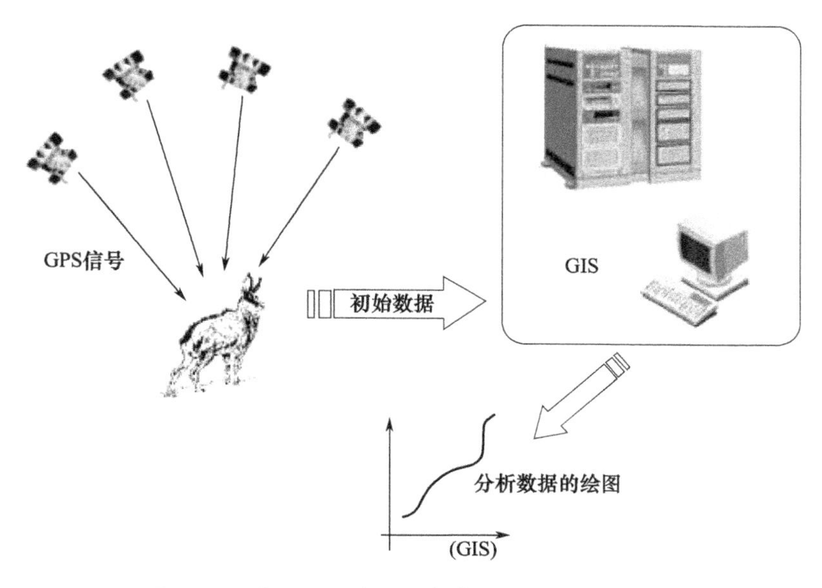

图 8.10　利用 GPS/地理信息系统(GIS)的动物研究

8.2.1.4　铁路运输

在铁路系统中使用卫星导航将对以下部分产生影响:

(1) 固定资产,如桥梁、火车站和轨道旁设备;

(2) 移动资产,如列车、机车以及车厢;

(3) 人员部分,如驾驶员、交通控制员、维护团队以及乘客。

基于卫星的铁路系统的优势如下[28]:

- 可以降低铁轨的维护开支,并逐渐清除铁轨沿线的传统户外电力与信号设备;
- 无需户外设备来避免损失;
- 无需互锁设备可以提高支线交通安全;
- 可以确定瓶颈位置以便及时解决问题;
- 通过综合不同的交通系统可以提升材料交通流程和交通方式的透明性;
- 可以覆盖包含多个国家的广大地域;
- 可以快速强化铁路网络;
- 可以自然且精确地定位移动车辆并进行控制。

基于卫星的铁路系统可以分为四组[28]。

第一组是基于 GPS 的测地程序。此类应用原先是用于需要高精确性但无安全问题的地区。基于 GPS 的测地设备可以用于改进路线分配的精确性,并能够方便地获得现有路线的全面信息。

第二组是基于 GPS 的列车信号系统,逐渐用 GPS 辅助信号程序来替代传统的电子信号系统。此类系统已经在奥地利、日本以及美国(如联合太平洋铁路公司的积极列车分离系统[29])有所应用。

奥地利阿尔卡特公司开发了一项新技术来控制交通量较少的支线[30],从而确保较高的安全性并降低其开发费用。采用支线信号系统后(图 8.11)[30],交通控制员对轨道的管理减少,能够自动储存其状态。支线信号系统有多个不同功能:最早的功能是定位列车位置并显示在控制中心的显示器上;其他功能是基于 GPS 的列车控制中心。交通控制员可以向列车发出指令,或是让整个线路由一个基于时间表的电脑管理。阿尔卡特公司采用列车无线电实现控制中心电脑和车载设备之间的数据交换。最后,可以去掉铁轨沿线用于指示限速与刹车点的传统信号灯,因为驾驶室内的显示器上已经包含上述信息。

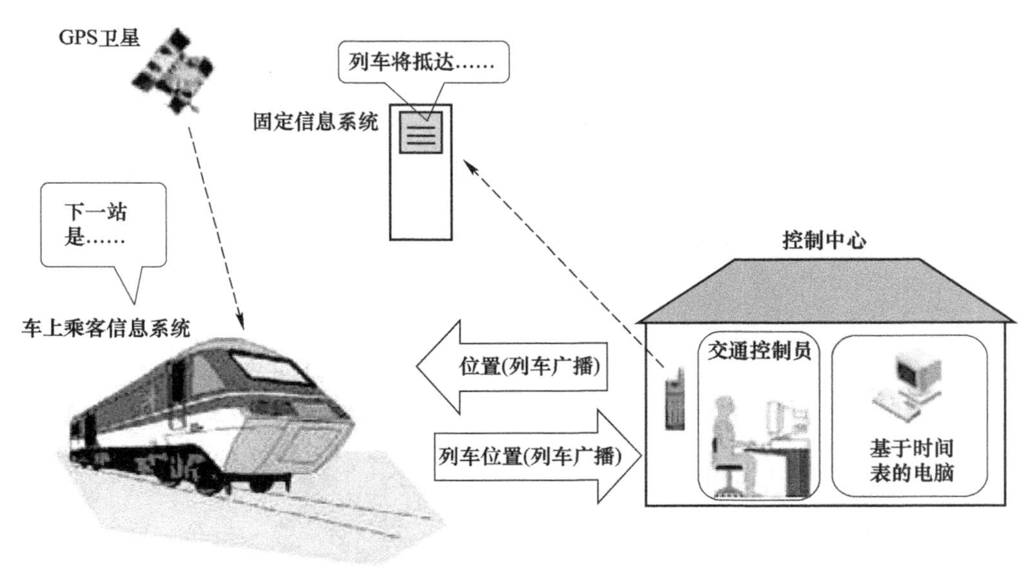

图 8.11 Alcatel 支线信号系统

日本铁路还应用了一款基于 GPS 的安全系统,名为 CARAT(计算机和无线通信辅助列车控制系统)[31],主要功能是保护铁轨上的维护人员。每个维护团队领队配备一个警告设备,设备将提示车辆抵达,以便员工提前离开铁轨。系统的另一项优势是更佳的驾驶(引擎)方式带来的成本下降(如避免突然的加速和减速)。

第三组是铁路运输系统。德国开发的 Satelliten - Handy(Sandy)[32]系统的基本概念是避免货物损失,既包括盗窃,也包括分流人员操作产生的损失。Sandy 防盗系统可以安装在车厢上来持续收集参数,并通过 SMS 或列车广播按预定时间间隔向系统操作员发送信息。当一个参数的测量值高于特定的阈值时,Sandy 将一边向操作员发出警告信息,一边采取必要的步骤来解决该问题。

第四组是基于 GPS 的乘客信息系统,如 S - Bahn Berlin 系统(图 8.12)。系统可以添加一个通信系统[33]。乘客仅在紧急情况下使用,按下按钮来寻求 S - Bahn 的帮助,然后安全服务人员由指挥中心排查特定的 GPS 位置。

车载信息设备是一个基于卫星的中心系统,可以告知乘客下一站点的名称、到下一站点的剩余时间以及是否存在晚点情况。可以按理想的频率来显示上述信息。此外,可以通过互动显示器来提供铁轨沿线的景观信息(图 8.13),也可以用于显示车厢的货物信息[28]。

基于卫星的乘客系统的另一项重要应用是时间表规划:通过储存时间表与实际数据间的时间差,可以创建一个时间表规划的数据库,使规划工程更加简单且精确。

GPS 还可以用于支持铁路货物运输,包含两种确定车厢的方式[28]。第一类是单组列车,即所有车厢都将抵达同一目的地,从运输的角度可以认为是一个整体。这种情况下,只要追踪机车位置就可以了解整列车辆的精确位置,而每节车厢的精确位置则不重要。这个系统有一项缺陷。为了将基于 GPS 的引擎与车厢关联,需要了解车厢的识别码;在出发之前,系统必须通过无线电来收集和传输识别码。当列车中途停留多次,车厢接入其他列车时,丢失数据的风险也随之增加。

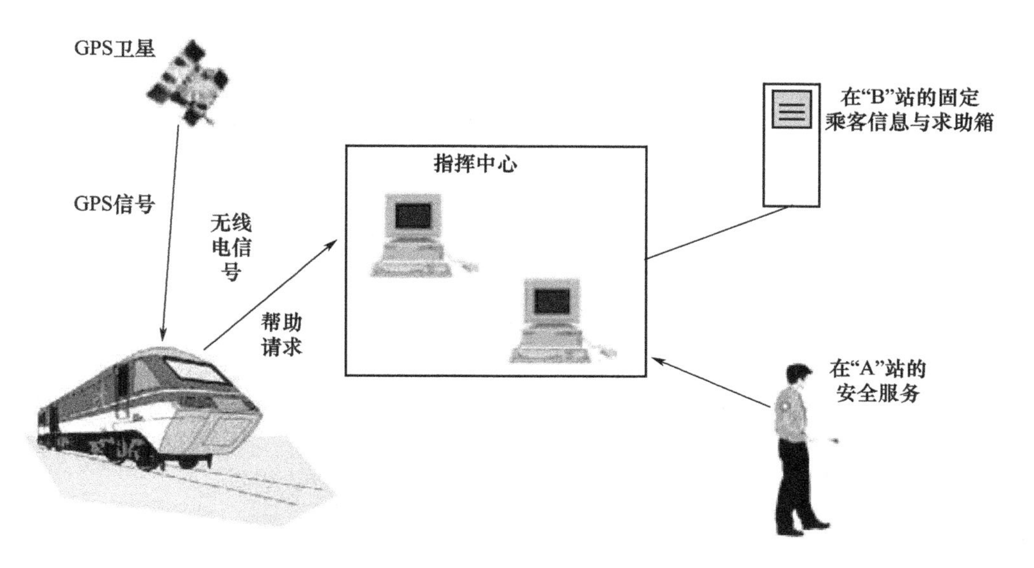

图 8.12　S - Bahn Berlin 系统结构

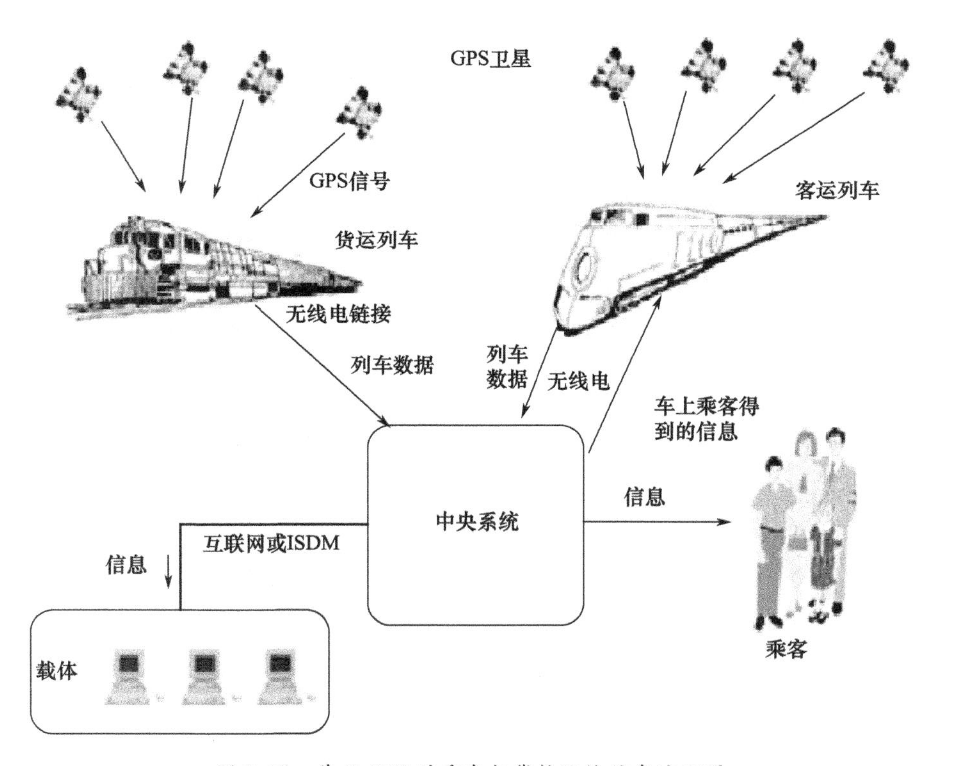

图 8.13　基于 GPS 的乘客与货物运输信息流程图

另一类方案可以总结为车厢追踪概念，即每节车厢配备自己的 GPS 识别设备，从而避免了“无线电指挥车厢数据收集”中的数据丢失问题。移动设备向机车发送 SMS 信息，从而降低传输成本。上述两种情况中，机车均用列车无线电将列车数据发送至交通控制员。控制员由此了解实际时间与时间表数据之间的差值，可以了解并告知可能的晚点情况。该信息既可以用于降低晚点率，也可以用于通知乘客修正后的到达时间（图 8.14）。

此外，利用 GPS 运输公司可以实时地追踪货物，而早前的系统只能提供车厢是否在运输途中的信息。

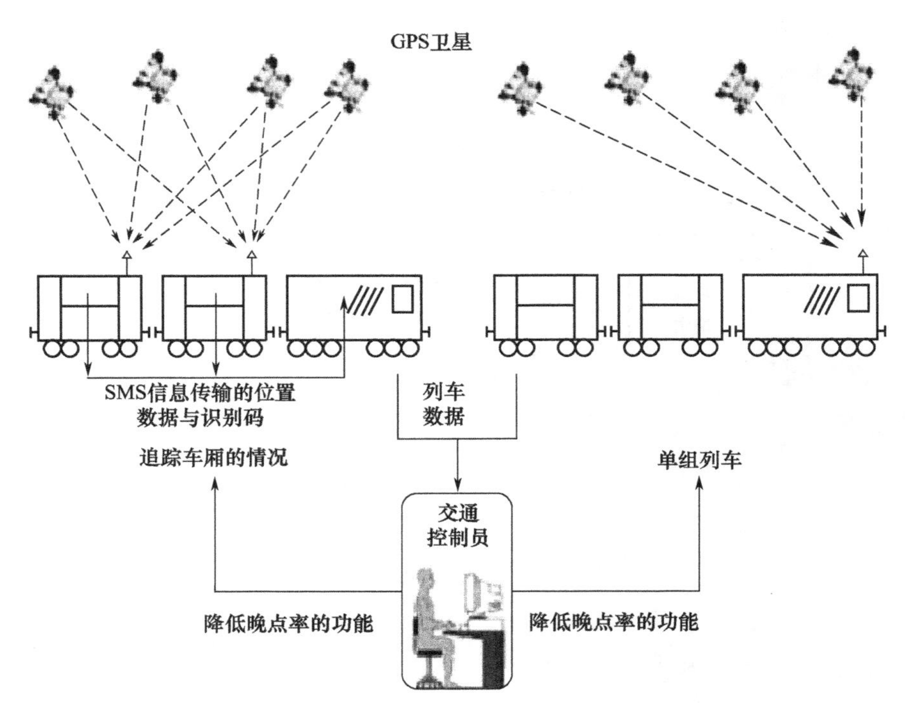

图 8.14 铁路货运类型

在欧洲,欧洲铁路运输管理系统正在成为铁路控制、信号与交通管理的标准[17]。

卫星导航在欧洲铁路运输管理系统的两个分层中扮演重要的角色,即欧洲列车控制系统和欧洲铁路运输管理层,前者处理列车控制与保护问题,后者应对交通管制等非安全相关问题。

欧洲列车控制系统/欧洲铁路运输管理系统中加入卫星导航主要是帮助改进高密度线路的运行,并降低低密度线路和区域线路的成本[34]。

GALILEO 作为一个民用系统,提供了铁路运输的认证、操作透明性和服务保障。导航对服务区的实时性安全监测(安全旗)使得 GALILEO 适用于所有生命安全相关的要求。

欧洲委员会和欧空局支持的多个项目和研究均旨在开发安全相关的全球卫星导航系统应用(表 8.2)[35]。

通过将 GALILEO 接收器与其他传感器相结合,如里程表、应答器和陀螺仪,可以达到很高的安全性要求。

在非生命安全相关的应用领域,许多国家采用卫星导航来进行车队管理,包括英国车队(主要是货运)、法国的 SNCF 以及德国的 DB。

西班牙的加泰罗尼亚政府铁路公司(Ferrocarriles Generalitat Catalunya, FGC)正在实施 SITCAS系统,用于实时地控制列车位置与速度。

表 8.2 欧洲委员会/欧空局铁路运输全球卫星导航系统安全相关项目摘要

项目	说明	测试日期
GADEROS	符合 ERTMS 标准的全球卫星导航系统列车控制系统	2003 年下半年
NTEGRAIL	交通控制与管理用的 EGNOS	2003 年 4 月至 6 月间多次试验
ECORAIL	交通管理用的列车定位	2003 年 9 月
LOCOLOC	低密度线路用的低成本列车定位系统	2004 年年中
RUNE	列车定位于速度传感器的全球卫星导航系统升级项目	2003 年 6 月

德国的 Kaiser - Threde 利用 Railtrac - Kt 系统中现有的卫星导航基础设施进行车厢、集装箱、建筑机械以及其他移动物体的监视与定位。系统采用 GSM 或卫星通信来报告计划为停留或故障。

在生命安全相关领域,研究者正在开发临近警报,即当两辆同一轨道的列车过于接近时发出警报,限速警报则用于监视某一段轨道上的违法超速的行为[17]。

GALILEO 从能源优化利用来说也可以扮演重要的角色。驾驶员经常不考虑节能地改变车速,比如在进入隧道前急刹车而非提前一段距离刹车。列车周边的环境信息在这一方面十分重要,而卫星可以很方便地提供该信息[34]。规划良好的刹车程序可以改进牵引参数,降低牵引能量消耗并减少噪声与粉尘污染。

轨道状态探测是列车安全通行的一项重要任务。良好的探测工作需要精确地定位,以及定位系统和其他测试系统间的时间同步[36]。

正在开发的一些更复杂的应用旨在提升旅客的舒适度,如研究列车过弯道时的倾斜,这需要结合加速度计等传感器的数据和卫星信息[17]。

列车模拟器已经被用于训练驾驶员,旨在提升他们的驾驶技术和降低能耗的能力。模拟器需要列车组成和载荷、机车动力、模拟轨道视频影像和轨道周边几何信息等数据。所有上述信息都可以通过 GPS 很快地获得,GPS 可以按理想精度提供列车位置的三维信息。这需要从 4 个卫星持续接收信号,在快速轨道绘图中这是一个主要限制因素。GPS 提供的数据可以配合惯性仪器使用,如安装在主轴上的坡度感测器、旋转质量陀螺仪和脉冲发生器[37],以弥补 GPS 信号数量或强度不足的情况。

阿拉斯加铁路公司(ARRC)采用了防撞避让系统(CAS),系统基于实时 GPS 定位信息与 VHF 数据无线电通信的综合,目的是避免列车间相撞、保护轨道维护人员以及执行限速规定[38]。管理列车速度和列车行驶规范(如在特定轨道段停留和作业的权利)是系统的关键因素。车载系统持续检查列车位置,并与授权的轨道段进行比对。一旦列车超过该轨道段的限速要求,则启用刹车机制。

8.2.1.5 步行导航

步行导航包括适用于行人和低速运行的设备的所有服务和应用,这些用户需配备便携式接收器。因此,此类应用的特点是对导航设备的体积、重量和人机工程学有特殊要求。此外,由于此类用户要么是站立不动,要么是在室内或室外环境中移动,步行导航必须要提供室内和室外环境的精确定位。对比其他导航的应用环境,其结构、环境与性能特点都需要开发一种新的技术,即能够在不管有没有卫星导航信号的情况下提供导航服务。实际上,由于步行导航的典型应用环境是市区,非常可能需要在无卫星导航信号的条件下工作。这主要是由于用户接收器周围的建筑和其他阻碍物的遮蔽效应,特别是室内的信号弱化/阻隔效应。行人用户通常都在信号阻塞的环境下,因此可用的卫星导航信号非常低。为了克服这个困难,当前的研究方向是将卫星导航系统作为便携设备的主要定位模块,但通过其他替代导航技术来提供定位,大部分是基于航迹推算技术[39-40]。此类技术有双重目的。首先,在有可用卫星导航信号情况下,它们可以提高定位精度。如文献[39]中所述,在无磁场干扰情况下,一个磁罗盘经一个卡尔曼滤波器(包含 GPS 数据和 DR 传感器的综合程序)的误差校正后,可以提供正确的朝向,从而提高定位精度。其次,在无卫星导航信号情况下,它们可以作为卫星导航系统的备用方案,确保提供用户服务。步行导航主要应用于社交环境,而全球卫星导航系统则用于帮助残疾人士。这里列举正在研发的三个应用:盲人、老年痴呆症患者和行动不便人士。

视力受损的人士很大程度上需要依赖视力健全人员的帮助,他们无法在未知和危险的环境

(如市中心)下自主行动。

当前美国和欧洲的研究者分别通过 GPS 和 EGNOS/GALILEO 技术来试图解决这一问题,即利用卫星导航技术来帮助盲人[41-44]。

欧空局正在参与一项旨在改进盲人用 GPS 个人导航器的项目。项目名为 TORMES (图 8.15),由西班牙 Valladolid 的 GMV Sistemas 公司和西班牙国家盲人组织 ONCE(Organización Nacional de Ciegos Espaòoles)共同开发[41]。

欧洲新的导航技术 EGNOS 和 SISNET(见第 4 章)将提高 TORMES 工具的性能。EGNOS 的修正将 GPS 的精度提升至 2m,而 SISNET 技术能够提升 EGNOS 服务,即通过 GSM 连接的互联网来提供 EGNOS 数据。这个新式手持设备将向用户提供他们的位置、路线和导航服务,并能在各种环境下有效运行。ONCE 研发部门主管 Jose Luis Fernandez Coya 曾开玩笑地说:"当盲人打出租车时,他们将能够为出租车司机指路了!"

卫星导航技术还能用于帮助老年痴呆症患者。下文将根据这种疾病初期与晚期患者的区别来介绍不同的应用情况。

在患病初期,老年痴呆症患者可以过着近乎正常的生活,但偶尔会出现突然的失忆情况。一个卫星导航的手持设备编入个人用户信息,可以为患者提供帮助,让他们自主地定位,并通过简单的触屏界面找到正确的道路[44]。

在患病晚期,考虑到患者更加严重的症状,卫星技术可以用于监视患者的情况,并在需要时提供帮助。

图 8.15 TORMES 工具

现在,残疾人自由行动的主要障碍是缺乏或是无法及时地找到这些便利设施。

现在的研究正在考虑是否能够在现有的车载卫星导航工具中加入行动不便人员的路线规划功能[44]。残疾人专用 GIS 可以提供特定的兴趣点、特殊停车位、残疾人专用设施等信息。

8.2.1.6 休闲

在定位系统的多个应用领域中,最近几年休闲部分正变得越来越重要。实际上,休闲部分应用开发的前途还无法估量。GALILEO 和现代 GPS(见第 5 章)提供的新功能使得将有新的、无法预估的服务和应用出现。现有的主要休闲应用包括徒步旅行、定向、飞行和航海。接下来将介绍一些新的应用挑战,作者认为读者们可以研究这些创新领域,而非在这里罗列多篇文章中已经探讨过的领域。

体育界一直都很欢迎新技术的应用,向观众提供特定赛事的即时且详细的信息有助于改进观众体验和该项运动的推广。因此,一些公司开发体育赛事系统时就应用了卫星导航系统提供的精确定位、定速和定时功能。

纽约的 Sportvision 公司专门从事电视体育行业,它与 NovAtel Inc 公司一起开发了一个名为 RaceFX 的 GPS 系统。RaceFX 用于在赛车比赛中在屏幕上实时地显示所有赛车位置[45]。在 2001 年的 Daytona500 比赛中,这项新技术第一次被应用。

在赛车比赛中,系统提供的实时图像说明了赛车位置、速度和时间参数,从而提升了车迷的体验。此外,系统还提供一些有趣的统计数据,如最快赛车的路径,有助于观众更好地理解比赛。

图 8.16 是 RaceFX 系统结构示意图。RaceFX 系统包含四个子系统:GPS、遥感勘测、时间同步和视频显示。第一个子系统是核心,GPS 使得车辆在比赛期间能够自主并持续地确定它们的位置。赛车配备了一个 GPS 接收机和一个 900MHz 的发射/接收器,将车辆数据传输至电视直播中心的控制中心。控制中心处理收到的数据,并生成显示在观众屏幕上的统计数据和图像。

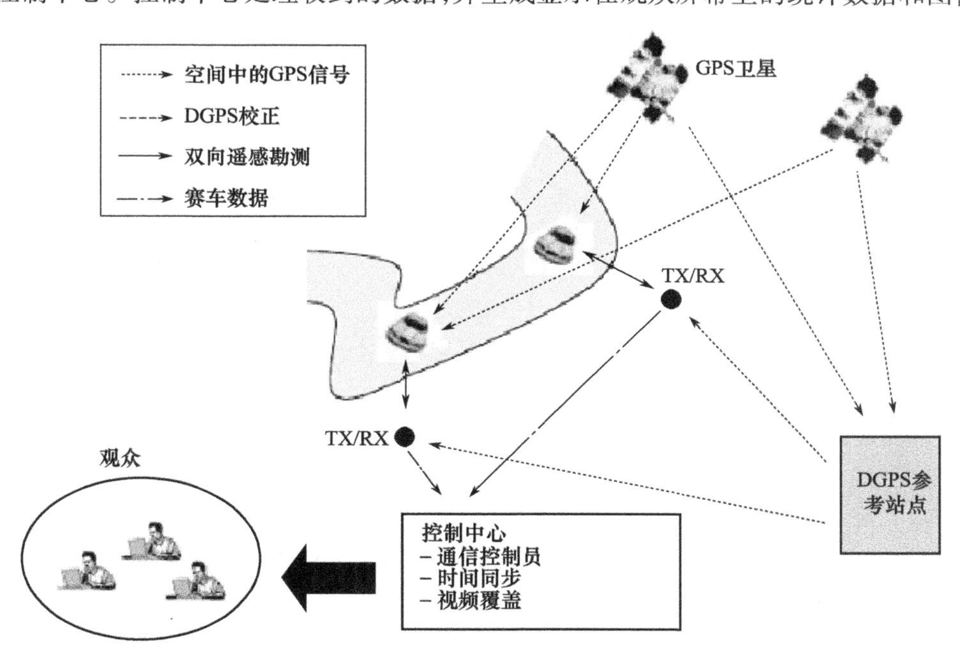

图 8.16　RaceFX 系统示意图

Sportvision 的系统还包含一个先进的遥感勘测系统,遥感勘测包含双向链路。在下行链路上,遥感勘测以 0.5Hz 将一个靠近车道的 GPS 基准站的差分 GPS 修正数据发送至车辆;在上行链路上,则以 5Hz 将车辆数据信息发送至视频子系统。RaceFX 也存在卫星导航系统的典型问题,如需要至少 4 个卫星同时可见(见第 2 章)才能提供三维定位和 DOP 信息。考虑到赛道的特殊性,这些问题是此项应用的关键。DPGS 技术的目的是克服该缺陷并提高精度。此外,关于信号阻塞环境产生的阴影效应,NovAtel 和 Sportvision 的工程师们开发了多个基于赛道计算机模型的技术来降低影响。

滑雪比赛中采用了一项模拟 GPS 技术[46]。这是一个由瑞士工程师开发的工具,在 2001 年 1 月瑞士 Lauberhorn Wengen 世界杯滑雪赛中首次测试。该工具可以确定最佳线路并检查滑雪者在坡道上的表现,从而提升训练效果。图 8.17 是一个包含护腰和头盔的设备,它们分别配备了 GPS 接收机和天线。

芬兰公司 Suunto 开发了一款运动手表,用于帮助高尔夫球员在训练或比赛中提供俱乐部、赛事和球场信息[47]。这款名为 G9 的手表利用 GPS 技术实现时间同步。

图 8.17 基于 GPS 的瑞士滑雪工具(2001 年)

上述设备仅仅是卫星导航在体育领域应用的一些例子。这些技术目的是为运动员、教练和电视观众提供新的分析工具,来帮助提升他们的水平和观众体验[48]。

游客服务是另一个卫星导航系统功能可以大范围应用的领域[49-51]。定位信息可以帮助游客来合理安排时间并更加快捷地抵达旅游目的地。

另一项应用领域是自助游。游客配备一个包含卫星导航接收器和参观地点信息的便携设备。当游客靠近一个景点时,设备开始自动提供相关信息。这项技术可以免去特定地点的参考信息说明。设备提供的定位信息还可以提升旅游的质量。现在一些景点已经采用了这种基于 GPS 的技术,如美国的黄石公园。

8.2.1.7 室内应用

室内环境对于导航应用十分具有挑战性。因此,需要采用专门的技术方案,即将导航系统与移动通信和数据传输系统相结合。卫星导航在室内环境下受到信号弱化效应或墙体隔绝、低 SNR 以及强烈的多径效应的影响。

室内定位系统可以分为三类[35]:

(1) 独立的卫星导航(GPS、GLONASS、GALILEO)或配以增强系统(EGNOS、WAAS、MSAS)以及类卫星导航系统(如伪卫星);

(2) 移动通信与无线电系统(GSM、EDGE、GPRS、UMTS、WCDMA);

(3) 短距离无线电系统(Bluetooth、IrDA、WLAN、DECT)。

满足如下若干条件时,独立的卫星导航系统才可以在室内环境下有效工作:

(1) 拥有大量可用的信号源,如通过安装伪卫星,即类 GPS 的信号生成器,兼容伪卫星的接收器仅需对现有的 GPS 兼容器做少量改动;

(2) 采用在室内环境下穿透和发散效果更好的信号或载体;

(3) 采用新的追踪与解调技术;

(4) 采用网络辅助技术来降低定位任务所需的卫星信号数量;

(5) 使用导频音来降低追踪时间。

在安装伪卫星方面,实验证明可以达到厘米级精度[52]。1999 年,首尔国立大学 GPS 实验室(SNUGL)在一台微型车上安装两个 GPS 天线,车辆可以在室内环境下自主移动。整个系统(图 8.18)包含一个基准站和多个固定在天花板的特定位置的伪卫星[52]。

基准站固定在地面上,用于通过无线数据链向车辆传输载波相位修正数据,车辆则能够利用载波相位差分 GPS 来计算其位置。与室外环境不同,室内导航必须面对近/远问题,即较近的发射器与较远的发射器相互干扰。此外,室内信号传播受多径效应影响。除了上述问题外,伪卫星还存在时间同步的问题(时钟采用温补晶振或 TCXO)。在 SNUGL,一个“主”伪卫星安装在天花板中心来同步接收器的采样时间。近/远问题则通过调节伪卫星信号强度和一个脉冲计划来解决[53]。通过控制伪卫星天线的获取模式来缓解多径效应。最后,还加入了一个周期滑移恢复与自动周期模糊求解功能。

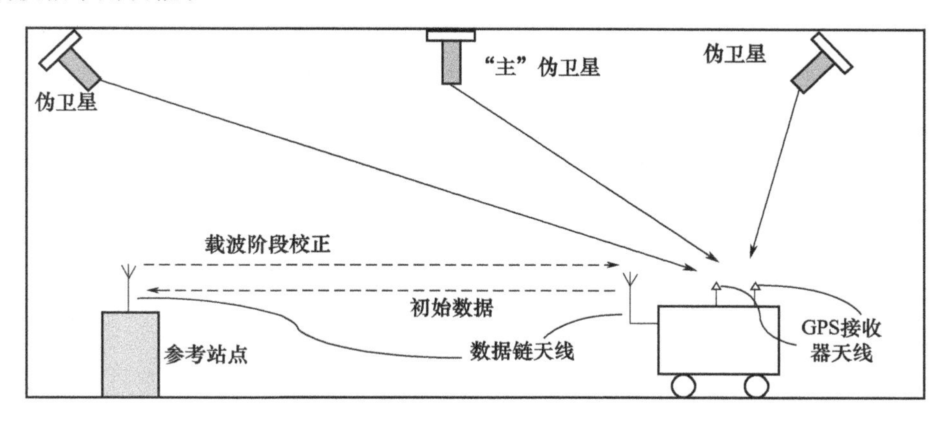

图 8.18 SNUGL 开发的系统示意图

但是,伪卫星在复杂建筑(如办公室)和拥挤建筑(如购物中心)中存在缺陷。问题在于信号的弱化。因此,伪卫星仅能在单独的大房间内提供高精度的导航(如生产车间、机库、大型工厂、室内娱乐场或室内 E-911)。

通常来说,室内环境下的导航用户想要的是一个特定的目标而非一个坐标点。因此,室内导航与信息系统(IGIS)必须提供用户定位和到达特定目的地的路线导航。此外,IGIS 应能够提供移动游客信息、电子支付和电子商务、特定活动实时信息等。

IGIS 必须和室外导航系统协同工作,提供室内和室外环境的无缝转换。IGIS 结构包含多个不同的传输技术,如移动通信、短距离无线电、卫星导航以及 IGIS 供应商,后者将负责数据收集和数据交通管理,而用户终端则作为系统的图像界面(图 8.19)。

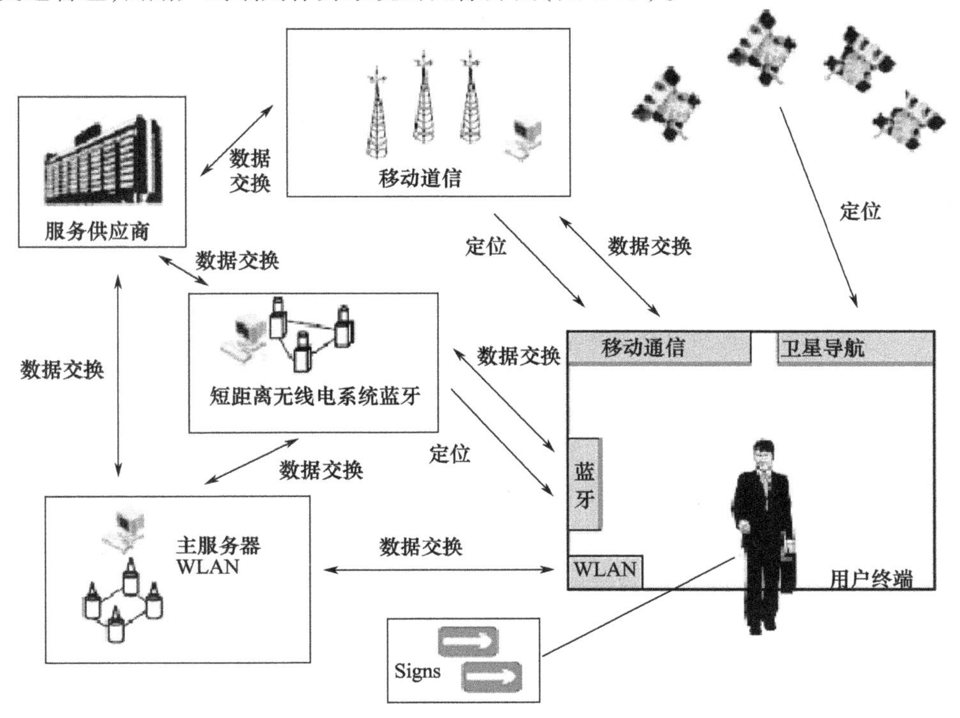

图 8.19 IGIS 系统结构

如前文所述,卫星导航仅仅是室内环境下定位和导航的一项技术,必须与其他技术和方法协同使用。

伪卫星的一个有效替代方案是 GPS 信号重辐射方法[54]。地面接收的信号解调后分入独立的卫星信号,然后再独立调制并通过光纤或同轴电缆发射至重辐射天线组,天线组位于目标空间的恰当位置,如地下(图 8.20)。

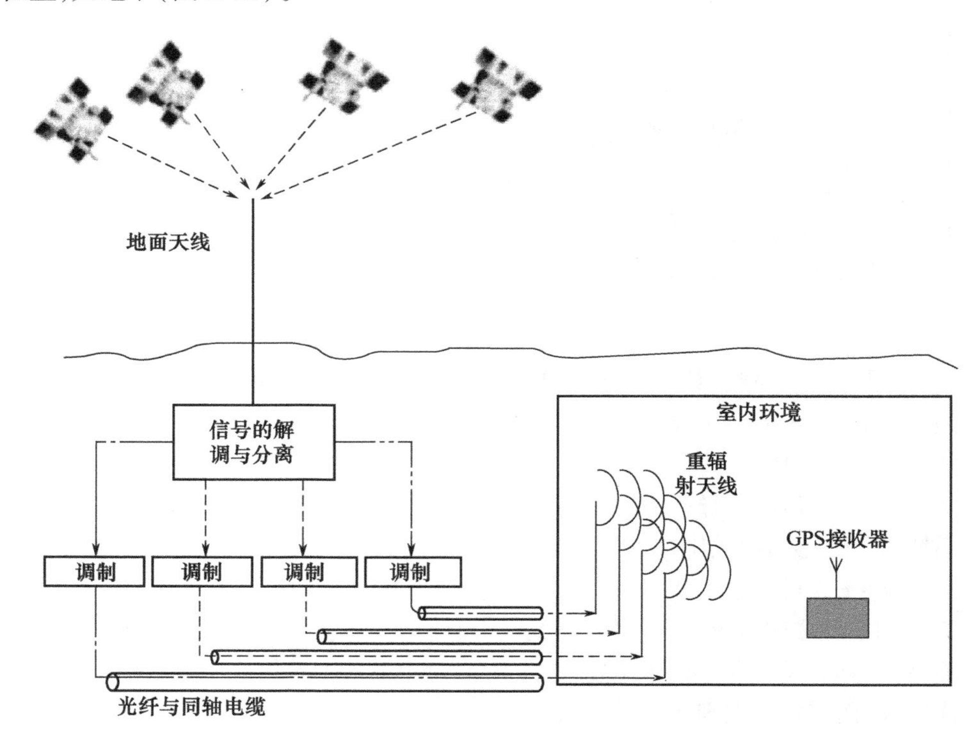

图 8.20　利用 GPS 信号室内重辐射方法

室内 GPS 接收机测量下列三个部件的距离:

(1) 卫星和表面 GPS 接收机之间的距离;

(2) 表面 GPS 接收机和重辐射天线之间连接电缆的长度;

(3) 重辐射天线和室内 GPS 接收机之间的距离。

由于已经知道重辐射天线的位置,可以计算出室内 GPS 接收机的位置。室内环境下还可以添加一个配备 GPS 接收机的参考接收器,其位置必须确定。采用相对计算,可以得出 GPS 接收机的位置,就好像重辐射天线的位置是卫星一样[54]。

在室内环境下,存在的问题包括:

- 近/远问题:可以通过 GPS 信号脉冲、改变重辐射天线的辐射模式或增加接收器的动态距离来解决。
- 多重反射:确定相位距离而非伪距可以得到更好的结果。
- 天线干扰:如果重辐射天线相互间距离很远,则干扰很弱;如果距离很近,则可以采用 CDMA;地面天线间的干扰不会产生实际问题。

GPS 的室内功能可以通过辅助 GPS(A - GPS)结合大量平行校正来实现。

标准的 GPS 接收机需要 1 ~ 2min 来寻找和获取卫星,但如果室内信号弱化它们无法锁定卫星。实际上,在冷启动后,标准 GPS 接收机必须在频率和代码空间上同时进行搜索,其中每个通道(如每个卫星)需要两个相关器(一个早和一个晚),在每个相邻的频率带宽可按顺序搜索

1023个可能的代码延时芯片(图8.21)。每个频率/代码带宽的停留时间不超过1ms,整个搜索的时间才不会过长。但是,较短的停留时间也限制了可探测的信号强度。

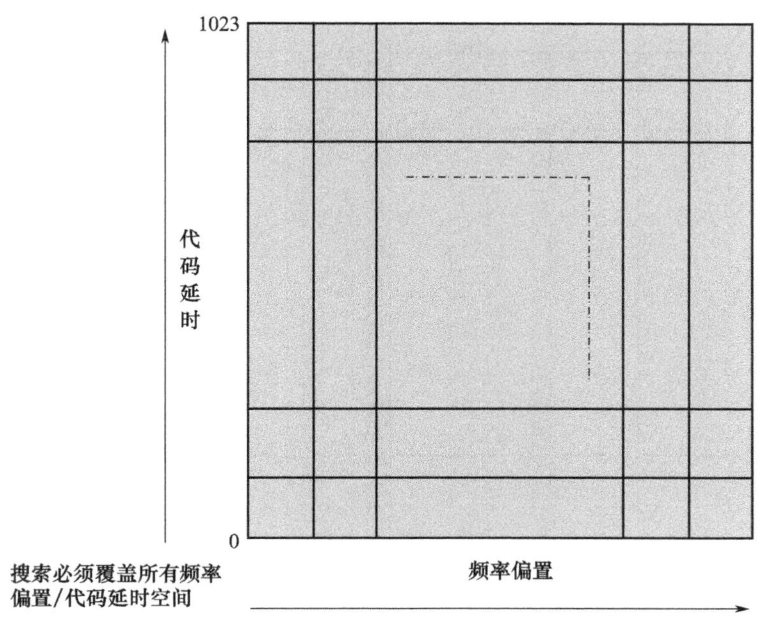

图8.21 频率偏置对比代码延时空间,无辅助校正情况

A-GPS的目的是指示接收器到搜索频率带宽(图8.22),从而帮助接收器缩短获取时间或是增加每个频率/代码带宽上的停留时间,增加敏感度,但还不足以探测在室内环境下的弱GPS信号。

为了达到探测室内GPS信号的效果,需要采用大量平行校正方法。平行地搜索所有可能的编码延迟,接收器可以在每个可能的频率/编码带宽上停留更长时间,达到更好的可探测信号强度[55]。

但是,减少A-GPS获得的频率搜索空间意味着广播轨道信息只在2~4h有效,而其他信息,如预期多普勒频移只能从卫星传输数据中获得。Global Locate开发了一项A-GPS和大量平行校正方法的补充技术,即采用一个全球的参考网络来提供有效期为10天的辅助数据[55],该网络全时追踪所有GPS卫星。Global Locate可以合成轨道模型,提供的A-GPS辅助数据可用时间为广播卫星的80倍。

平行校正的重要性十分明显。移动电话中室内GPS的应用引发了广域大量电话CPU相关器影响的担忧。传统的GPS接收机必须实时地读取、储存和处理关联结果,其载荷随着相关器数量而增加;同时由于其处理的优先级较高,也很难与其他软件任务综合。总之,传统的GPS接收机结构很难成功地用无线CPU接纳GPS软件。Global Locate的技术弱化信号追踪和处理中的软件角色,更多功能交给特定的硬件(图8.23)[56],硬件将卷积和综合结果发送至主机CPU,而一个非实时驱动器则确定GPS的伪距。

移动电话的便捷性也意味着存在耗电问题。大量相关器的平行操作也降低了所需电量,在能耗一致的情况下,其校正时间也短于大量相关器按顺序执行的时间。

室内GPS的性能可以通过改进接收器频率参考来提高,通常采用一个石英晶振[57]。量产的移动电话TCXOs可能存在异常,如微跳(microjumps)和下降(activity dips),两者都是频率的变化,在同样的晶体设计下下降总是出现在大约相同的温度,但缓慢很多。在安全相关的应用,如

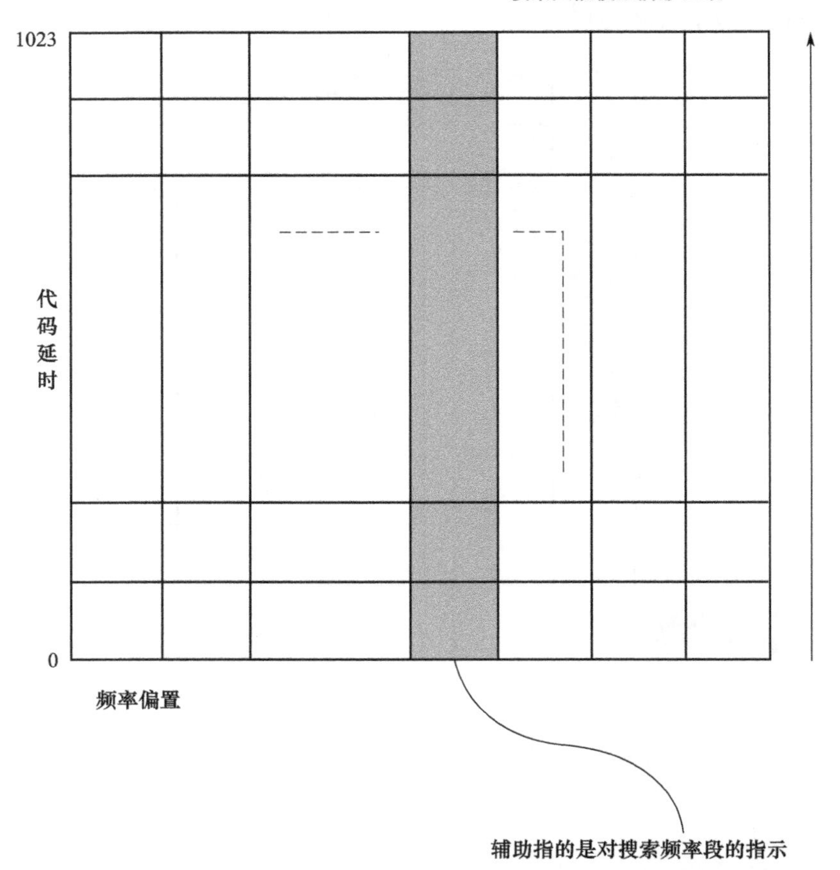

图 8.22　频率偏置对比代码延时空间，有辅助校正情况

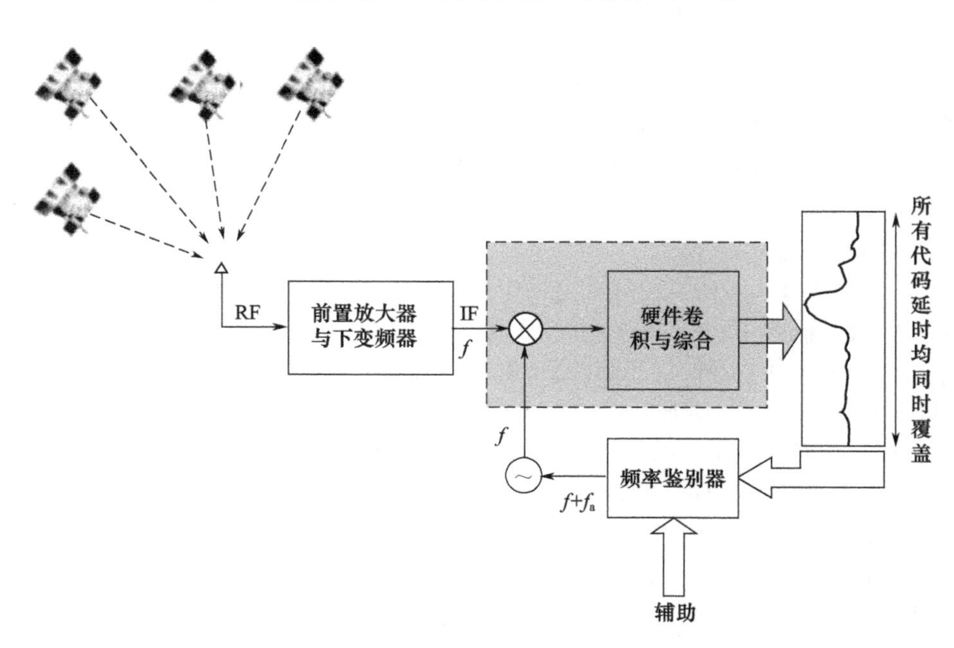

图 8.23　室内 GPS 配合辅助与大量平行卷积的硬件处理方法

E－911 中，微跳十分关键。因此，优秀的接收器性能要求从搜索程序中移除这些频率漂移和漂移率，以应对室内环境下增加的临界点。

8.2.1.8　精准农业

过去几年，在科研与制造部门中精准农业越来越重要。卫星导航系统的不断进步，特别是精确性的提升，使其可以用于精准农业（见第 4 章）。此外，这些进步可以用于开发基于全球卫星导航系统的精确自动导航系统，旨在降低人工数量[58]。

精准农业中的全球卫星导航系统应用包括化学品喷洒控制、土壤健康情况监视、农作物产量监控、农作物耕种面积以及牲畜追踪[20,59－60]。

其中第一项应用，即化学品喷洒的精确管理可以通过配备基于全球卫星导航系统的空中导航系统的特殊飞机实现。精确定位有助于实现最佳喷洒效果并显著提高化学品喷洒程序效率。该应用允许飞行员在指定的区域喷洒肥料、杀虫剂或除草剂，减少人为失误或减少重复喷洒，从而优化燃油和化学品的使用。因此，该技术有利于保护环境和更好地管理农业用地。

土壤健康值控制是商业化农场的另一项关键领域，因为土壤质量对于生产效率十分重要。在这种意义上，全球卫星导航系统可以精确地定位一个土壤样本的来源地，以便对农业区的状态有一个精确和详尽的分析。此外，该信息可以用于制定参考说明，用于帮助农场主高效地处理土壤问题。

全球卫星导航系统技术也可以用于农作物产量监视。通过在收割机上配备基于全球卫星导航系统的工具，可以编制作物产量地图，地图将当前生产率和位置信息结合。地图应说明每种作物面积的产量水平，允许农场主在发现不理想的产量水平后立即采取措施。

最后一项应用，即利用卫星导航系统来追踪作物耕种面积和牲畜。卫星导航系统替代了传统的测量技术，可以向农场主提供他们地块和作物的耕种面积。此外，通过与中央数据库连接的发射应答器，卫星导航系统允许农场主持续地追踪牲畜和产品。这将使农场主的工作更加便利和快速，并可以改善对土地的管理与控制。

综上所述，基于全球卫星导航系统的技术应用于农业部门旨在提高生产率，包括农场生产的质量、数量和效率。这对于生产商和消费者都将有利。

8.2.1.9　能源

GALILEO 项目和现代 GPS 系统中预想到的一项全球卫星导航系统应用与电力相关[61－62]。通过 GALILEO 得到的极其精确的定时数据有助于优化电网上的电力传输。GALILEO 还能帮助配电基础设施的维护，电网上配有许多分散的仪器持续监视其运行，这些仪器的信息用于电网出现故障或弱点时的修复工作，GALILEO 改善仪器的时间同步性，使电网更快恢复正常工作[61]。

8.2.1.10　土木工程与其他应用

土木工程是全球卫星导航系统有重大应用的另一个领域。在该领域，主要应用包括精确结构布局、结构位移和变形监测、道路建设、土地移动以及车队管理[20,63－64]。具体来说，全球卫星导航系统技术和其他通信与电脑系统的结合可以提高工作的质量、效率和速度。

全球卫星导航系统的其他应用可以参考以下例子：

- 天气预报，利用储存在 GPS 标准 RINEX 中的气象数据，如 GPS 大气探测项目（GASP）利用 GPS 来持续监视本地和全球的水蒸发[65]；
- 高精度起重机指导系统，在集装箱港口利用基于 GPS 的自动操作系统[66]。
- 自动车辆定位，在世贸中心的重建过程中，用于瓦砾清除的卡车从装载材料到卸载材料全程均采用该系统[67]。

• 空气污染监测，利用配备空气质量传感器和 GPS 接收机的城市公交来收集空气污染物数据，通过时间和当前公交位置来实现提前交通管理系统，即将车流导向低污染的地区[68]；

• 考古地点的动态测量，用于确定最佳考古方案，避免无用的挖掘[69]；

• 基于地点的加密/解密技术，提供了传统加密技术外的额外安全级别：位置和时间用于加密一段文本，使其仅能在特定地点解密[70]。

8.2.2 水面

为了区分和量化在美国的海上导航安全要求，交通部和国防部将海上导航分为多个区域。其中，联邦无线电导航计划分为 4 个区域：海洋、海岸、港口/入港道以及内陆水域。每个阶段的安全和环境保护要求均显著不同，旨在降低海上撞击、搁浅等。

GPS 可以满足许多海洋和海岸区域的要求；港口/入港道和内陆水道导航的要求更加严格，在 2000 年认为 GPS 达不到要求而将其禁用。不同区域的导航要求主要体现在精确性上；海洋区域的精度要求是 1800 ~ 3700m，海岸区域为 460m，港口/入港道区域为 8 ~ 20m，而内陆水域要求更高。

在港口/入港道区域，船只驾驶需要经常及时地验证其位置，理想航道的偏航会影响驾驶员的决策。这点与海上区域不同，在海上区域只需要相隔数分钟的位置更新。持续的位置验证对于无线电导航服务提供方来说是额外的负担。在执行敏感的机动时，突然的信号问题可能会对船只安全产生重大风险。在港口/入港道区域可靠度规范是 0.997，但是这一规范必须谨慎使用。实际上，确定的精度和更新规范在动态条件下的要求还不确定。此外，由于人员技术、水道条件、船只动能和急流产生的驾驶错误也未明确说明。飞机导航中采用的“误差技术”概念在海上导航设计中还未系统地采用。

无线电导航要求取决于船只大小、机动方式以及该区域的地理条件。即使导航传感器完好，如果机动方式受到水道急流、意外交通、强风和急流的影响，船只驾驶也可能变得不安全。

在开发海洋环境的全球卫星导航系统（当前的 GPS 和差分 GPS）应用时，应特别注意船只的航迹控制性能以及传感器和舰船模型间的互动[71-75]。其他相关功能，如危险警告、风险评估、在线动态制模也是重要因素。

这里需要介绍下美国标准化海上差分 GPS 服务应用的背景知识[76]。在 20 世纪 80 年代早期，美国交通部开始研究 GPS 的民用前景，并很快意识到很多应用要求比 SPS 更高的精确性和可靠性[77]。在 1987 年，确定了海上导航差分 GPS 的绝对精度为 10m。1989 年，Montauk Point 无线电灯塔（纽约）临时改建为差分 GPS 测试广播站。基于 1989 年的成功测试，并为了更全面地评估差分 GPS 在实际环境下的运行，1990 年建立了一个差分 GPS 原型服务。Montauk Point 无线电灯塔也就成为了美国海岸警卫队东北测试点，提供从 Cape Hatteras（北卡罗来纳州）到加拿大之间的精确导航；在此之后，USCG 覆盖了美国的大部分海岸地区。

海岸服务的关键部分是传输差分校正的无线电链接。广泛采用的方法是在现有的低频海上无线电塔台上采用最小移频键控数字数据传输。此外，前置误差探测和校正功能可以降低噪声的影响，提高链接的可靠性，其覆盖范围甚至大于无线电塔台服务的范围[71]。1987 年，美国海事管理局采用差分 GPS、差值 LORAN - C 等方案进行了五大湖地区及 St. Lawrence 水道的评估。此外，还研究了在自动驾驶环境下的传感器动态/噪声特性与船只控制性能之间的互动情况。差分 GPS 和其他无线电导航传感器的驾驶功能被加入一个导航滤波器升级版，并开发了一个优化驾驶控制器[76]。1988 年，海岸警卫队研发中心（RDC）用有经验的驾驶员进行了模拟无线电 - 导航传感器的人为因素仿真，旨在验证“联邦无线电导航计划”中对港口和进港区 8 ~ 20m 的精度要求。结论报告中还包含了在封闭水道驾驶中利用差分 GPS 的其他研究,结果显示需要仔细研究风险评估和危险警告功能,即从雷达、地理数据库和岸基船只交通系统获取的信息。

此问题也涉及水下导航,许多自动潜航器任务需要高度的导航精确性。GPS 可以提供精确性,但应考虑到波浪或下潜带来的 GPS 定位信号丢失可能从几秒到几分钟。设计的一套系统采用低成本的捆绑式惯性测量仪,用于在 GPS 矫正期间进行导航[78]。

如第 5 章所述,海上导航是 GALILEO 的预期应用之一。实际上,公海和内陆水道是全球最重要的运输方式,也是 GALILEO 交通网络的战略目标之一。此外,GALILEO 提供的高精确性和可靠性、可验证的服务以及便利性适用于休闲船只、商船以及所有属于海上生命安全条约范围的船只,系统可以用于所有海上导航阶段和所有天气条件[17]。

除了上述应用外,正在开发的系统还准备在集装箱上配备标准化定位装置,以实现更好的后勤方案;实际上,集装箱的管理对于商业港口的有效运行至关重要,每年到达欧洲港口的集装箱大约为 4000 万个。

8.2.2.1 渔业

近几年,渔业部门的需求正在上升,从日常运行的支持,到渔业船只的导航与定位服务。严格的国际规范要求进入他国领海的船只必须在指定区域受控作业。

渔业活动的长途性和全球性意味着卫星是唯一可靠的导航方式;公海上无障碍物也意味着基于卫星的导航有着理想的环境。现代捕鱼船只(图 8.24)在全球寻找着商业回报,并将常规位置报告(位置、速度、航向)和海洋信息发回至岸基控制中心。国内法和国际法都对违法行为有严格的罚款规定和取消捕鱼权的处罚。

此外,渔民需要精确的位置信息来定位其船只。传统方法通常倚赖撒网的历史知识。自由飘浮和静态设备回传至母船的数据可以提高捕鱼效率。

图 8.24 现代的渔业船只

这是 GALILEO 在陆地/水面分层中的应用方向之一。实际上,除了船只的日常导航和定位外,GALILEO 可以帮助监视渔业资源。通过海洋及其周边环境的数据支持,GALILEO 认证系统使得政府部门能够确认渔船只在恰当的区域作业。

8.2.2.2 石油和天然气

文献[80]报道了一项全球卫星导航系统在水面分层的最新应用。由于从浅层油藏中开采了大量的油和水(1932 年开始),加利福尼亚州长滩的 Wilmingtom 油田很快开始出现下陷。下陷可能会导致市区和港口被淹,水平平面运动加上垂直下陷对现有设施造成了大面积损害,包括油井、管道、道路和美国海军设施。从 1945 年,开始了港口的常规变形勘测,并在 1953 年扩展到市区。最近,该市开始用高精度的 GPS 监视这一现象,这减少了数据收集和处理时间,更及时的下陷信息可以用于预测整个地区的变形趋势。项目包含一个一年两次的移动勘测以及永久性GPS 基站的建设。

石油与天然气行业也可以在很多领域从 GALILEO 系统获益[81]。比如,在海上地震研究中,定位服务可以用于地震测量船和地震拖缆阵与枪阵。这将提高钻井作业的安全性,因为新地址的高清勘测可以确认地理－地形或地球物理风险。钻探平台的定位及其锚泊船也可以从 GALILEO 获益。在平台相关拖船的运输和最终定位、半潜式结构的锚泊以及任何独立的钻井平台,都将提供精确的定位信息,可以确定钻井设施的最终位置,以及平台的精确朝向。值得一提的是,行业的趋势是到遥远的地区开发,而当地没有任何基础设施。这样的地区中,卫星定位和通信就至关重要。实时的数据传输与定位让石油公司可以做出实时的钻井业务决策。GALILEO 提供的完好性信息在接触目标和准备锚泊或下放钻井平台支柱时都至关重要。

8.3 空　中　层

第 4 章和第 5 章介绍卫星导航的空中应用及其相关益处。因此,本章主要介绍与陆地/水面层以及空间层相关的其他应用。但是,考虑到完整性,这里还是总结一下空中层相关的主要成就与特点。

全球卫星导航系统在空中导航中有三个基本角色:

(1) 作为主要导航系统,满足特定空域飞行程序所需的所有要求,而无须采用其他机载导航系统。主系统可以包括一个或多个综合导航传感器(比如,带惯性参考系统的 GPS)[76,81-86]。

(2) 作为可单独使用的补充系统,无须和其他系统进行比对,但是必须配有机载主系统,在补充系统不可用时使用。

(3) 作为导航用的多传感器导航系统,但仅能在与机载主系统比对后使用。

8.3.1　飞机

当 20 世纪 80 年代末,民用 GPS 信号开始使用后,美国社会迅速接受了该技术,并采纳了“最低运行性能规范”和商业及普通航空器标准技术规范。需要说明的是,普通航空器指的是非政府和航空公司固定航班的所有航空器。除了娱乐飞行外,普通航空器还包括飞行训练、运输、测量和农业应用、空中出租车、飞机租赁服务、企业飞行、紧急运输、消防等。

尽管作为一个独立的系统,多数飞机的电子设备还是配备了额外的接收器软件来对 GPS 信号进行校对。这种可靠性(接收机自主完好性监测,见第 4 章)可以作为所有模式的非精密进近飞行的导航补充形式。当 2000 年选择可用性被移除后,接收机自主完好性监测用户迅速得到了更多的服务。但是,即使没有选择可用性,民事用户还是无法期待达到精密进近所需的精度、可靠性或持续性。在没有额外辅助装置情况下,一类、二类和三类精密进近功能(见第 4 章)只能在路基导航辅助下才可用(如仪表着陆系统或微波着陆系统)。

为了减少一类精密进近对地面导航辅助的依赖,美国建立了 WAAS(见第 4 章)。同样,其他辅助系统也在其他地方出现,如欧洲(EGNOS)、日本(MSAS)、印度(GAGAN)以及中国(SNAS)。

由于联邦航空局认证标准以及对安全相关航空系统性能的要求,初始运行能力中 WAAS 的服务水平(横向精度垂直指示)处于非精密进近和一类精密进近之间,可靠性要求处于国际标准一类和二类垂直导航接近之间;2007 年 WAAS 具备全面运行能力,而到 2013 年 WAAS 升级到一类精密系统[35,88-89]。

类似 WAAS 的系统面临的挑战之一是确保为单一频率的民用用户提供可靠的完好性。实际上，电离层对于民用用户是最大的不可补偿误差影响。为了达到一类精密级别的完好性，星基增强系统可能需要大幅减少电离层－延时相关的不确定性，即采用双频编码算法。幸运的是，随着 GPS 的现代化，民用用户将能收到三个编码的频率（见第 6 章）。同样，GALILEO 生命安全服务也是采用双频 GALILEO 信号。至于联邦航空局和国际民航组织航空要求方面，GALILEO 作为一个独立系统，将提供 APV Ⅱ服务模式，即综合 GPS Block Ⅱ升级版，达到一类精密完好性。

全球卫星导航系统在民用航空工业应用进步的第一步无疑就是移除了 GPS 信号的可用性选择；实际上，由于剩余误差源的性质，在正常条件下 GPS 中不存在内在的其他“快速误差”，这就提高了系统的可预见性。假设国防部不打开 SA 开关，民用航空就可以开始将独立的全球卫星导航系统作为主要导航方法。未来全球卫星导航系统发展的重要一步是：创建、开发和立即部署一个全民用、高效的卫星导航系统，如 GALILEO。

上述两项计划的一个有趣平衡点成为民用航空中全球卫星导航系统辅助飞行完全有效的关键。国防部保持 SA 关闭的责任，加上美国和欧洲保持 GPS 现代化与 GALILEO 部署的能力，构成了此航空发展愿景的关键因素。

如 2001 年美国联邦无线电导航系统[90]所述，美国国防部“有责任开发、测试、评估、部署、运行和支持国防所需的导航和用户设备”。国防部与 NIMA、USNO 以及美国空军协同合作。

另外，美国交通部则负责确保民用交通的安全与高效，执行机构包括 USCG、联邦航空局、SLSDC，协同机构包括联邦公路管理局、ITS－JPO、联邦铁路管理局、全国公路交通安全管理局、FTA、MARAD、研究与特殊计划管理局、运输统计局、GPS 跨部门咨询委员会（GIAC）以及民间 GPS 服务联络委员会[90]。具体来说，“联邦航空局有责任开发和运行无线电导航系统来满足所有民用和军事航空的需求，除非军事部门的需求是空战且主要与军事目的相关”。联邦航空局还有责任为国际条约要求的空中导航提供协助[90]。

此外，国防部与交通部有相同的角色和任务，根据“协议备忘录”[91]，“国防部和交通部对避免军事和民用无线电导航系统和服务中的重叠或空白处存在共同责任。要求美国政府及民用用户的军事和民用需求均能以具备性价比的方式得到满足”[90]。

因此，GPS 很可能将继续作为美国军事导航的关键，并将处于美国空军和国防部的控制之下，但是 WAAS 的主要功能依然需要 GPS 空间信号（见第 3 和第 4 章）。美国空军和联邦航空局之间更密切的互动要求更多的部门间合作[35]。

WAAS、EGNOS、MSAS 和 GAGAN 中已部署或规划中的地面参考基站的密度足以满足从 GPS 航空器进行全球卫星导航系统完好性通道广播的要求。地区星基增强系统参与意味着地区政府允许全球卫星导航系统操作员登录它们的编码网络并实时地获取载波测量数据。在这一框架下，WAAS、EGNOS、MSAS 和 GAGAN 是否能向 GPS 和 GALILEO 控制单元提供最及时的可靠测量就尤为关键。此外，运行开支可以由全球卫星导航系统和星基增强系统供应商分担，但也可以由单个组织全部负责。

GALILEO 的出现也对 GPS 产生积极的影响，即为 GPS 控制单元提供了额外的更远地点的初始伪距测量数据。上述测量数据加上区域测量，可以提供真正的全球卫星导航系统频道的全球覆盖，并达到二类垂直导航接近级别。此外，GALILEO 系统额外的测距源增加了 GALILEO－GPS 联合全球卫星导航系统的卫星稳定性，假设 GPS 和 GALILEO 系统都相互同意提供必要的数据交换，则能够达到全球范围的一类精密进近级别[92]。

未来的全球卫星导航系统综合通道应能够降低广播星基增强系统信号所需的卫星所有权或租赁成本。在此之前，主要采用双频民用信号的星基增强系统。一旦 GALILEO 和现代 GPS 卫星系统完全可用，星基增强系统运营商将必须决定是否中断对单频用户设备的支持。

航空器进近中垂直导航服务的连续性,即完成进场全过程的能力,可能由于系统故障或在无故障条件下中断。无故障条件的中断包括无线电频率干扰,即完整数据通道的中断超过了特定时间间隔。在这种情况下,机载电子设备应及时地转向其他完好性通道。目前的星基增强系统设计确保了完好性通道的双重覆盖。

未来在空中层中可用的全球卫星导航系统完好性通道——采用星基增强系统辅助——具备额外的优势[35,92-93]:可以克服通用性障碍,避免全球飞行的飞机的机载电子设备采用独立的接收器来解调不同辅助系统的地球同步广播;高纬度的用户经常碰到地球同步卫星广播信号的接收困难,而从 MEO 获得的全球卫星导航系统完好性通道广播确保了在极端纬度条件下用户可以收到数据,包括两极用户。这将为被派往两极地区进行搜救任务的飞行员获得与中低纬度地区相同的垂直导航服务。

GPS 还被用于多个应用,其中一个与空中相关的应用在文献[94]中有报告。2001 年,联邦航空局警告 San Diego County 机场大量树木侵入跑道入口上空。由于树木对航空的威胁,联邦航空局要求机场进行勘测并对超高的树木进行修剪或移除。由于时间要求严格(两个月)且无预拨款项,加上该地区勘测部门工作繁忙无法在截止日期前完成工作。因此,机场与公共工程部的 GIS 部门决定采用实时差分 GPS 定位、GIS 绘图以及其他测量工具来确定修剪或移除的树木。具体程序包括确定每棵树的位置,在地图上标注以及确定每棵树的高度。因此,GPS 成为解决该问题的关键工具。

GPS 的另一项应用是"9·11 事件"的结果,即被劫持飞机的自动着陆[95]。在这种情况下,驾驶失知制动装置允许驾驶员将导航控制转至一个机载 GPS 自动着陆系统。系统将向空中交通管制中心发送求救信号,在机载数据库寻找最近的合适机场,警告该机场,接收着陆许可并在那里着陆。在上述程序中,机载人员将无法获取飞机的控制权。因此,飞机上的劫机者无法用暴力行为让飞机成为攻击特定目标的导弹。联邦航空局批准的两个 GPS 系统(WAAS 和 LAAS)具备防劫机功能(见第 4 章)。

另外一项可以利用 GPS 的潜在应用是综合惯性导航系统和 GPS 开发一套自主导航系统。研究还关注美国交通部的计划,即在每个 GPS 作为关键交通应用的区域建立足够的备用系统,这是由于大气效应、建筑物信号阻断、通信设备以及潜在的人为干扰(有意干扰)均会对 GPS 产生影响。对于 GPS 的脆弱性有两个方案:在 GPS 受干扰失效时采用足够的地面备用系统(见第 9 章);增加 GPS 对抗有意和无意干扰的耐受力。该研究考虑了两种方案,即评估了低成本的 GPS/INS 组合导航系统也评估了低成本导航级别 INS 在 GPS 失效时的精确性与整体性。研究确定了以下低成本 GPS/INS 的 GA 应用:高级导航显示中的飞行高度和航向基准系统;辅助 GPS 码或 INS 载波追踪环来增加 GPS 干扰裕度,以缓解无线电频率的干扰;在短期 GPS 失效时采用惯性导航系统过渡;以及 GPS 失效后的惯性滑行[96]。

此外,还设计了一项混合式完好性监视方案,用于在 RF 干扰 GPS 环境下的精密进近和着陆,其中包含一个空间环境完好性监视和一个 GPS/惯性接收机自主完好性监测方案[97]。一个飞机导航完好性监视的替代方案也被提出,无需未补偿伪距误差进行假设,但要求测量结果是冗余的。GPS 加上 GALILEO 足以用于进场工作[98]。

空中层的另一项 GPS 应用与降落伞相关。为了验证作战部队将要使用的降落伞货盘设计,美国陆军需要一套实用的记录系统,包含从飞机起飞到地面着陆的全部 x、y、z 轨迹。陆军还需要追踪降落伞设计来确定是否存在过度偏移,以及货物重量和风力对降落地点的影响[99]。这些分析需要降落伞货盘离开飞机时和离开后的动态测量。也就是说需要货盘的连续位置、速度和姿态。对于伞兵来说,速度、姿态变化和位置都至关重要。两套系统都需要着陆地点。两套独立的仪器/数据记录方案被分别采用，但都利用了 GPS[99]。

GPS 的一项军事应用与战术导弹相关[100-101]。高速反辐射导弹是一种空对舰战术导弹。这是一种用于压制敌方防空的主要武器，即探测雷达信号，确认雷达特性并摧毁敌方防空系统，而无需传统精确制导炸弹所需的精确目标数据[102]。高速反辐射导弹没有无线电链接，无法在发射后进行控制与重新设定目标（“发射后失控”的导弹类型）；但是，它可以有多种模式，如自我防护和追踪并摧毁。为了解决上述问题，德国空军和海军、意大利空军以及美国海军联合推动了国际高速反辐射导弹升级项目，旨在为高速反辐射导弹开发和安装一套精确导航升级系统，既提升武器性能又大幅降低“手足相残”的风险（如在战争中误击友方设施）。精确导航升级系统配备一个带选择可用性/防欺骗模块的 GPS 接收机和一个惯性测量单元。

另一项军事应用与物资和设备的空运相关，这是美国军事全球机动性战略的关键部分。在很多情况下，货物和补给的精确空投比运输机着陆更合适[103]。确保降落伞降落在指定地点而不被敌方部队拦截或丢失则十分重要。空投地点计算的关键之一是风向和速度高度比的精确信息。最好还能从飞机或地面追踪空投物资。后者用于确认空投是否成功，并让地面人员更快地找到空投物资，特别是在低能见度条件下。GPS TIDGET 追踪系统非常适合为空投物资提供风力测量信息以及追踪/定位信息[104]。

至于 GALILEO，其实际用途主要与商业空运、地面运输与导航控制以及休闲应用相关。其中商业空运主要包含自由飞行、关键飞行阶段、监视与侦察。关于自由飞行，GALILEO 将被用于商业飞机的所有飞行阶段；在航线飞行期间，GPS 和 GALILEO 都可用可以确保服务的冗余和可靠性。在未来，更高的精确性和服务完好性可以降低繁忙空域的飞机间隔，从而解决交通增长问题。最近几年，全球的计划飞行数量每年增加约 4%。按这一趋势，20 年内航班数量将翻倍。因此，一些网络出现了高压点和瓶颈，即短期需要大幅增加容量。增加容量就需要更为可靠和精确的定位系统以及相关的监视，也就是把 GALILEO 加入现有无线电导航网络。

关键飞行阶段，如起飞与着陆时，商业运营商的主要需求是在所有天气条件下都能运行。因此，精密进近是门对门导航系统（GALILEO）的强制要求，这需要地面辅助系统的帮助（见第 5 章），才能满足航空标准规定的精密进近需求，在系统不足的地区机场可以替代或补充导航基础设施。比如，一些机场未配备仪器着陆系统。在这种情况下，GALILEO 可以帮助提升飞行计划与航线的整体安全性，还能帮助提高跑道容量，即缩短跑道使用时间。这将节约时间和燃油并降低噪声。

关于监控与监视，需要指出的是空中交通控制员需要位置、航向、速度和时间信息来持续管理所有飞机。一些地区缺少必要的地面设施，包括次级雷达和通信链路。比如，加那利群岛的雷达服务就很有限，且无备份。从 GALILEO 获取的飞机导航数据的标准化传输可以达到先进系统和技术的空中交通安全。

在地面运输与导航控制方面，飞机在地面移动时和空中飞行时一样需要空管员协助。机场可能备有地面雷达，但是有时地面移动需要飞行员手动报告，飞机主要靠目视指挥。这个原本认为是安全的阶段就发生过几次事故。GALILEO 及其本地设备和通信链路将改善地面操作的安全性，即建立综合地面移动导航与控制系统。

在休闲应用方面，GALILEO 和卫星导航可以用于各类航空活动，如超轻型飞机和休闲航班，定位信息与通信链接一起可以产生各种应用。

在等待 GALILEO 的部署时，EGNOS 的相关方面可以有效利用[105]。

2003 年在冰岛新的 EGNOS 设施首次使用：这是空中层系统发展的重要一步。冰岛的监控站使 EGNOS 覆盖至北极区域，而这是最繁忙的空中航线之一[105]。

此外，欧空局组织了一项名为 EGNOS TRAN 的研究，即地面区域辅助网络（TRAN）。EGNOS TRAN 概念是通过地面链路广播部分 EGNOS 数据，从而弥补地球同步卫星视线不足的问题[106]。在 EGNOS 卫星信号不可用的地区，EGNOS 数据的散播可以通过地面网络解决（如移动电话网、本地差分网络和 LORAN - C/Eurofix 广播）。因此，可以预计 EGNOS 服务将能用于信号缺乏或断续的地区，如复杂地形、城市区域和高纬度地区，其达到的性能与使用初始 EGNOS 广播一致。EGNOS TRAN 将能为更多的用户和更大的地区提供更好的 EGNOS 服务。在 EGNOS TRAN 计划的应用领域中包括民用飞行、机场地面操作和 ATC。

8.3.2 其他飞行器

GALILEO 的另一项实际应用是热气球与直升机。热气球可以归入 GALILEO 的休闲应用，而直升机则属于系统安全相关的应用。GALILEO 和 EGNOS 信号的生命安全服务可以帮助辅助搜救直升机在恶劣天气着陆，如低能见度和大雾天气，而之前这种情况下直升机是无法工作的[107]。这将提高严重道路事故时的医疗直升机服务能力和水平，而事故通常发生在恶劣天气下：GALILEO 和 EGNOS 技术通常也可以为哪些需要紧急救援的情形提供更多可靠的直升机应用。

在未来，全球卫星导航系统在空中层的潜在应用可能包括高空平台。高空平台是搭载通信中继装置的空中自动驾驶平台，在 15 ~ 30km 的高度上运行。高空平台作为综合网络组成的重要模块，与地面、卫星、同温层部件一同以非共点的方式支持移动用户的高级通信服务[108]，未来高空平台系统中可能存在全球卫星导航系统有效应用的领域。

8.4 空 间 层

低成本的自主导航、在轨机动计划和自主轨道控制都将在全球卫星导航系统应用后变为可能，这将大幅降低任务成本，尤其是人工密集领域的开支，包括航天器的地面计划和人员控制[109]。航天器上搭载全球卫星导航系统接收器可以采用一个重量轻、成本低的传感器用于多个目的：位置、速度、姿态、姿态变化率和时间，降低航天器的成本、能耗以及复杂度。此外，用一个传感器替代多个传感器及其连接器可以显著提高系统可靠性。

地球的非球性以及内部质量的非均衡分布决定了卫星轨道面的旋转。这种效应可以通过三个卫星轴动能的周期校正来平衡，即卫星轴和三个参考轴（俯仰、偏航和滚动）之间的角度。大部分航天器（除了最简单的之外）都采用了某种主动姿态控制方法，采用的制动器包括惯性控制陀螺仪、反作用飞轮、推力器和磁力矩器。姿态控制通常采用星载闭环控制，特别是与地面日常联系时间受限的低轨航天器。特殊情况下，如动量卸载或航天器姿态机动是通过地面进行指挥的，此外，星载系统还将负责一些自动控制。闭环姿态控制需要飞行器方向的传感器反馈。这项任务通常由低成本传感器提供，如磁强计、水平敏感器、太阳敏感器或更昂贵的高性能仪器，包括陀螺和星敏感器。

最近几年，GPS 接收机已经有效地用于低轨卫星的姿态确定[110-117]。GPS 利用一个多天线（两个或两个以上）结构在干涉仪测量模式下获取姿态，多个天线分别位于卫星上的特定位置[109]。

该技术已经被证明既低廉又精确[112-114]。GLOBALSTAR 卫星即采用该方法，用 4 个天线配一个 GPS 接收机来观测相对载波相位[109,118]。计算分为两步：首先确定每个天线的载波间的精确相位差；然后计算本地天线坐标，姿态参数通过本地坐标与相应的卫星坐标计算得出[114]。微小卫星采用三天线系统可以得到优于1°的精度[114]。系统性能基本上取决于接收机的固件、GPS卫星几何构型、多路径校正以及微小卫星的动态与振动。在不远的未来,预计可以提高实时模糊度计算以及卫星姿态的动态实时确定。

带宽、精度和天线位置是全球卫星导航系统闭路姿态传感器相关的关键参数[76]。典型的低精度姿态控制系统的带宽为轨道率的几倍,其定向精度为1°~5°。高精度姿态控制系统的带宽则达到数赫兹,定向精度达到0.1°或更高。GPS姿态系统的更新率在0.1~10Hz,而相关精度很大程度上依赖天线位置和数据处理技术。联合GPS传感器和陀螺仪可以提高精度和带宽。

1993年6月,美国空军支持的RADCAL卫星被发送至800km的极地轨道,GPS姿态传感器的实用性已经得到验证[76]。这个引力梯度卫星包含了两个交叉捆绑的GPS接收机,用于提供差分载波测量来获取姿态数据。其中一个接收器在入轨6个月后损坏。

GPS接收机作为实时姿态传感器还被用于其他航天器上,包括OAST Flyer、Gemstar、REX-Ⅱ、Orbcomm、SSTI Lewis、SSTI Clark以及前文提及的GLOBALSTAR[76,119]。

姿态测定的另一个方案被用于旋转卫星,即采用单一天线,观察GPS卫星信号多普勒偏移的循环变化来计算当前姿态,精度范围达到2°~3°[109]。

接收机可以计算其位置和速度信息。根据轨道类型和任务,计算可以有多种方式。跟踪和导航要求包括:发射与入轨以及再入大气层和着陆时实时的状态信息和主动控制;交会期间航天器之间的实时相对导航;操作与轨道维护的自主站点保持和近实时的轨道状态监测;快速的轨道机动后的恢复;以及事后科学分析中的精确轨道确定[120-127]。轨道精度要求从数百米(或更多)到数厘米不等。

在现有的跟踪系统中,只有GPS能够满足这些动态无法预测的航天器的苛刻需求。GPS信号的波束宽度可到地球周边外3000km,在此高度以下的地球轨道卫星可以持续收到三维覆盖。

在3000km以上,轨道卫星开始失去GPS的覆盖。但是,由于动力学模型误差在高空上很小,动态轨道解法可以保持很强。通过捕获地球另一侧卫星的延伸信号,一个远在GPS卫星上方的轨道卫星仍可以利用GPS。作为备用方案,高处的卫星可以搭载类GPS信号源,用于地面跟踪,而GPS卫星则作为参考点(GPS逆向技术)。

因为低轨和高轨的卫星的跟踪模式和求解技术不同,大椭圆轨道卫星的应用非常具有挑战性,大椭圆轨道可以下降至数百千米高度,也可以升至数千千米高度:在高空阶段,上方和下方GPS配合地面多普勒可以达到很强的覆盖效果[76]。

实时技术属于直接GPS定轨,即只有从轨道器收集的GPS数据才被用于算法中。另一个方案中,精确的事后算法可以采用一个差值GPS方法,即从多个地面地点收集的数据与航天器数据结合来减小主要误差。

在GPS发展的早期就注意到了可以提供精确和自主的卫星定轨。研究表明从近地到地球同步卫星高度以上,直接GPS跟踪的具体应用包括:航天飞机的GPS跟踪、近地自主导航、GPS对比以及NASA的星载导航用的跟踪与数据中继卫星系统(TDRSS)[128-131]。直接GPS跟踪的首次轨道应用是NASA的Landsat-4试验,试验在很短的GPS可见时间窗口内达到了20m的精度[132-134]。

采用差分GPS方法可以达到分米级或更好的精确定轨,最早的报道出现在TOPEX/Poseidon海洋测高任务中,其中采用一个次分米载波相技术[135]。多个应用中低轨卫星和高轨卫星均采用了差分技术[136-138]。

接下来介绍几个GPS接收机在空间的应用示例。

在重力探测B(Gravity Probe B)试验中,航天器上安装了一个4天线6通道的GPS接收机[139]。该设备由 NASA 和斯坦福大学开发,旨在测试爱因斯坦广义相对论中两个未验证的预测。重力探测 B 搭载一个 TANS(Trimble 高级导航传感器),生成实时的导航解析,其中 GPS 接收机将提供精确的初始轨道测量,然后经地面的后续处理产生厘米级的定位、速度和姿态精度。

GPS 还被用于 PRIMA 系统(意大利的多应用可编辑平台),由意大利的 Alenia Spazio 开发。其中集成控制系统提供轨道控制与定轨功能,在额定条件下,通过搭载的设备处理 GPS 传感器数据;在恶劣条件下(如两个 GPS 单元均失效时),则执行次级功能[140]。

NASA 的重力场探测与气象实验(GRACE)任务中,双子卫星在 2002 年 3 月开始其旅程,卫星利用高精度 GPS 测量、微米级的星间链路、精确加速计和精确星载相机来生成地球的重力场地图,达到比现有地图更高的精度。此外,GRACE 旨在测量地球重力场的临时变化[141]。值得一提的是,GPS 地面数据处理系统是达到微米级星间链路的关键技术之一。该任务通过处理 GPS 数据来恢复长波重力场,移除长期振荡频率漂移的误差并标定两个卫星的测量。GPS 的定时功能可以用于精确定轨,其中位置和速度作为时间功能,使轨道精度在每个坐标达到 2cm 以下。轨道和时钟参数中的所有 GPS 数据处理均由为卫星系统专门设计的数据驱动型自动系统完成。

截至目前,大部分 GPS 试验都在低于 GPS 卫星的轨道高度上进行;在这些轨道上,来自航天器上方的 GPS 卫星信号接收良好。当航天器在 GPS 卫星上方的轨道作业时,GPS 信号只能从 GPS 卫星波束范围内的卫星追踪。早期的试验者认为 GPS 卫星只有在地球后方时才可见,如图 8.25所示。但是,美国空军在 Falcon Gold 卫星的一次试验证明可以跟踪 GPS 天线信号的旁瓣(sidelobe)和主瓣(main lobe),从而大幅提高了 GPS 对于空间用户的可见性[109,142]。

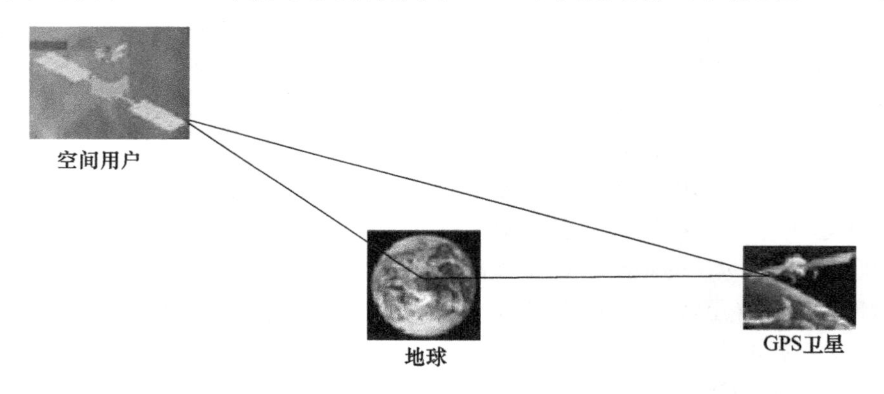

图 8.25　GPS 卫星可见性

试验采用 NAVSYS TIDGET GPS 传感器,收集 GPS 信息快照并转发至地面处理。TIDGET 传感器可以为一个 Centaur 地球同步轨道卫星提供轨道信息(图 8.26)。试验中收集的数据证明可以在轨道的所有阶段追踪 GPS 卫星,即可以从 LEO 到 GEO 卫星接收 GPS 信号。这就意味着可以利用 GPS 来提供轨道信息,用于支持 LEO、HEO 和 GEO 卫星的入轨。

一项与空间相关的全球卫星导航系统应用是在遥感应用中利用 GPS 的时间参考功能。需要指出的是韩国的多功能卫星 KOMPSAT-1,该卫星任务周期 3 年(1999 年 12 月至 2002 年 12 月),出现了卫星时间与 GPS 时间之间的同步异常现象(比如由于 GPS 卫星可见性或 GPS 接收机的问题导致 GPS 信号接收的偏差或短时跳跃),需要实时监视时间误差才能创建最好质量的遥感图像[35]。因此,作为 LEO 遥感卫星的一套完善的时间管理系统,提出了基于 GPS 的时钟同步技术,包括一个延迟锁相环路(DLL)电路和一个前端处理器,该技术准备在 KOPMSAT-2 任务中采用[35]。

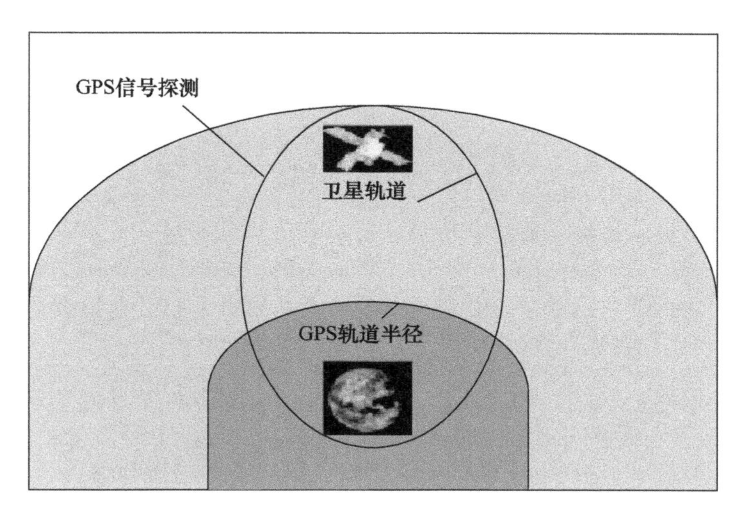

图 8.26　在 Falcon Gold 试验中的 GPS 信号接收

GPS 在航天器中的应用一直都很普遍，特别是美国国防部和 NASA 的任务中[19]。

商用和军事太空系统都要求在发射或在轨提供精确和可靠的卫星定位。当前，发射时的卫星位置由地面监视站跟踪：采用 GPS 低成本的跟踪系统，可以降低整体任务成本，但要求 GPS 用户设备技术上能够处理卫星在发射和入轨时的高旋转速率。数字 GPS 相阵技术应该是低成本技术进步的主要方向。

2002 年，航天飞机项目完成了在航天飞机轨道飞船上采用 GPS 接收机的整合、地面测试和飞行测试。在与现有的战术空中导航（TACAN）单元共同使用后，GPS 终于即将成为航天飞机在轨和入轨阶段的唯一精确导航数据提供方式，这也提高了飞行安全性。航天飞机将不采用 GPS 来确定姿态[143]。1993 年 12 月至 1996 年 5 月间"奋进"号航天飞机上搭载了一套初始版本的备选 GPS 接收机[143-144]。一旦 TACAN 单元被完全替代，航天飞机电脑将在入轨时持续地记录 GPS 状态向量，其速率与飞行阶段相关，但是着陆无须持续更新。在完成 TACAN 的替代后，电脑将继续处理气压高度表的数据。地面雷达追踪将可以作为 GPS 的备用系统，特别是 GPS 接收机或传统导航传感器在入轨前不可用时。

此外，在国际空间站的设计中采用了 GPS 姿态确定。2002 年 4 月，根据位置、速度和姿态确定等关键人物要求，在 ISS 和人员返回舱（CRV）上安装了 GPS 天线。天线安装两天后，这 4 个 GPS 天线的设备开始将 GPS 位置和速度作为国际空间站的导航状态。大约两周后，即完成检测周期后，国际空间站的 GPS 姿态确定功能开始可用。国际空间站姿态确定滤波器将 GPS 接收机的姿态确定信息与国际空间站陀螺仪组的数据结合起来，从而生成国际空间站的姿态。

另一项 GPS 的空间应用与编队飞行相关。在民用和国防太空领域中，编队飞行的情况正在发生剧烈变化，这将使所有未来的太空任务都发生革命性变化，包括地球科学、空间科学、人类探索、国防和商业投资。联合在轨试验和地面工具将提供低成本的编队飞行硬件和软件算法。未来的任务将依赖的太空为基础的 GPS 技术，以及先进的航天器自主技术，这使得在太空建设虚拟平台成为可能[146]。

参 考 文 献

[1] "National ITS Program Plan," ITS America in Cooperation with the U. S. Department of Transportation, March 1995.

[2] "White Paper—European Transport Policy for 2010: Time to Decide," Commission of the European Communities, Brussels, Belgium, September 12, 2001.

[3] "National ITS Program Plan: A Ten - Year Vision," ITS America in Cooperation with U. S. Department of Transportation, January 2002.

[4] Chowdhury, M. A., and A. Sadek, Fundamentals of Intelligent Transportation Systems Planning, Norwood, MA: Artech House, 2003.

[5] Bin, W., et al., "Study on Adaptive GPS/INS Integrated Navigation System," Proc. 2003 IEEE Intelligent Transportation Systems, Vol. 2, Shanghai, China, October 12 - 15, 2003.

[6] Prasad, R., and M. Ruggieri, Technology Trends in Wireless Communications, Norwood, MA: Artech House, 2003.

[7] Ferman, M. A., D. E. Blumenfeld, and Dai Xiaowen, "A Simple Analytical Model of a Probe - based Traffic Information System," Proc. 2003 IEEE Intelligent Transportation Systems, Vol. 1, Shanghai, China, October 12 - 15, 2003.

[8] Liao, Z., "Taxi Dispatching Via GPS," IEEE Trans. on Engineering Management, Vol. 48, No. 3, August 2001.

[9] Commission Communication, "Developing the Trans - European Transport Network: Innovative Funding Solutions—Interoperability of Electronic Toll Collection Systems—Proposal for a Directive of the European Parliament and of the Council on the Widespread Introduction and Interoperability of Electronic Road Toll Systems in the Community," March 23, 2003.

[10] Prasad, R.., et al. "Vehicular Remote Tolling Services Using EGNOS," Position Location and Navigation Symposium 2004, Monterey, CA, April 26 - 29, 2004.

[11] Ochieng, W. Y., et al., "Integration of GPS and Dead Reckoning for Real Time Vehicle Performance and Emissions Monitoring," The GPS Solutions Journal, Vol. 6, No. 4, 2003, pp. 229 - 241.

[12] Cochran, A., "AHS Communications Overview," IEEE Conference on Intelligent Transportation System, Boston, MA, November 9 - 12, 1997.

[13] Wu, J., et al., "Vehicle to Vehicle Communication Based Convoy Driving and Potential Applications of GPS," 2nd International Workshop on Autonomous Decentralized System, Beijing, China, 2002.

[14] Lee, J - S., and Pau - Lo Hsu, "An Object - Oriented Design of the Hybrid Controller for Automated Vehicles in an AHS," IEEE Intelligent Vehicle Symposium, Vol. 1, Singapore, June 17 - 21, 2002.

[15] Report: ATIP02. 022, Mobile Internet Navigation Services, Asian Technology Information Program (ATIP), May 29, 2002.

[16] Styles, J., N. Costa, and B. Jenkins, "In the Driver's Seat," GPS World, October 1, 2003.

[17] "Business in Satellite Navigation," ESA/EC, March 2003.

[18] Cramer, M., "On the Use of Direct Georeferencing in Airborne Photogrammetry," Proc. 3rd Intl. Symp. Mobile Mapping Technology, Cairo, Egypt, January 3 - 5, 2001.

[19] Kaplan, E. D., (ed.), Understanding GPS: Principles and Applications, Norwood, MA: Artech House, 1996.

[20] El - Rabbany, A., Introduction to GPS: The Global Positioning System, Norwood, MA: Artech House, 2002, pp. 141 - 144, 149 - 150.

[21] Ash, T., et al., "GPS/Inertial Mapping (GIM) System for Real Time Mapping of Roadways Using WADGPS," ION Fall Meeting, Palm Springs, CO, September 1995.

[22] Grejner - Brzezinska, D. A., and C. K. Toth, "Driving the Line—Multi - Sensor Monitoring for Mobile Mapping," GPS World, March 1, 2003.

[23] Abwerzger, G., "Georeferencing of Laser Scanner Data Using GPS Attitude and Position Determination," Proc. 3rd Intl. Symp. Mobile Mapping Technology, Cairo, Egypt, January 3 - 5, 2001.

[24] Favey, E., et al., "3 - D Laser Mapping and Its Application in Volume Change Detection of Glaciers," Proc. 3rd Intl. Symp. Mobile Mapping Technology, Cairo, Egypt, January 3 - 5, 2001.

[25] Mohamed, A., and R. Price, "Near the Speed of Flight," GPS World, March 1, 2002.

[26] Maxfield, H. E., "Recent Developments in Seafloor Mapping Capabilities," Hydro International, Vol. 2, No. 1, January/February 1998, pp. 45 - 47.

[27] Langley, R., et al., "Mapping the Low - Latitude Ionosphere with GPS," GPS World, February 1, 2002, based on the paper: "The Low - Latitude Ionosphere: Monitoring Its Behavior with GPS," 14th International Technical Meeting of the Satellite Division of the Institute of Navigation, Salt Lake City, UT, September 11 - 14, 2001, pp. 2468 - 2475.

[28] Kiss, G. K., "The Use of Modern Satellite Systems in the Railway Traffic," Periodica Polytechnica Ser. Transp. Eng., Vol. 28, No. 1 - 2, 2000, pp. 123 - 130.

[29] Sauer, S. J., "Burlington Northern Santa Fe GPS Survey Project," American Railway, 1997 (quoted by G. K. Kiss, "The Use of

Modern Satellite Systems in the Railway Traffic," Periodica Polytechnica Ser. Transp. Eng. , Vol. 28, No. 1 - 2, 2000, pp. 123 - 130).
[30] Hartberger, M. , "Train Influence System by ALCATEL," Eisenbahnsicherungstechnik, 1999.
[31] Gruller, R. , "NAVSTAR - GPS, the Global Positioning System," Eisenbahn - Revue, Vol. 5 and 6, 1997, and Vol. 1 and Vol. 2, 1998, pp. 1 - 2.
[32] "The Little SANDY is Very Big in Collecting of Data," Deine Bahn, Vol. 8, 1999.
[33] Renken, J. , "Passenger Security and Satellite - Based Positioning in S - Bahn Berlin," Siganl + Draht, Vol. 3, 1996.
[34] "Rail Applications," GALILEO Applications Sheets, May 2003; http://europa. eu. int/comm/dgs/energy_transport/galileo/applications/rail_en. htm.
[35] Rycroft, M. , (ed.), Satellite Navigation Systems: Policy, Commercial, and Technical Interaction, Boston, MA: Kluwer Academic Publishers, 2003.
[36] Glaus, R. , et al. , "Precise Rail Track Surveying," GPS World, March 1, 2004.
[37] Leahy, F. , M. Judd, and M. Shortis, "Measurement of Railway Profiles Using GPS Integrated with Other Sensors," IEE Vehicle Navigation & Information Systems Conference, Ottawa, Canada, 1993.
[38] Schiestl, A. J. , "A Sense of Place," GPS World, March 1, 2004.
[39] Jirawimut, R. , et al. , "Visual Odometer for Pedestrian Navigation," IEEE Trans. on Instrumentation and Measurement, Vol. 52, No. 4, August 2003, pp. 1166 - 1173.
[40] Jirawimut, R. , et al. , "A Method for Dead Reckoning Parameter Correction in Pedestrian Navigation System," IEEE Trans. on Instrumentation and Measurement, Vol. 52, No. 1, February 2003, pp. 209 - 215.
[41] "More Autonomy for Blind People Thanks to Satellite Navigation," European Space Agency, June 2003; http://www. esa. int/export/esaSA/SEMVQOS1VED_navigation_0. html.
[42] Ladetto, Q. , and B. Merminod, "In Step with INS," GPS World, October 1, 2002.
[43] Petrovski, I. G. , et al. , "Pedestrian ITS in Japan," GPS World, March 1, 2003.
[44] "Applications for People with Disabilities," available on GALILEO Web site http://www. europa. eu. int/comm/dgs/energy_transport/galileo/applications/disability_en. htm.
[45] Milnes, K. , and T. Ford, "Real - Time GPS FX On - Screen Positioning of Racecars," GPS World, September 1, 2001.
[46] Skaloud, J. , et al. , "With Racing Heart," GPS World, October 1, 2001.
[47] http://www. suunto. com.
[48] Lambert, M. , and R. Santerre, "Performance Monitoring with RTK GPS," GPS World, February 1, 2004.
[49] Lohnert, E. , et al. , "Wireless in the Alps," GPS World, March 1, 2004.
[50] http://www. europa. eu. int/comm/dgs/energy_transport/galileo/applications/leisure_en. htm.
[51] Mikkola, C. , "GPS Wherever You Go," GPS World, August 1, 2003.
[52] Kee, C. , et al. , "Centimeter - Accuracy Indoor Navigation Using GPS - Like Pseudolites," GPS World, November 1, 2001.
[53] Kee, C. , et al. , "Development of Indoor Navigation System Using Asynchronous Pseudolites," Proc. of ION GPS - 2000, Salt Lake City, UT, September 19 - 22, 2000.
[54] Isshiki, H. , et al. , "Theory of Indoor GPS by Using Reradiated GPS Signal," ION NTM 2002, San Diego, CA, January 2002.
[55] van Diggelen, F. , "Indoor GPS Theory & Implementation," IEEE Position, Location & Navigation Symposium, Palm Springs, CA, 2002.
[56] van Diggelen, F. , and C. Abraham, "Indoor GPS: The No - Chip Challenge," GPS World, September 1, 2001.
[57] Vittorini, L. D. , and B. Robinson, "Optimizing Indoor GPS Performance," GPS World, November 1, 2003.
[58] Lenain, R. , et al. , "A New Nonlinear Control for Vehicle in Siding Conditions: Application to Automatic Guidance of Farm Vehicles Using RTK GPS," Proc. of the 2004 IEEE International Conference on Robotics & Automotion, New Orleans, LA, April 2004.
[59] "Agriculture and Fisheries," GALILEO Application Sheets, June 2002; http://www. europa. eu. int/comm/dgs/energy_transport/galileo/index_en. htm.
[60] Deimert, K. , and R. Mailler, "A Good Host," GPS World, January 1, 2004.
[61] "GALILEO—The European Programme for Global Navigation Services," ESA Publication Division, Noordwijk, the Netherlands, May 2002.
[62] Stergiou, P. , and D. Kalokitis, "Keeping the Lights On," GPS World, November 1, 2003.
[63] Kijewski - Correa, T. , and A. Kareem, "The Height of Precision," GPS World, September 1, 2003.

[64] Wong, K. - Y., K. - L. Man, and W. - Y. Chan, "Real Time Kinematic Spans the Gap," GPS World, July 1, 2001.
[65] Reigber, C., et al., "Water Vapor Monitoring for Weather Forecasts," GPS World, January 1, 2002.
[66] Langley, R., D. Kim, and S. Kim, "Shipyard Giants," GPS World, September 3, 2002
[67] Menard, R. J., and J. L. Knieff, "GPS at Ground Zero," GPS World, September 2, 2002.
[68] Bahr, D., F. Schöttler, and C. Schlums, "Save Your Breath," GPS World, May 2, 2002.
[69] Pomogaev, O., "Egypt's Hidden Depths," GPS World, November 1, 2002.
[70] Scott, L., and D. E. Denning, "Geo - Encryption," GPS World, April 1, 2003.
[71] Enge, P. K., M. Ruane, and L. Sheynblatt, "Marine Radiobeacons for the Broadcast of Differential GPS Data," Proc. IEEE PLANS, 1986.
[72] Sennott, J. W., and I. S. Ahn, "Simulation of Optimal Marine Waypoint Steering with GPS, LORAN - C, and RACON Sensor Options," Proc. ION NTM, Santa Barbara, CA, January 1988.
[73] Amerongen, J., et al., "Model Reference Adaptive Autopilots for Ships," Automatica, Vol. 11, 1975.
[74] Astrom, K. J., and C. G. Kallstrom, "Identification of Ship Steering Dynamics," Automatica, Vol. 12, 1976, p. 9.
[75] Fung, P., and M. J. Grimble, "Dynamic Ship Positioning Using a Self - Tuning Kalman Filter," IEEE Trans. on Automatic Control, Vol. 28 Issue 3, March 1983, pp. 339 - 349.
[76] Parkinson, B. W., and J. J. Spilker Jr. (eds.), "Global Positioning System: Theory and Applications," Progress in Astronautics and Aeronautics, American Institute of Aeronautics and Astronautics, Vols. 163 and 164, 1996.
[77] Hartberger, A., "Introduction to the US Coast Guard Differential GPS Program," Proc. IEEE PLANS, Monterey, CA, March 2002.
[78] Bachmann, E. R., et al., "Evaluation of An Integrated GPS/INS System for Shallow - Water AUV Navigation (SANS)," Proc. IEEE PLANS, Atlanta, GA, 1996.
[79] "Agriculture and Fisheries," GALILEO Applications, ESA/EC, June 2002.
[80] Rutledge, P. D., et al., "GPS Monitors Oilfield Subsidence," GPS World, June 4, 2004.
[81] Hogle, L., "Investigation of Potential Applications of GPS for Precision Approaches," Navigation, Vol. 35, No. 3, 1988.
[82] Swider, R., R. Loh, and C. Shively, "Overview of the FAA's Differential GPS CAT. Ⅲ Program," Proc. of the Symposium on Worldwide Communications, Navigation, and Surveillance, Reston, VA, April 1993.
[83] Till, R. D., V. Wullschleger, and R. Braff, "GPS for Precision Approaches: Flight Testing Results," Proc. Institute of Navigation Annual Meeting, Cambridge, MA, June 1993.
[84] Pilley, H. R, and L. V. Pilley, "Collision Prediction and Avoidance Using Enhanced GPS," Proc. ION GPS - 92, Albuquerque, NM, September 1992.
[85] Nilsson, J., "Time - Augmented GPS Aviation and Airport Applications in Sweden," GPS World, April 1992.
[86] Massoglia, P. L., M. T. Pozesky, and G. T. Germana, "The Use of Satellite Technology for Oceanic Air Traffic Control," Proc. of the IEEE, Vol. 77, No. 11, 1989.
[87] Donohue, G., "Vision on Aviation Surveillance Systems," Proc. IEEE International Radar Conference, Atlanta, GA, 1995.
[88] Davis, M. A., "WAAS is Commissioned," SatNav News, Vol. 21, November 2003, pp. 1 - 2.
[89] McArthur, P., "Clear Skies Ahead," IEEE Spectrum, Vol. 39, No. 1, January 2002, pp. 79 - 81.
[90] "2001 Federal Radionavigation Systems," U. S. Department of Defense, U. S. Department of Transportation, 2001.
[91] "Memorandum of Agreement Between the Department of Defense and the Department of Transportation on Coordination of Federal Radionavigation and Positioning Systems Planning," January 19, 1999.
[92] Fyfe, P., et al., "GPS and GALILEO—Interoperability for Civil Aviation Applications," Proc. ION - GPS 2002, Portland, OR, September 2002.
[93] Bretz, E. A., and J. Kumagal, "Aerospace&Military," IEEE Spectrum, Vol. 37, No. 1, January 2000, pp. 98 - 102.
[94] Mc Camic, F., "Cleared for Take - Off," GPS World, July 1, 2003.
[95] Luccio, M., "GPS and Aviation Safety," GPS World, October 1, 2002.
[96] Soloviev, A., and F. van Graas, "Application for General Aviation," GPS World, March 1, 2004.
[97] Gols, K. L., and A. K. Brown, "A Hybrid Integrity Solution for Precision Landing and Guidance," Proc. IEEE PLANS, Monterey, CA, April 2004.
[98] Misra, P., and S. Bednarz, "Navigation for Precision Approaches," GPS World, April 1, 2004.
[99] Strus, J., et al., "15 Tons 1500 Feet 4 Gs—Airdrop Behavior of Parachuted Cargo Pallets," GPS World, April 1, 2003.
[100] Mc Neff, J., "GPS in Aerial Warfare—A Matter of Precision," GPS World, September 1, 2003.

[101] Russel, M. , and J. M. Hasik, "The Precision Revolution: GPS and the Future of Aerial Warfare," Naval Institute Press, June 2002.

[102] Loffler, T. , and J. Nielson, "More Precise HARM—GPS/INS Integration to Improve Missile," GPS World, May 1, 2002.

[103] Caffery, D. E. , and A. Matini, "Test Results of GPS Dropwindowsonde and Application of GPS in Precision Airdrop Capability Using the TIDGET GPS Sensor," Proc. ION – GPS – 96 Conference, Kansas City, MO, September 1996.

[104] Vella, M. R. , "Precision Navigation in European Skies," IEEE Spectrum, Vol. 40, No. 9, September 2003, p. 16.

[105] "Iceland Part of Europe' s First Satellite Navigation System," ESA News, December 2003, http://www. esa. int.

[106] Redeborn, J. , et al. , "Applicazioni Aeronautiche e GIS di EGNOS TRAN/Aeronautical and GIS Applications of EGNOS TRAN," Atti Istituto Italiano della Navigazione, No. 173, December 2003, pp. 41 – 63.

[107] "GALILEO Applications—Aviation," ESA/EC, No. 007, October 2002.

[108] Cianca, E. , and M. Ruggieri, "SHINES: A Research Program for the Efficient Integration of Satellites and HAPs in Future Mobile/Multimedia System," (invited paper), Proc. WPMC, Yokosuka, Japan, October 2003, pp. 478 – 482.

[109] Brown, A. , "Space Applications of the Global Service Positioning and Timing Service," Proc. Richard H. Battin Astrodynamics Conference, College Station, TX, March 2000, Paper No. AAS – 00 – 269.

[110] Joihi, C. A. , O. Eric, and P. H. Jonathan, "Experiments in GPS Attitude Determination for Spinning Spacecraft with Non – Aligned Antenna Arrays," Proc. 9th International Technical Meeting of the Satellite Division of the Institute of Navigation, Nashville, TN, September 1998, pp. 1743 – 1750.

[111] Purivigraipong, S. , M. J. Unwin, and Y. Hashida, "Demonstrating GPS Attitude Determination from UpSat – 12 Flight Data," Proc. 11th International Technical Meeting of the Satellite Division of the Institute of Navigation, Salt Lake City, UT, September 2000.

[112] Susan, F. G. , "Attitude Determination and Attitude Dilution of Precision (ADOP) Results for International Space Station Global Positioning System (GPS) Receiver," Proc. 11th International Technical Meeting of the Satellite Division of the Institute of Navigation, Salt Lake City, UT, September 2000, pp. 1995 – 2002.

[113] Unwin M. J. , et al. , "Preliminary Orbital Results From the SGR Space GPS Receiver," Proc. 10th International Technical Meeting of the Satellite Division of the Institute of Navigation, Nashville, TN, September 1999, pp. 849 – 855.

[114] Dai, L. , K. Voon Ling, and N. Nagrayan, "Attitude Determination for Microsatellite Using Three – Antenna Technology," Proc. IEEE Aerospace Conference, Big Sky, MT, March 2004.

[115] Lu, G. , et al. , "Attitude Determination in a Survey Launch Using Multi – Antenna GPS Technologies," Proc. National Technical Meeting, The Institute of Navigation, Alexandria, VA, 1993, pp. 251 – 260.

[116] Lu, G. , et al. , "Shipborne Attitude Determination Using Multi – Antenna GPS Technologies," IEEE Trans. on Aerospace and Electronic Systems, 1994, pp. 1053 – 1058.

[117] Hoyle, V. A. , et al. , "Low – Cost GPS Receivers and Their Feasibility for Attitude Determination," Proc. National Technical Meeting, the Institute of Navigation, San Diego, CA, 2002, pp. 226 – 234.

[118] Sacchetti, A. , "GPS for Orbit and Attitude Determination: Hardware Design and Qualification Plan for Spaceborne Receiver," Proc. ION – GPS – 94, Salt Lake City, UT, September 1994.

[119] Cohen, C. E. , et al. , "Space Flight Tests of Attitude Determination Using GPS," International Journal of Satellite Communications, Vol. 12, September – October 1994, pp. 427 – 433.

[120] Axelrad, P. , and B. W. Parkinson, "Closed Loop Navigation and Guidance for Gravity Probe B Orbit Insertion," Navigation, Vol. 36, 1989, pp. 45 – 61.

[121] Hesper, E. T. , et al. , "Application of GPS for Hermes Rendezvous Navigation," Spacecraft Guidance, Navigation and Control Systems, ESA, 1992, pp. 359 – 368.

[122] Axelrad, P. , and J. Kelley, "Near – Earth Orbit Determination and Rendezvous Navigation Using GPS," Proc. IEEE PLANS' 86, Las Vegas, NV, November 1986, pp. 184 – 191.

[123] Chao, C. C. , et al. , "Autonomous Station – Keeping of Geo – Synchronous Satellites Using a GPS Receiver," Proc. AIAA Astrodynamic Conference, Hilton Head, NC, August 1992, AIAA CP – 92 – 4655, pp. 521 – 529.

[124] Lichten, S. M. , et al. , "A Demonstration of TDRS Orbit Determination Using Differential Tracking Observables from GPS Ground Receivers," Proc. 3rd AIAA Spaceflight Mechanics Meeting, Pasadena, CA, February 1993, Paper No. AAS 93 – 160.

[125] Yunck, T. P. , et al. , "Precise Tracking of Remote Sensing Satellites with the Global Positioning System," IEEE Trans. on Geoscience and Remote Sensing, Vol. 28, 1990, pp. 108 – 116.

[126] Schreiner, W. S. , et al. , "Error Analysis of Post – Processed Orbit Determination for the Geosat Follow – On Altimetric Satellite U-

sing GPS Tracking," Proc. AIAA Astrodynamic Conference, Hilton Head, NC, August 1992, Paper no. AIAA CP - 92 - 4435, pp. 124 - 130.

[127] Munjal, P., W. Feess, and M. P. V. Ananda, "A Review of Spaceborne Applications of GPS," Proc. of ION GPS'92, Washington, D. C., September 1992, pp. 813 - 823.

[128] Farr, J. E., "Space Navigation Using the Navstar Global Positioning System," Proc. Rocky Mountain Guidance and Control Conference, Keystone, February 1979, Paper no. AAS 79 - 001.

[129] Van Leeuween, A., E. Rosen, and L. Carrier, "The Global Positioning System and Its Applications in Spacecraft Navigation," Navigation, Vol. 26, 1979, pp. 204 - 221.

[130] Kurshals, P. S., and A. J. Fuchs, "Onboard Navigation: The Near - Earth Options," Proc. Rocky Mountain Guidance and Control Conference, Keystone, CO, February 1981, pp. 67 - 89.

[131] Jorgensen, P., "Autonomous Navigation of Geosynchronous Satellites Using the Navstar Global Positioning System," Proc. National Telesystems Conference, NTC '82, Galveston, TX, November 1982, pp. D2. 3. 1 - D2. 3. 6.

[132] Wooden, W. H., and J. Teles, "The Landsat - D Global Positioning System Experiment," Proc. AIAA Society Conference, Danvers, MA, August 1980, AIAA CP - 80 - 1678.

[133] Heuberger, J., and L. Church, "Landsat - 4 Global Positioning System Navigation Results," Proc. AIAA Astrodynamic Conference, Part I, Lake Placid, NY, August 1983, AAS Paper 83 - 363, pp. 589 - 602.

[134] Fang, B. T., and E. Seifert, "An Evaluation of Global Positioning System Data for Landsat - 4 Orbit Determination," Proc. AIAA Aerospace Science Meeting, Reno, NV, January 1985, AIAA CP - 85 - 0286.

[135] Ondrasik, V. J., and S. C. Wu, "A Simple and Economical Tracking System With Sub - Decimeter Earth Satellite and Ground Receiver Position Determination Capabilities," Proc. 3rd International Symposium on the Use of Artificial Satellites for Geodesy and Geodynamics, Ermioni, Greece, September 1982.

[136] Ananda, M. P., and M. R. Chernick, "High - Accuracy Orbit Determination of Near Earth Satellites Using Global Positioning System (GPS)," Proc. IEEE Plans '82, Atlantic City, NJ, December 1982, pp. 92 - 98.

[137] Wu, S. C., "Orbit Determination of High - Altitude Earth Satellites: Differential GPS Approaches," Proc. 1st International Symposium on Precise Positioning With the Global Positioning System, Rockville, MD, April 1985.

[138] Yunck, T. P., W. G. Melbourne, and C. L. Thornton, "GPS - Based Satellite Tracking System for Precise Positioning," IEEE Trans. on Geoscience and Remote Sensing, Vol. 23, July 1985, pp. 450 - 457.

[139] "GPS Onboard the Gravity Probe B," GPS World, April 26, 2004.

[140] Ritorto, A., et al., "PRIMA Capabilities for DAVID Communication Experiment," Proc. IEEE Aerospace Conference, Big Sky, MT, March 2002, Paper No. 4. 0902.

[141] Dunn, C., et al., "Instrument of Grace—GPS Augments Gravity Measurements," GPS World, February 1, 2003.

[142] Powell, T., et al., "GPS Signals in a Geosynchronous Transfer Orbit: Falcon Gold Data Processing," Proc. the Institute of Navigation National Technical Meeting, San Diego, CA, January 1999, pp. 575 - 585.

[143] Goodman, J., "Parallel Processing—GPS Augments TACAN in the Space Shuttle," GPS World, October 1, 2002.

[144] Goodman, J., "Space Shuttle Navigation in the GPS Era," Proc. of the Institute of Navigation National Technical Meeting, Long Beach, CA, January 2001, pp. 709 - 724.

[145] Gomez, S. F., "Flying High—GPS on the International Space Station and Crew Return Vehicle," GPS World, June 1, 2002.

[146] Leither, J., et al., "Formation Flight in Space—Distributed Spacecraft Systems Develop New GPS Capabilities," GPS World, February 1, 2002.

第9章 与现有和未来系统的集成

9.1 引 言

如第8章所述,基于卫星的导航系统目前已经应用于多个系统,未来的相关应用将更为广泛。尽管如此,在某些情况下,如在城市的峡谷地区或者在露天矿区,用户接收机可能也无法跟踪所需要的最少卫星数量。

但是,通过集成其他定位系统或传感器,GPS的信号受阻问题现已成功得以解决。全球卫星导航系统的增强并不局限于传感器集成。实际上,系统可通过基于计算机的相关工具进行增强,如使用地理信息系统(见第8章)进行有效的数据收集分析。在此背景下,“集成”一词意为帮助全球卫星导航系统提高性能,减少其固有的限制(被动集成方式)。甚至有报告称,GPS在气压高度计和钟滑动方面的提高也是提高导航接收机自主完好性监测(见第4章)功能的一种方式。

集成,同样可用作相反的模式,用作其他系统的固有支持,帮助其他系统提高性能和效用(主动式集成)。其中一个例子是手机通信系统。由于某种原因,手机通信系统精确定位呼叫源位置[1-2]的能力有所受限。这种限制在紧急情况下可能是至关重要的。如,在美国几乎一半的911紧急呼叫电话经由手机拨打,在很多情况下并不能获取精确的电话呼叫地理位置。这对于接线员有效派遣支援造成了巨大困难。移动网络的不断积极进展正推动着定位系统的高度综合,以便为终端用户提供更为先进、可靠和有效的服务。

本章内容涵盖集成的可能模式和方法,以及可与全球卫星导航系统相融合的诸多系统类型和技术。实际上,现已确定两种系统类型:其他导航系统和通信系统。在导航系统当中,3类系统经受考量:地面导航系统、卫星导航系统和机械导航系统。在通信系统方面,无线网络和全卫星网络与应急专用网络一并进行分析。

9.2 与其他导航系统的融合

9.2.1 无线电导航系统

9.2.1.1 地面系统

地面无线电导航系统可根据其最大工作范围进行分类。该距离严格参照无线电波传播的频率范围。表9.1显示了这种相互关系,并指出了因电磁波的传播方式不同,最大工作范围将随着传播频率的升高而减小:地波和天波用于低频传播,而直达波传播(视距链)则用于高频传播[3-4]。

在本书中,地面无线电导航系统可分为3大类:

(1)远程系统(LRS):专用于海洋导航(在海上飞行和海上航行阶段),其具有低精度范围(500m~10km)的特性。

(2)短/中程系统(SRS/MRS):专用于内陆飞行和沿岸海上航行阶段,其最优精度范围在100~500m之间。

(3) 着陆系统(LS):专用于飞行着陆阶段,其具有高精度或极高的精度,精度范围在 100 ~ 10m,10 ~ 1 米之间或更高。

表 9.2 显示了当前所使用、主要的地基无线电导航系统。

表 9.1 最大工作范围和传播频率之间的关系

频率	传播	距离范围
甚低频(VLF)	地波和天波	高达 2000km
低频(LF)		
甚高频(VHF)	直达波	50 ~ 400km
特高频(UHF)		

表 9.2 地面无线电导航系统

远程系统(LRS)	短程/中程系统(SRS/MRS)	着陆系统(LS)	传播频率范围
LORAN - C			低频
	ADF/NDB		低频,中频
	VOR		甚高频
		ILS	甚高频,特高频
	DME		特高频
	TACAN		特高频

尽管目前在系统层次真正可进行集成的只有 LORAN - C[5-8],但表 9.2 所显示的导航系统都具有与全球卫星导航系统集成的潜在可能性。实际上,在中期设想中,全球卫星导航系统将成为主要的空中、海上和路面导航系统,所有的地面导航将协助提供有效备份[6]。

下一节内容主要讨论 LORAN - C 的主要特性,尤其是该系统与其他系统被动式及主动式集成的相关内容。

本章内容仅限于说明已与全球卫星导航系统进行集成或正在进行集成的一类系统,其他地面无线电导航系统不在本章考虑范围内。尽管如此,为推动与全球卫星导航系统进行集成的宏远设想,本章对自动测向机/无方向信标(ADF/NDB)、测距仪(DME)、“塔康”(TACAN)战术导航系统和仪表着陆系统(ILS)进行了简要说明。此类系统主要用于机载环境,要求对相关无线电信标塔台具有持续可见性,以及一个地面全球范围的无线电信标网络用以保障全球导航服务。由于空中用户必须根据无线电信标位置而按照预设的路线进行飞行,这明显削弱了空中交通环境的效能和安全,造成了该模式的主要缺陷。基于该原因,第 10 章内容指出当前的空中交通管理(ATM)研究主要集中于自由飞行的未来概念,旨在帮助空中用户摆脱地面设施的限制进行自由飞行。在这当中,基于全球卫星导航系统的技术及其宽范围覆盖能力将起到关键作用。

自动测向机/无方向信标包含 2 个子系统:自动测向机接收机和无方向信标发射机站。自动测向机接收机通过处理无方向信标发射的无线电信号,帮助用户确定信号发射源的方向。自动测向机接收机使用 2 个天线拦截信号,进而确定信号来源方向,其中 1 个轴线与用户的经度线平行(例如飞机在航空应用方面),另 1 个天线轴线与第 1 个天线轴线交叉垂直。在用户仪表面板上显示的方向信息使用术语“方位角”表示角度,最大误差为 5°。如图 9.1 所示,使用线段连接用户和无方向信标站,而方位角 γ 则表示该线段与用户真北方向的顺时针夹角。

无方向信标站包含 1 个无线电发射机、1 个天线连接装置以及 1 个天线。无方向信标一般设在适合飞行路径和飞机起降的固定点上。无方向信标可根据需求或预设的时间间隔,向各个方向的自动测向机发送信号。信号传播频率在 190 ~ 1800kHz 范围之间(低频和中频无线电波段)。此外,每个无方向信标向用户发送的信号中均设有 1 个使用三个字母表示的识别码。识别码用摩尔斯电码表示[3-4]。

方位角同样可以使用全方向信标(VOR)系统表示。该系统提供的方向信息最大误差为 3°,小于无方向信标的 5°最大误差值。全方向信标系统的传输频率范围在 108.0 ~ 11.95MHz 之间。全方向信标系统设施同时发射 2 个信号。其中 1 个信号为无方向信号,另 1 个信号以 30r/min 的速度围绕站点旋转。2 个信号在传输过程中形成关于用户方位角均值相等的相移(见图 9.1)。机载装置在接收到 2 个信号后,可通过区分 2 个信号估算周相移动,进而确定方位角信息[3-4]。

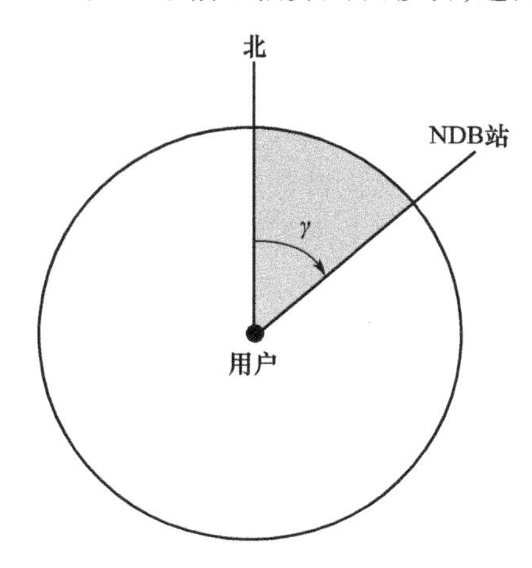

图 9.1 方位角定义

测距仪系统大量用于机载环境以进行距离测量,更确切地说是用于确定移动用户到测距仪地面站点之间的距离。测距仪地面站点通常与全方向信标地面设施共同部署在同一地点(测距仪/全方向信标站点)。测距仪在特高频范围内操作(960 ~ 1215MHz),并以时间测量单位为基础。测距仪用户发射机应答器通过在随机时间间隔内发射 2 个脉冲来确定其与地基测距仪发射机应答器之间的距离。地面发射机应答器以 50μs 的固定延迟 t_d 回传脉冲。测距仪用户接收机拦截回送信号后,估算脉冲传播和接收之间经历的时间 t_e[3-4]。距离 d 的计算方法如下所示(9.1):

$$d = (t_e - t_d) c \frac{1}{2} \tag{9.1}$$

其中,c 表示真空中的光速。

TACAN(“塔康”战术导航系统)系统为军用的全方向信标和测距仪系统。TACAN 系统同时提供方位角和距离,其计算原则与全方向信标系统和测距仪系统类似。TACAN 系统地面设施通常与全方向信标设施部署在同一站点(VORTAC 站),并可与测距仪系统兼容,因此在 VORTAC 站点,测距仪系统可由 TACAN 系统替代。在此种情况下,民用用户实际上分别使用 VORTAC 站点的全方向信标系统和 TACAN 系统设施来确定方位角和距离信息[3-4]。

仪表着陆系统系统是最为常见和广泛使用的精确进近系统[3-4]。仪表着陆系统为飞机在最终跑道上的对准和下降提供着陆路径。仪表着陆系统包括 3 个功能部件:

(1) 导航信息:定位信标,滑翔道;

(2) 距离信息:标记信标,测距仪;

(3) 视觉信息:进场指示灯,着陆和中心线指示灯,离场指示灯。

定位信标装置为 1 个 VHF 甚高频发射机,是仪表着陆系统的主要部件。定位装置在 108.10 ~

111.95MHz 范围内有 40 个可用信道,信道之间具有 50kHz 的间隔。发射机和天线部署在跑道终端 300m 以外的位置。定位信标装置提供横向导航,帮助飞行员确定跑道的中心线。发射机通过调节跑道中心线左右两侧 2 个扇形模式的信号,来识别跑道上方垂直的平面(定位信标飞机)。左侧信号调节至 90Hz 以识别所谓的“黄色”区域;右侧信号调节至 90Hz 以识别所谓的“蓝色”区域。两个扇形信号识别的两个区域在中心位置具有重叠,该重叠区提供路线信号,帮助飞行员确定在跑道中心位置飞行。

滑翔道装备提供飞行着陆阶段的垂直导航,帮助飞行员识别理想的着陆路径。滑翔道装备包括 1 个极高频发射器和 1 个天线系统,安置在机场跑道入口之后 750 ~ 1250ft 之间,距离跑道中线 400 ~ 600 英尺。滑翔道,类似定位信标装置,设有 40 个可用信道,其工作频率范围在 329.15 ~ 335.00MHz 之间,每个信道之间设有 150kHz 的间隔。滑翔道的工作原理与定位信标工作原理类同。实际上,发射机通过在最优滑翔道上下两侧,产生两个调制频率在 90 ~ 150Hz 之间的重叠波束,以确定在最优滑翔道路径上的等面积信号区。该重叠区可确定位于合适滑翔道路径上下厚度 0.7 之内的滑翔道平面。滑翔道的倾角取决于特定的机场环境,然而典型的倾角是在水平面以上 3°。

离场距离是由信标指示灯提供。这些指示灯可通过确定进场路径上的预设置点来提供距离信息。ILS 系统确定 3 个信标:外指点信标、中指点信标、内指点信标。指点信标为低功率发射机,可垂直发射工作频率为 75MHz 的波束。某些情况下,指点信标可由 DME 取代。

下面介绍 LoRAN - C 系统。

20 世纪 70 年代,美国和加拿大政府官方宣布开始使用远程导航系统。该系统由美国和苏联(苏联方面的系统称为 Chayka)共同研制,时间长达 30 年(1945 年至 20 世纪 70 年代),主要用于军事方面的海上和航空导航。目前,LORAN - C 系统已可覆盖整个北美地区(美国大陆和沿海区、阿拉斯加大部分地区和加拿大海域)、欧洲沿海区、东亚大部分区域,其中包括北大西洋、北太平洋、地中海和白令海。

其地面部分包括多个全球站点(LORSTA,远程导航地面站点),可定时传输一组 8 个脉冲,其中心频率为 100kHz(低频波段)。远程导航地面站点被分组成链。每个地面链设有 1 个独立的组重复间隔(GRI),时间在 50 ~ 100ms 之间。每个地面链也设有 1 个主站,2 ~ 5 个副站(典型的配置包括 3 个副站)。在各个地面链内,主站和副站的各个发射机将同步,按照每个组重复间隔发射一组脉冲。LORAN - C 系统的定位概念主要基于双曲线法。LORAN 系统用户接收机则跟踪这些信号,并确定接收到主站和各副站脉冲组的时间差。每一组站点,主站和副站的脉冲信号接收时间差可为用户确定一组定位线(LOP)。2 个定位线的交叉点则确定了用户的位置(见图 9.2)[3-4,9]。

LORAN - C 系统具有绝对的准确率(即用户根据地理坐标估测位置的准确率),误差范围在 400m 左右。其准确率受到地波传播效应的影响和限制(天波传播由于电离层效应的不确定性不适用于此),从而导致了不同的误差。

如此前所述,LORAN - C 系统的性能可通过集成全球卫星导航系统进行提高。在此情况下,一些研究已调查了使用 GPS 完成以下内容的可能性:

- 进行跨链同步;
- 校准 LORAN 传播误差;
- 联合伪距测量。

首份研究检视了 GPS 所提供的时间传播能力,用以同步不同发射链站点[5]。LORAN - C 系统,实际上只提供同一条链上的信号的精确同步,允许接收机计算特定链上的脉冲时间差。这明

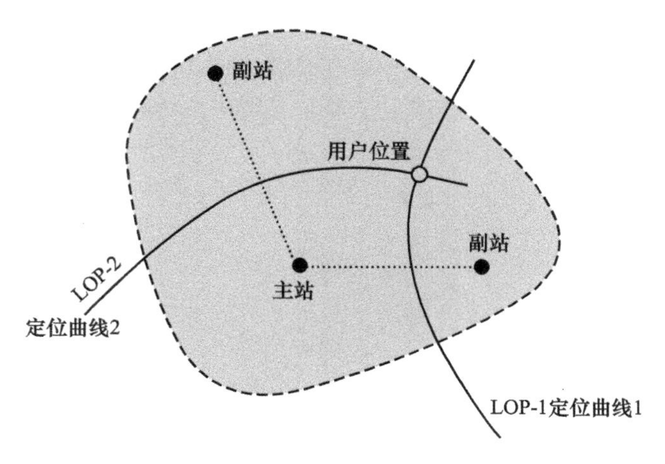

图 9.2 LORAN - C 系统曲线方法

显地限制了系统覆盖面,尤其是在接收机无法完全跟踪同一链上的信号时。例如,在发射机失效时,或在喧闹环境下,此种情况可能发生。但通过使用 LORAN - C/GPS 集成接收机,可解决这种限制。在这种情况下,GPS 信号的同步可实现对“跨链”时差进行计算。此项技术可增加 LORAN - C 系统的覆盖面。

此处讨论的第二项主动集成手段旨在校准 LORAN 系统传播的不确定性,以提高 LORAN 系统的绝对精度[5]。如之前所述,LORAN - C 系统的定位概念是基于到达时间测量,主要系统误差是由于信号传播效应。LORAN 系统信号的总传播时间(t_{TOT})计算公式如下

$$t_{TOT} = t_{PF} + t_{SF} + t_{ASF} \tag{9.2}$$

t_{TOT}是指 LORAN 信号在没有边缘效应的大气中以光速传播的时间,而 t_{SF} 和 t_{ASF} 分别表示信号经过所有水域和地面路径所需要的附加时间。确定 t_{ASF}时间最为重要,其数值严格取决于传播地形结构(以传导性系数表示)、LORAN 脉冲传播的距离,以及天气情况。通过使用 GPS 定位校准可获得对 t_{ASF}的准确评估,因而帮助用户形成校准表格并在 LORAN 接收机的合适软件中使用,以估算精确的信号 t_{TOT}时间。此项技术称为 GPS 校准,通过校准传播的不确定性来提高 LORAN - C 系统的绝对精度。此前,在缅因湾已经对 GPS/LORAN 进行了测试。

第三项研究主要针对信息层面的主动集成方式。在此方面,GPS 能力用于提高 LORAN 系统的可用性、可靠性和绝对精度[5]。更为准确地说,考虑到用户装备的混合性,此项技术可通过结合 GPS 伪距和 LORAN 估测来提升 LORAN 系统的性能。数据可以按两种方式进行结合:GPS 伪距和 LORAN 时间差,或者 GPS 伪距和 LORAN 伪距。为准确综合 GPS 和 LORAN 数据并实现最大效益,有必要避免 2 个导航系统间的未知时间偏移。因此,需要同步所有的 LORAN 系统接收机,但目前 LORAN - C 尚无法解决此项需求。此外,此项技术的成功受制于 GPS 信号的可获取性,因此在 GPS 信号覆盖较弱的区域,此项技术的性能提高不够明显。

LORAN - C 系统的集成方式同样可适用于被动式集成。在此情况下,LORAN - C 系统所提供的能力可用以提高全球卫星导航系统的性能。尤其是 LORAN 系统的传播性能可用于缺乏全球卫星导航系统信号的环境中。全球卫星导航系统的一项众所周知的问题是 L 波段信号在信号受阻环境中缺乏穿透力,尤其是在城市地区,信号要么受到阻碍,要么受到人造结构反射。因此,在此环境下,全球卫星导航系统性能,尤其是其精度严重下降。与此相反,由于其信号波长(等于 3km)要大于建筑群的尺寸,低频 LORAN - C 信号传播并不会受到建筑物地区影响,因此可用于提高全球卫星导航系统性能。在此框架下,代尔夫特大学在 20 世纪 90 年代制定和开展

了一项研究,基于 LORAN - C 技术[7-8],建立了一个欧洲全球卫星导航系统增强系统,称为 Eurofix。Eurofix 是一个集成式导航系统,结合了 LORAN - C 和差分全球卫星导航系统(见第 4 章)。该系统使用 LORAN - C 信号向全球卫星导航系统用户传播差分校正和完整性信息。Eurofix 系统结构参见图 9.3。

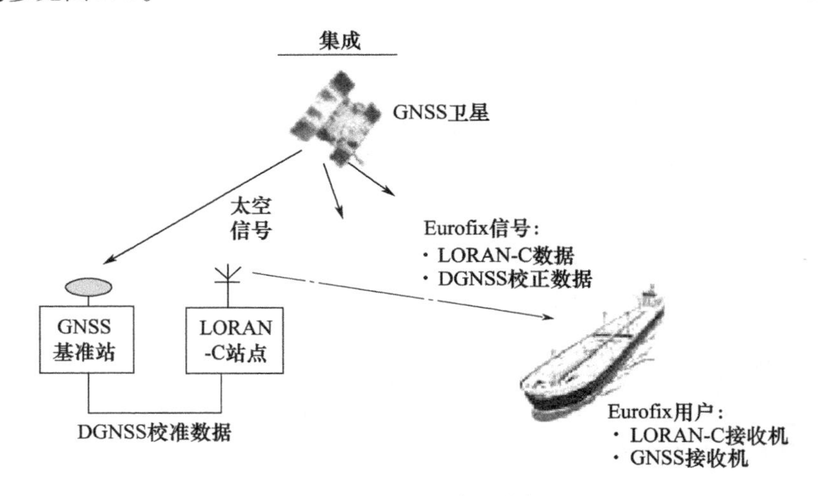

图 9.3 Eurofix 系统结构

该校正数据由低频/远程数据信道进行传播。该信道设有 LORAN - C 脉冲三级时间调制。由于 LORAN - C 基础定位精确性不会受到新应用调制的影响,因此 Eurofix 相较于其他增强系统(见第 4 章),在全球卫星导航系统中断的情况下可提供完整导航备用系统,其所提供的全球卫星导航系统定位精度误差在 5m 之内。Eurofix 目前仍处于测试中,其信息使用西北欧"罗兰"系统(NELS)的四个发射站(Bø,Værlandet,Sylt,Lessay)进行传播,提供整个西北欧地区的 DPGS 覆盖。参见图 9.4。

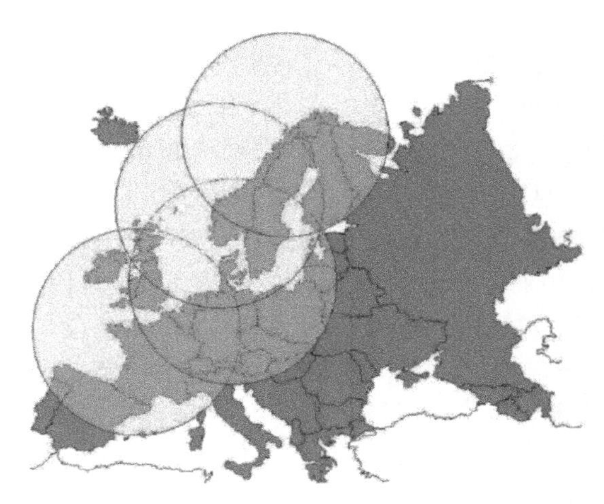

图 9.4 Eurofix 覆盖区域

9.2.1.2 卫星系统

在分析全球卫星导航系统与其他导航系统进行集成时,有趣的一面在于涉及基于卫星的导航系统自身的相互集成能力。目前在全球范围人类生活的大部分领域,全球卫星导航系统服务已得到了广泛应用和认可,各种系统的"活跃"共存拓展了其在时间、空间和性能方面的效能。

由于 GPS 是首个也是目前应用最广泛的全球卫星导航系统,因此比较适合考虑 GPS 和其他现有全球卫星导航系统,如 GLONASS(见第1章),以及未来 GALILEO 系统的集成问题和综合特性。GALLILEO/GLONASS 系统集成问题详见第5章。

如第1章所述,GLONASS 系统在卫星星座参数、组织结构以及信号结构方面与 GPS 存在诸多相似性。但不同于 GPS,每个 GLONASS 卫星在 L1 波段(原始范围在 1602 ~ 1615.5MHz 之间,现在为 1598.0625 ~ 1604.25MHz 之间以避免与近地轨道卫星无线电产生干扰,其无线电频率范围与 L1 波段原始范围相同或相近)和 L2 波段(原始范围在 1246 ~ 1256.5MHz 之间,现在为 1242.9375 ~ 1247.75MHz)上传输自身的载波频率。这种变换显示每组 GLONASS 卫星必须使用相同的 L1 和 L2 波段频率。但每组卫星是对跖的,因此必须放置在地球上对立的两端。这导致的结果是用户无法同时看到2个卫星。GLONASS 代码对于所有卫星都是相同的。因此,GLONASS 接收机使用频率而非代码来区分卫星。两组代码类型(P 和 C/A)的传播率分别为 5.11Mbit/s 和 0.511Mbit/s,而导航信息则为一组 50bit/s 的数据流。如第1章所述,尽管 1996 年完成了卫星星座建设,GLONASS 卫星的数量每年仍在减少。目前,被称为 GLONASS - M 的新一代卫星正帮助系统恢复全面工作。GLONASS - M 11L 卫星,于 2003 年 12 月步入轨道,已完成了其轨道内测试,并投入部署使用。GLONASS - M 12L 也已于 2004 年 12 月发射[10]。

GPS 和 GLONASS 系统可有效集成以提高几何学和定位精度,尤其是在卫星可见性低的情况下,如在城市地区。值得提到的是 GLONASS 信号——与 GPS 相反——不会被选择可用性或反欺骗所干扰。在 GPS 采用选择可用时,GPS 和 GLONASS 系统的联合使用可极大(大约4倍)改进单独使用 GPS 所产生的水平和垂直误差。在没有选择可用性时,单独使用 GPS 和使用 GPS 加 GLONASS 集成系统的性能在精度方面几乎没有什么差别[5]。

一些问题必须要加以解决以实现集成系统的有利使用[11-16]。GPS 和 GLONASS 系统使用不同的坐标系表示其卫星的位置(分别为 WGS - 84 和 PZ - 90):2个系统在地球表面相差 20m。另一项 GPS/GLONASS 集成的问题在于两个系统使用不同的参考时间:系统之间的时间偏离在缓慢改变,并可达到数十微秒。可以将时间偏移量作为接收机解中的一个附加变量,从而对其数值进行确定。

在与全球卫星导航系统互相集成中,GPS/GALILEO 系统代表了关键角色。GPS 代表卫星导航的过去和现在,而 GALILEO 则代表着未来。两个系统的互通性能和有效协同是卫星导航光明前景的关键。第5章讨论了许多关于 GALILEO 系统互操作性的问题,因为新系统在构想和研发阶段不可能不考虑其兼容性和集成性能。“兼容性”通常指系统与其他全球卫星导航系统共享频率的特性;“互通性能”则表示系统与其他系统(导航和非导航系统)在联合层面进行使用的功能特性。

在界定 GALILEO 项目相关情况时,图5.16提供了 GALILEO 系统的“互操作”结构体系[17]。目前已研究导航和非导航系统及接口在共存使用、替换使用和联合使用时互操作性能情况。研究表明 GALILEO/GPS 互通性能在全球卫星导航系统方面具有最佳效果。应用集成方可“操纵”60个卫星组成的卫星星座,通过该卫星星座可建立并向终端用户提供服务应用。在此背景下,优化 GPS 和 GALILEO 卫星星座漂移可极大地提高联合全球卫星导航系统的性能。此外,应当确定 GALILEO 卫星的最佳发射次序并考虑到与 GPS 系统结合的性能优势。

GPS/GALILEO 集成系统政策文件显示了在此方面未来仍存在巨大差距需加以解决[18-19]。实际上,2004 年 6 月,欧盟和美国就 GALILEO 和 GPS 系统已达成协议,允许各系统在互不干扰彼此信号的情况下进行共同使用,因此也极大促进了全球用户的使用[18]。该协议确定 GPS 和 GALILEO 服务可完全兼容并具有互操作性,因此裁定联合使用 GPS 和 GALILEO,也使得相关设备的生产变得更为简单而便宜。达成协议的过程十分漫长和艰难。尽管很快就确定了 GALILE-

O 和 GPS 可有效互补,但两者在重要方面仍存在很大不同,结合两者则十分困难:该困境在刚开始也造成了欧洲和美国之间的一些紧张局面。两者的一项主要不同在于其本质方面:尽管 GPS 同时具有民用和军用的功能,其设计之初为军用系统,并仍旧由单个国家的武装力量控制。除了对各地区带来了商业利益外,GPS 在美国和欧洲北约成员国的安全方面具有重要作用。而 GALILEO 系统则为民用系统,由欧盟多个国家操作使用,其他国家也可能做出了相应的贡献。尽管两者均提供开放式的免费访问服务,但 GALILEO 系统可在用户付费的基础上提供额外的商业服务。由于具有完全的实时性,GALILEO 在系统故障的情况下向用户及时提供警告——这点不同于单独的 GPS 系统,其在发出警告时可能已存在了数小时的滞后——为用户提供了具有法律效力的服务保障。两个系统受迫于技术和商业压力可能必须共享相同的频率波段,使用兼容代码、时间源和测地框架:用户接收机可能需要同时接收两组信号[20]。在一种交错的模式下,GALILEO 可能要求美国提供其商业成功方面的协作,但同时这也在某种程度上"威胁"到了美国的国家安全和工业优势。不管如何,GALILEO 加 GPS 系统预计从 2008 年起可为美国民用用户提供双频定位能力。此外,由于 GALILEO 和 GPS 系统具有不同的控制部分,其相关弱点和缺陷也得到了削减。

GPS 和 GALILEO 系统之间在频率方面提出了一个严重问题[21-22]。全球卫星导航系统频率非常有限,因此 GALILEO 系统必须与 GPS 使用相同的频率波段。这对于实现低成本的组合式接收机非常必要,但两个系统之间的互相干扰并非仅仅是一个小问题。此项问题也引发了大量的研究,希望 GALILEO 信号能够包裹在 GPS 信号周围,且不致造成互相之间的干扰影响[23-25]。最后一个与频率相关的问题在于 GALILEO L1 公共管制服务信号(即政府服务信号)与未来加密美军信号 GPS M 编码的重叠问题。这种预测在很久之前便已出现。这可能具有相当的风险性:GALILEO 公共管制服务信号出现堵塞时,不仅欧洲的部队将受到影响,美国也可能损害到其自身的 M 编码。在当前的世界环境下,欧洲和美国须达成牢固的安全和互不干扰协议。该协议现已达成[26-27]。欧洲同意从 M 编码上移除公共管制服务信号,并将其移至所公开宣布的 GPS 波段外。如此一来,不论是公开服务还是公共管制服务或者 M 编码,即使受到干扰堵塞,在一定程度上也有所隔离。而且,欧洲和美国同意推行一种通用信号结构,使分立的计时标准和测地标准变得具有互操性,因此为组合系统开设了一条路径。此外,欧洲和美国也同意了进行公开贸易,在此情况下,欧洲和美国不得下令专用其系统。欧洲和美国目前具有共同的目标:建立全球最好的全球卫星导航系统,而这不过是为了使用户受益。

最后,非常有趣的一点在于一个单独的全球卫星导航系统同样可"自动集成"(即多项功能或者单个全球卫星导航系统的接收机出于特殊目标可适当组合)。例如,NETNAV 系统,为 IARP(意大利南极研究项目)设立的一个 GPS/GPS 集成式导航系统。NETNAV 系统是一组复杂的硬件和软件导航系统,根据局域基础网络进行分布,可以交互的模式和被动的模式进行利用(多亏于内部电视网络)。NETNAV 使用 4 个不同 GPS 接收机(2 个 Astech G24,1 个 Foruno GP500 和 1 个 Trimble4000)和其他传感器输入的数据,通过使用合作项目运行 2 个或多个 PC 服务器在网络上分发信息。各接收机监视彼此,并通过使用一种高级算法提供标准校准。校准通过局域网发送,可在诸多实验室和 IARP ITALICA 舰船上的大量计算机上进行接收[28]。

9.2.2 机械导航系统

如第 8 章所述,使用 GPS 系统进行定位或者发送地理相关信息,需要解决特殊环境如城市峡谷、建筑物、隧道、地下停车场等所带来的一些问题。在这些环境下,遮挡物或者 GPS 信号缺失、多路径、干扰、延长首次定位时间、接收机动态限制(如加速度的最大改变率)等可导致巨大的误差。

GPS 接收机必须定期提供用户定位,更新过程中保持对定位信息的掌握。因此,以上缺陷必须加以解决,例如,通过集成 GPS 和机械传感器技术,此方式下的性能要优于单种技术的性能。此类集成通常需要使用卡尔曼滤波来完成。此处机械传感器指惯性传感器,如加速计、陀螺仪、里程计、速度计、高度计、多普勒计等。如第 8 章所示,这些传感器归为 INS 类。尤其是在机械系统包含 1 个里程计和 1 个振动陀螺仪时,该系统被称为航位推算系统。GPS/DR 系统被广泛用于自动车辆定位(AVL)[29]。

实现 GPS/惯性导航系统装置(或者,等效的,GPSI 装置,其中"I"表示惯性)需考虑多个方面的问题(即其物理性能,如尺寸、重量或能耗),必要的性能(应用相关的和/或环境相关的),以及成本(经常性成本和非经常性成本)[5]。

从物理性能角度来看,尺寸和重量的削减可通过使用微机电系统(MEMS)替换更为笨重的常规惯性传感器来实现。

通过集成系统所实现的性能不仅需考虑 GPS 信号接收停断周期,还需考虑定位更新输出率。该输出率要大于 GPS 系统单独获取的输出率。此外,卫星导航系统和惯性系统之间的协同可减少 GPS 解中的随机误差。

系统集成的成本因素受所选择的惯性传感器类型所影响。

惯性导航系统与 GPS 综合的获益主要在于 2 个方面:

- 惯性导航误差受 GPS 解的精确率所限制。
- GPS 接收机可用于校准惯性传感器。

通常情况下选择惯性传感器来与 GPS 接收机进行集成,是由于其具有被动性、自主性和可用性,而且惯性传感器也不受 GPS 停断所干扰。惯性传感器的采用可提供姿态(旋转)数据,丰富导航系统所提供的信息。此外,惯性传感器的高输出率可提供 GPS 两次数据更新之间的最新定位数据。除了可提供更为完整的一组导航信息外,在卫星定位技术中引进 INS,可减少 GPS 导航中的干扰。单独的 GPS 接收机处理器通常需要将之前的导航解以线性滤波算法的方式推算至当前测量历元下。但是 GPS 无法估算加速度,所以传播算法对之前加速度评估的误差,以及传播间隔中的加速度改变较为敏感。相反,惯性系统可感知 GPS 数据更新间隔间的加速度。利用一个调谐良好的卡尔曼滤波,并使用 GPS 的测量值来获得 INS 输出数据中的误差估计,可减少所有数据更新中的附加干扰,因为滤波器利用多个 GPS 测量值平滑了 INS 输出更新。

最后,通过向 GPS 接收机反馈 INS 速度解可加强系统对于动态和干扰的容限。

9.2.2.1 惯性系统评估

在解决 GPS/惯性导航系统集成一体化之前,本节对传统的惯性系统技术做出了简要回顾。本节内容的结尾部分也总结了其未来发展趋势。

惯性传感器和系统标准由 IEEE 航空航天和电子系统协会的陀螺和加速度计委员会制定,并由 IEEE 的标准协会发布。

该委员会成立 40 余年以来所定义的各种类型惯性系统包括[31]:

- 惯性传感器组件:该组件由多个惯性传感器组成,如陀螺仪和/或加速度计等。各传感器相对于彼此具有固定的指向。
- 方位和航向参考系统:该系统使用加速计来确定水平面,并在无外部参考的情况下使用陀螺仪指真北方向,据此,该系统可评估载具在当地水平坐标系统中的弹体角。
- 惯性基准单元:该装置可在无外部参考的情况下使用如陀螺仪等装置来估计物体的三维

惯性角度运动。

- 惯性评估组件：该组件可在无外部参考的情况下，测量三维线性和角度运动。
- 惯性导航系统：该系统的输出数据为载具的位置、方向和速度，它们是导航框架下关于时间的函数。该系统使用了惯性测量仪的输出数据、一个参考时钟及一个重力场模式。惯性导航系统包括2种类型：捷联式惯性导航系统（图9.5）[31]，其惯性传感器组件相对于载具是固定的；平台式惯性导航系统（图9.6）[31]，其更具有惯性指向性（即惯性传感器组件相对于根据远星方向确定的惯性参考是固定的）、局部水平特性（即与当地水平面坐标系统一致）、变址性（即惯性传感器组合件围绕一个或多个轴进行分离式旋转以减少导航误差）、转盘式特性（即惯性传感组件围绕一个或多个轴进行不间断旋转以减少导航误差）和比率偏差性（即惯性传感器组合件由于其平台或载具围绕轴旋转所产生的一个大的旋转速率）或伴随推力性（即惯性传感器组合件的一个轴指向载具的推力矢量）。

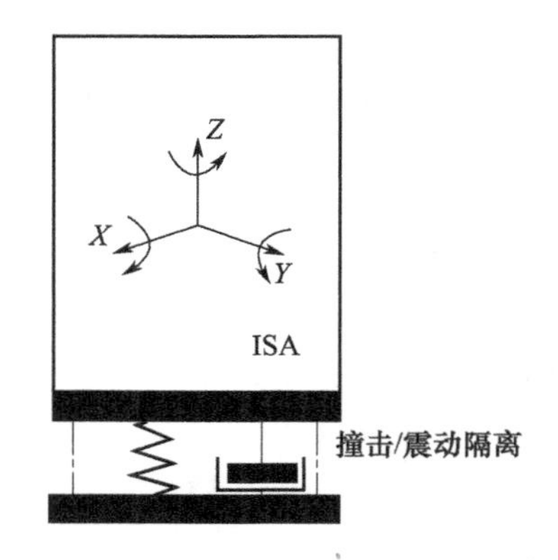

图9.5　捷联式惯性导航系统

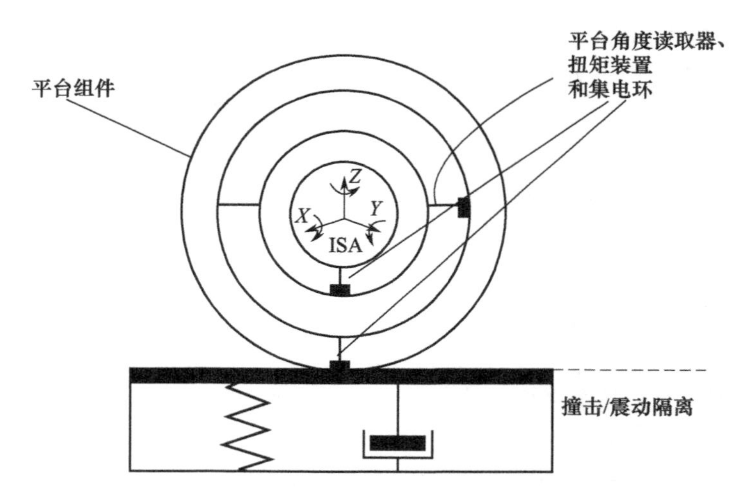

图9.6　平台式惯性导航系统

校准设置和初始化设置是保证惯性系统工作的两项基本功能。捷联式和平台式惯性导航系统均可通过对比惯性导航系统输出和GPS输出进行校准；同样地，初始化信息，包含系统的位置和速度，可通过GPS手段获取。此外，另一项重要问题是惯性导航系统时钟和GPS时钟的同步问题。通常，卡尔曼滤波用于估算需要校准的系统和传感器模型参数[31]。

以下是常规惯性传感器列表，其中指出了传感器的功能性和在导航领域的使用情况：

- 陀螺仪使用如离心器的角动量或在振动质量块上的科里奥利效应来评估在相对的惯性

空间内围绕输入轴的角运动。

- 线性加速度计通过感知验证质量的相对位移,或估算将验证质量带回零位相位所需的力矩,来估算输入轴的移动加速度分量减去重力加速度分量的数值。

在此有必要提到以下这些特殊类型惯性传感器:RLG(环形激光陀螺仪),创造于20世纪60年代,并由于其在捷联方面的广泛应用,于20世纪80年代末和90年代初取代了机电仪器;DTG(动态调谐陀螺仪),同样创建于20世纪60年代,用于在1个传感器中提供2个轴速率信息;HRG(半球谐振陀螺仪),在航天器惯性基准单元中使用的高性能振动外壳陀螺仪;以及IFOG(干涉型光纤陀螺仪),通过依据穿过光纤的反向传播光束之间的干涉图样来测量角度旋转量。在加速度计方面,可引用机械悬垂力再平衡加速度计,振动梁加速度计和重力仪(输入轴垂直有限范围加速度计)[31,33-34]。

对比惯性传感器的有用性能要素为比例因子稳定性,其指传感器再现感知速率或加速度,以及偏置稳定性的能力。偏置指综合传感器的系统当中独立于加速度或速率以外的估算误差。

在陀螺仪当中,机械(即回转装置)和环形激光装置可提供高性能,但成本高,可应用数量有限。其应用领域包括战术导航、自动潜艇导航和空/陆/海导航测量。DTG与RLG共享了部分应用,可提供中等性能参数。IFOG,基于科里奥利的传感器和速率的集成式陀螺仪,可提供低性能参数,但其成本较低,应用量较高。IFOG应用于高度和航向基准系统鱼雷、战术导弹中程导航、飞行控制、智能武器导航和机器人领域[33](图9.7)。

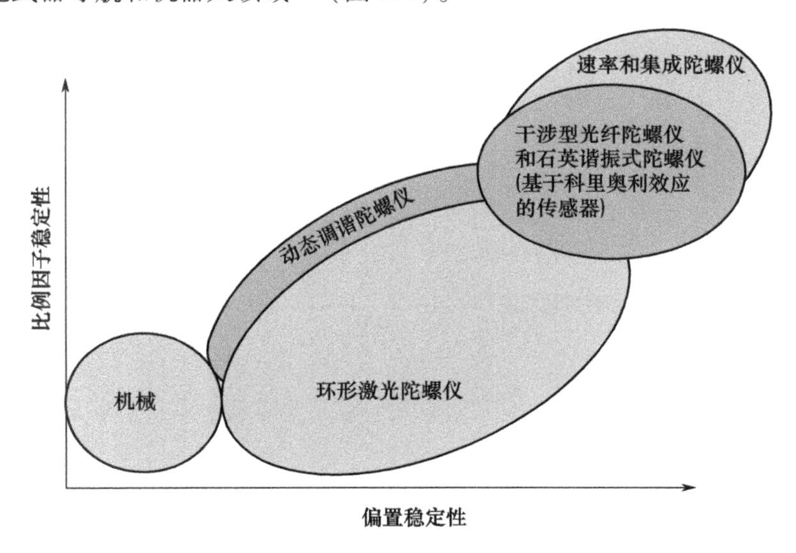

图9.7　当前的陀螺仪技术参数

在加速度计当中,机械浮式仪器性能参数最高,应用于战略导弹的自动对准方面和卫星辅助战略导弹领域。性能稍差一些的是机械摆式再平衡加速度计,应用于自动潜艇导航、巡航导弹导航、地面和飞机导航及卫星辅助的再入领域。石英谐振式加速度计,应用于低级别战术和商务应用当中,提供最低等级的性能参数(图9.8)[33-34]。

9.2.2.2　GPS/惯性导航系统集成结构体系

由于任务需求的不同,以及为满足这些需求所获得的预算不同,GPS/惯性导航系统集成类型也不尽相同。

所有可能实现的综合类型基本上可归纳为三种系统框架:

- 非耦合模式(图9.9)[5];

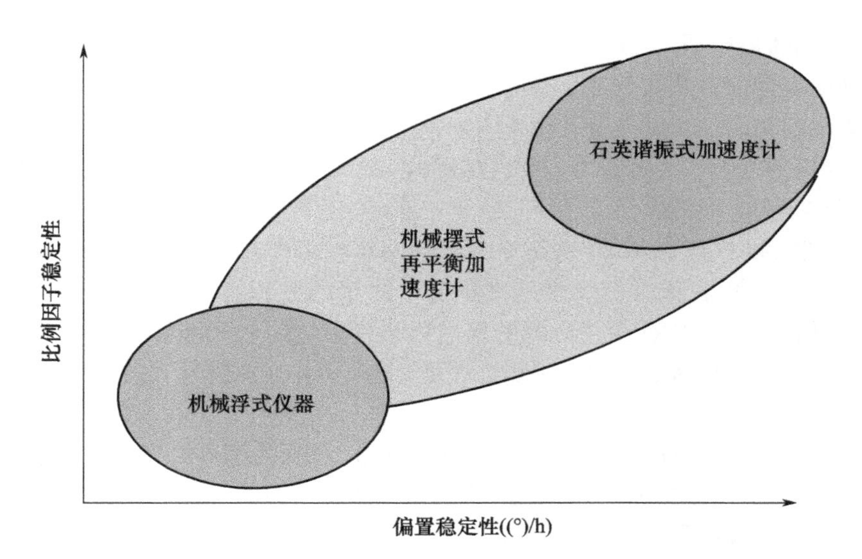

图 9.8　当前的加速度计技术性能

- 松散耦合模式(图 9.10)[5]；

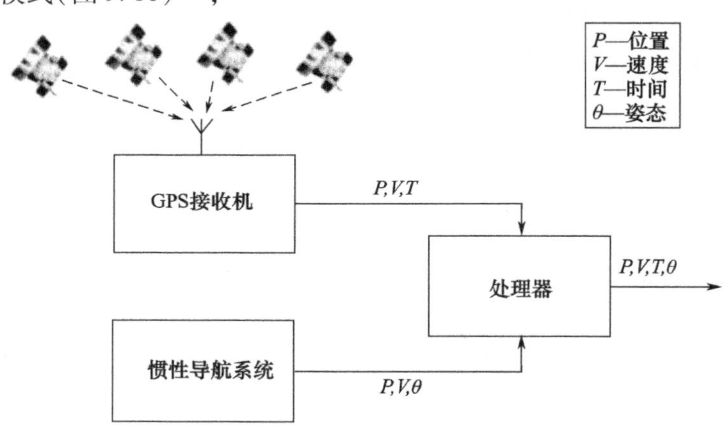

图 9.9　非耦合 GPS/惯性导航系统集成

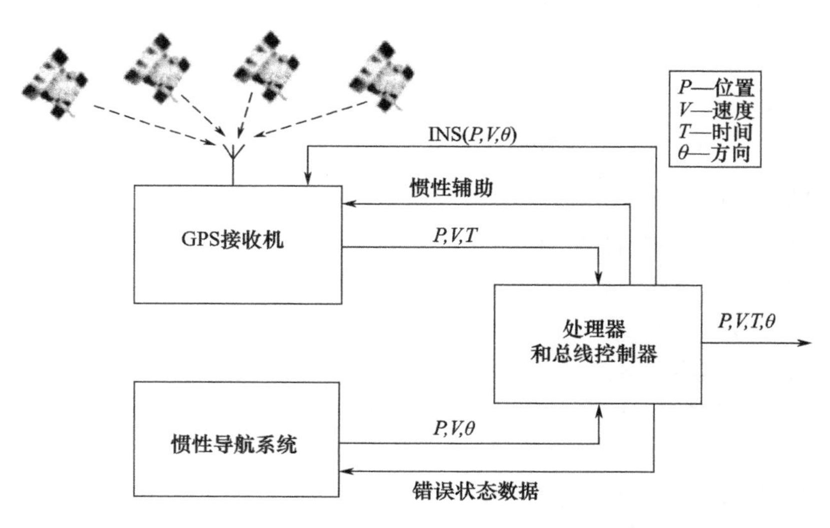

图 9.10　松散耦合 GPS/惯性导航系统集成

• 紧密耦合模式(图 9.11)[5]。

在非耦合模式中,GPS 用户设备和惯性系统提供独立的解决方案,通过处理器对方案进行综合,可在两个导航方案中简单的选择一种类型,或通过多模卡尔曼滤波进行滤波处理。其中数据通过单向总线传输至处理器。该类型的集成模式是最为简单和廉价的模式。而如果两个子系统中的一个失效,另一个子系统仍然能够继续工作,提供其自身所具精度的导航信息[5]。

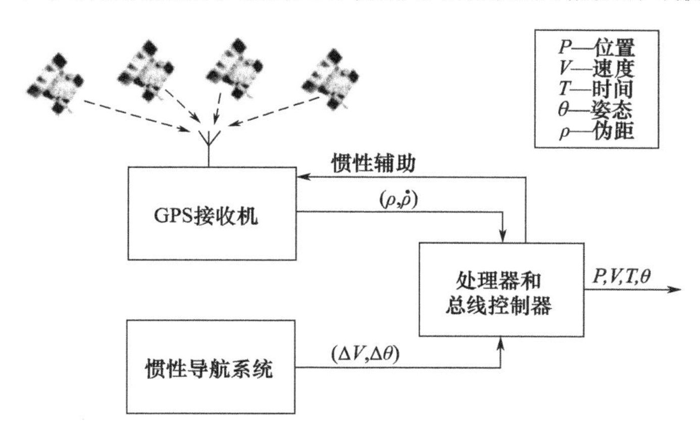

图 9.11 紧密耦合 GPS/惯性导航系统集成

松散耦合(或综合)配置模式首次应用于 20 世纪 80 年代初期。不同于非耦合模式,松散耦合模式类型提供了多种数据路径,其中最为重要的一种路径为 GPS 接收机提供了系统导航结果反馈。如同此前提到的,GPS 用户设备不能够直接感知加速度,因此必须使用当前速度测量值估计的噪声加速度,以实现先前导航结果推演到当前跟踪环路输出。使用由处理器决定的导航结果进行推演是一项较大的进展和提高,因为该模式使用 INS 来估算加速度,而且如果扩展滤波的内存容量,滤波在 GPS 噪声估算方面的平均运算将会更为有效。另一项数据总线为 GPS 接收机跟踪回路提供了惯性支持,可降低回路需跟踪的载体动力学。基本上,INS 可直接为 GPS 用户装备提供支持,但为避免在两种导航子系统之间实现自定义接口,该模式已被弃用。因此,惯性支持可通过处理器应用于 GPS 用户装备。处理器可将 INS 的数据从惯性坐标转换为 GPS 坐标。而且 INS 具有其自身的反馈路径用以接收错误状态数据,因此能够更正其位置和速度,并且重新校准平台[5]。

在紧密耦合中,GPS 接收机和惯性子系统并不进行滤波操作,但两者分别进行独立传输,将各自的 GPS 代码、载体估算、加速度和角速率发送至处理器。关于反馈总线,该配置只提供一条路径,由处理器向 GPS 接收机发送速度数据支持。

紧密耦合集成模式通常使用内嵌式 GPS 接收机。虽然“紧密耦合”并不意味着“内嵌”,但不论是从物理方面还是从电子方面来看,惯性传感器已经集成融入在接收机内[5]。

9.2.2.3 GPS/惯性导航系统集成算法

GPS/INS 的每种集成模式都与以下算法相关[5]:

• 选择算法(不论重置惯性系统与否):处理器在 GPS 导航系统准确时,选择 GPS 导航算法;在 GPS 中断时,或需要更高输出率时,转而使用 INS 算法。

• 滤波算法:滤波算法的目的是使用状态相关量测量值来估计由微分方程描述的系统状态。如果当前的状态估算通过当前测量值和此前状态值的加权和来给定,滤波则为线性(即线性滤波);与测量相关的权重则为滤波增益。在 GPS/INS 集成情况下,用于滤波输入的测量值在 GPS 定位和 INS 定位之间存在差异,在 GPS 速度和 INS 速度之间也存在差异。两种不同的滤波可根据滤波增益值进行确定：

- 固定增益滤波：增益值在滤波操作之前就已确定，因此无须处理器进一步执行计算任务，也无须内存储存。这种滤波方法在系统呈现有限状态动力学、状态动力学不确定性和可忽略的测量噪声值时非常可靠。
- 时变增益：增益在滤波计算的每一瞬间都在不断更新；最常用的、具有时变增益的离散数据线性滤波是由 R. E. Kalman 在 1960 年构建的。

卡尔曼滤波是一种递归算法，只使用每个给定时刻的瞬时测量值和此前时刻的最佳状态估计来确定当前给定时刻的最佳状态估计。

要充分了解基于卡尔曼滤波的 GPS/INS 集成算法近期发展，就有必要复习其基本方程。

一个受系统误差和测量误差所影响的离散时间非线性系统，通常可以用以下方程表述：

$$\begin{aligned} \boldsymbol{x}(k+1) &= f[\boldsymbol{x}(k), \boldsymbol{u}(k), \boldsymbol{w}(k)] \\ \boldsymbol{y}(k) &= h[\boldsymbol{x}(k), \boldsymbol{v}(k)] \end{aligned} \tag{9.3}$$

其中：

- $\boldsymbol{x}(k)$ 表示第 k 时的状态向量。
- $\boldsymbol{u}(k)$ 表示第 k 时的系统输入向量。
- $\boldsymbol{y}(k)$ 表示第 k 时的系统输出向量。
- $\boldsymbol{w}(k)$ 和 $\boldsymbol{v}(k)$ 分别表示系统误差向量和测量误差向量。
- $f(\cdot)$ 表示描述系统演化的函数。
- $h(\cdot)$ 表示描述测量过程的函数。

适用于线性系统的方程(9.3)表述为以下模式：

$$\begin{aligned} \boldsymbol{x}(k+1) &= \boldsymbol{A}(k)\boldsymbol{x}(k) + \boldsymbol{B}(k)\boldsymbol{u}(k) + \tilde{\boldsymbol{F}}(k)\boldsymbol{N}'_k \\ \boldsymbol{y}(k) &= \boldsymbol{C}(k)\boldsymbol{x}(k) + \boldsymbol{D}(k)\boldsymbol{u}(k) + \tilde{\boldsymbol{G}}(k)\boldsymbol{N}''_k \end{aligned} \tag{9.4}$$

其中系统的随机输入，$\tilde{\boldsymbol{F}}(k)\boldsymbol{N}'_k$（状态噪声向量）和 $\tilde{\boldsymbol{G}}(k)\boldsymbol{N}''_k$（测量噪声向量）在此有明确表示；由于其本质属性，这两种向量仅能通过其统计学特性来了解（即概率密度函数或均值和方差[35]）。卡尔曼滤波的目的是确定在给定控制输入集合 $u(0), u(1), \cdots, u(k-1)$，测量值集合 $y(0), y(1), \cdots, y(k-1), y(k)$ 和初始条件下 $x(k)$ 的最佳状态估计。在卡尔曼滤波中"最佳估计"的定义表示状态向量估计和真实状态向量之间的均方误差最小（即下方函数方程的最小化）：

$$J(\tilde{\boldsymbol{x}}(k)) = E\{\|\tilde{\boldsymbol{x}}(k) - \boldsymbol{x}(k)\|^2\} \tag{9.5}$$

其中 $E(\cdot)$ 表示期望函数。

为提升式(9.4)的可读性，可定义：

$$\boldsymbol{N}_k = \begin{bmatrix} \boldsymbol{N}'_k \\ \boldsymbol{N}''_k \end{bmatrix} \tag{9.6}$$

和

$$\boldsymbol{F}(k) = [\tilde{\boldsymbol{F}}(k) \quad 0] \tag{9.7}$$

$$\boldsymbol{G}(k) = [0 \quad \tilde{\boldsymbol{G}}(k)] \tag{9.8}$$

因此式(9.4)则变成

$$\boldsymbol{x}(k+1)=\boldsymbol{A}(k)\boldsymbol{x}(k)+\boldsymbol{B}(k)\boldsymbol{u}(k)+\boldsymbol{F}(k)\boldsymbol{N}_k$$
$$\boldsymbol{y}(k)=\boldsymbol{C}(k)\boldsymbol{x}(k)+\boldsymbol{D}(k)\boldsymbol{u}(k)+\boldsymbol{G}(k)\boldsymbol{N}_k \tag{9.9}$$

其中$\{\boldsymbol{N}_k\}$表示零均值高斯噪声：

$$E\{\boldsymbol{N}_k\}=0 \tag{9.10}$$

$$E\{\boldsymbol{N}_k\boldsymbol{N}_j^{\mathrm{T}}\}=\delta_{k,j}\boldsymbol{I},\quad \forall i,j \tag{9.11}$$

此外，其初始状态 $x(0)$ 则表示零均值高斯向量，与噪声$\boldsymbol{N}_k$，$\forall k$ 无关。

由卡尔曼滤波方式确定的最佳状态向量估计，通过以下等式确立：

$$\hat{\boldsymbol{x}}(k)=\boldsymbol{A}(k-1)\hat{\boldsymbol{x}}(k-1)+\boldsymbol{K}(k)\lfloor\hat{\boldsymbol{y}}(k)-\boldsymbol{C}(k)\boldsymbol{A}(k-1)\hat{\boldsymbol{x}}(k-1)\rfloor \tag{9.12}$$

其中 $\boldsymbol{K}(k)$表示卡尔曼增益矩阵，可表示为

$$\boldsymbol{K}(k)=\boldsymbol{P}_p(k)\boldsymbol{C}^{\mathrm{T}}(k)[\boldsymbol{C}(k)\boldsymbol{P}_p(k)\boldsymbol{C}^{\mathrm{T}}(k)+\boldsymbol{G}(k)\boldsymbol{G}^{\mathrm{T}}(k)]^{-1} \tag{9.13}$$

$\boldsymbol{P}_p(k)$定义为预测误差向量$\boldsymbol{e}_p(k)$的协方差，其中$\boldsymbol{e}_p(k)$表示为

$$\boldsymbol{e}_p(k)=\boldsymbol{x}(k)-\boldsymbol{A}(k-1)\hat{\boldsymbol{x}}(k-1) \tag{9.14}$$

$$\boldsymbol{P}_p(k)=E\{\boldsymbol{e}_p(k)\boldsymbol{e}_p^{\mathrm{T}}(k)\}=\boldsymbol{A}(k-1)\boldsymbol{P}(k-1)\boldsymbol{A}^{\mathrm{T}}(k-1)+\boldsymbol{F}(k-1)\boldsymbol{F}^{\mathrm{T}}(k-1) \tag{9.15}$$

矩阵 $\boldsymbol{P}(k)$是估计误差向量的协方差，其定义为

$$\boldsymbol{P}(k)=E\{\boldsymbol{e}(k)\boldsymbol{e}^{\mathrm{T}}(k)\}=[\boldsymbol{I}-\boldsymbol{K}(k)\boldsymbol{C}(k)]\boldsymbol{P}_p(k)[\boldsymbol{I}-\boldsymbol{K}(k)\boldsymbol{C}(k)]^{\mathrm{T}}+\boldsymbol{K}(k)\boldsymbol{G}(k)\boldsymbol{G}^{\mathrm{T}}(k)\boldsymbol{K}^{\mathrm{T}}(k) \tag{9.16}$$

其中 $\boldsymbol{e}(k)=\boldsymbol{x}(k)-\hat{\boldsymbol{x}}(k)$ 为估计误差向量，而且在 $E\{\boldsymbol{x}(k)\}=E\{\hat{\boldsymbol{x}}(k)\}$ 的条件下，$E\{\boldsymbol{e}(k)\}=0$[35]。

式(9.13)、式(9.15)和式(9.16)迭代地给定了协方差矩阵 $\boldsymbol{P}(k)$序列，被称为黎卡提公式；黎卡提方程将 $\boldsymbol{P}(k)$表述为 $\boldsymbol{P}(k-1)$的函数。

卡尔曼滤波原理图参见图 9.12[35]。

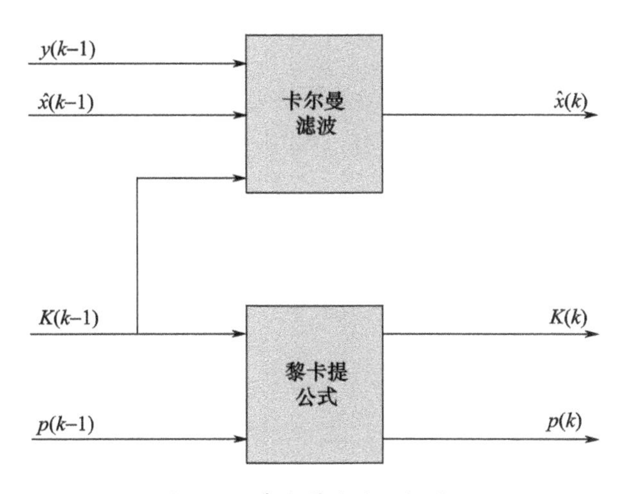

图 9.12　卡尔曼滤波运行图示

在该图中展示了提供卡尔曼计算的简单 GPS/INS 集成系统示例[30]，其中子系统为 1 个单一陀螺仪和一个单一信道 GPS 接收机。该接收机天线与 INS 共享了同一源数据。在状态向量 $\boldsymbol{x}$

中，其选择的是一个误差状态，包括定位和速度误差，分别为 δx、$\delta\dot{x}$；以及 GPS 接收机时钟偏置和时钟漂移率，分别为 δt、$\delta\dot{t}$：

$$\boldsymbol{x}=\begin{bmatrix}\delta x\\ \delta\dot{x}\\ \delta t\\ \delta\dot{t}\end{bmatrix} \tag{9.17}$$

根据相关注释，转移矩阵和测量矩阵[30]分别为矩阵 $\boldsymbol{A}$ 和矩阵 $\boldsymbol{B}$。

获取误差状态向量式(9.17)估计的其他步骤此后依次开展。

在多传感器系统的情况下，可通过使用联合卡尔曼滤波的方式来实现容错，其中滤波任务分为两阶段：设置 1 个主滤波，并根据不同的惯性传感器相对应地设置诸多滤波。这些局部滤波处理各自的相关数据，提供最佳的局部估计；此后，主滤波综合各局部滤波的估计值来获取最佳的全局估计值。如果使用的是单一卡尔曼滤波，其计算任务负担则十分严峻。而且，一旦 1 个传感器发送了错误数据，通过单一卡尔曼滤波获得的最终值则可能会出现错误[36]。

卡尔曼滤波主要基于误差随着时间发展的动态模型和噪声影响各传感器的随机模型。在误差存在时变特性时，使用“先验”统计限制误差的随机模型；因此，改善随机信息十分必要，促进了被称为“自适应卡尔曼滤波”的发展，以对随机信息实现在线修正。文献[37]中提出 3 种此类算法：协方差缩放/进程噪声缩放，自适应卡尔曼滤波(AKF)和多模型自适应估计(MMAE)。总体来说，自适应卡尔曼滤波可无需使用“先验”统计，即可确定正确的随机数据。此外，自适应卡尔曼滤波必须要能够实时有效运作，及时应对新观测数据，建立各观测数据和各状态之间的相互联系模型。

协方差缩放滤波[37]非常简单，通过式(9.15)给定预测误差向量 $\boldsymbol{P}_p(k)$ 协方差乘以缩放值 $\boldsymbol{S}(k)\geqslant 1$，来获取预测误差向量修正协方差 $\tilde{\boldsymbol{P}}_p(k)$

$$\tilde{\boldsymbol{P}}_p(k)=\boldsymbol{S}(k)\{\boldsymbol{A}(k-1)\boldsymbol{P}(k-1)\boldsymbol{A}^{\mathrm{T}}(k-1)+\boldsymbol{F}(k-1)\boldsymbol{F}^{\mathrm{T}}(k-1)\} \tag{9.18}$$

在 $\boldsymbol{S}(k)>1$ 的情况下，更多的权重加在了新的测量值上。

如果缩放值仅用于过程噪声系数 $\boldsymbol{F}(k-1)\boldsymbol{F}^{\mathrm{T}}(k-1)$，则滤波器指代过程噪声缩放滤波：

$$\tilde{\boldsymbol{P}}_p(k)=\boldsymbol{A}(k-1)\boldsymbol{P}(k-1)\boldsymbol{A}^{\mathrm{T}}(k-1)+\boldsymbol{S}(k)\boldsymbol{F}(k-1)\boldsymbol{F}^{\mathrm{T}}(k-1) \tag{9.19}$$

MMAE 算法利用了多个同时运行的卡尔曼滤波，每个滤波使用不同的随机模型[37]。之后正确的滤波器则可根据不同的算法确定，或者滤波器产生的状态向量估计可联合在一起，获得最佳的状态向量估计

$$\hat{x}(k)=\sum_{i=1}^{N}p_i(k)\,\hat{x}_i(k) \tag{9.20}$$

其中 $\hat{x}_i(k)$ 为由第 i 个滤波器所确定的状态向量估计，N 表示滤波器的数量，$p_i(k)$ 则表示第 i 个模型为正确的可能性。

AKF 是通用自适应卡尔曼滤波器集合中的一种特定算法名称[37]，是常规卡尔曼滤波的延伸。其中 $\boldsymbol{Q}(k)$ 指示进程噪声矩阵

$$\boldsymbol{Q}(k)=\boldsymbol{F}(k-1)\boldsymbol{F}^{\mathrm{T}}(k-1) \tag{9.21}$$

该算法确定了过程噪声矩阵的自适应估计值，$\hat{\boldsymbol{Q}}(k)$用以下等式表示

$$\hat{\boldsymbol{Q}}(k)=\hat{\boldsymbol{C}}_{\Delta x(k)}+\boldsymbol{P}(k)-\boldsymbol{A}(k-1)\boldsymbol{P}(k-1)\boldsymbol{A}^{\mathrm{T}}(k-1) \tag{9.22}$$

其中 $\hat{\boldsymbol{C}}_{\Delta x(k)}$ 为状态校正协方差矩阵。

9.2.2.4 惯性传感器技术趋势

惯性传感器技术正在不断向前发展，促进光纤陀螺仪和 MEMS 陀螺仪及加速计的发展[33]。

光纤陀螺仪和环形激光陀螺仪同时发明于 20 世纪 60 年代，但这两者的发展必须跟随光纤技术的发展，这就导致其在一些可能的应用领域中的传播较为缓慢。光纤陀螺仪的工作原理是基于萨奈克效应[34]，包括使用 1 个长度从米到千米不等的光纤传感线圈，1 个集成光学芯片、1 个宽带光源和 1 个光电探测器。通过使用量子阱技术代替该结构则可减小尺寸和成本。此外，光纤陀螺仪由于具有更低的成本，在低性能战术和商业应用方面可替代 RLG。

微型机械陀螺通常通过电子驱动谐振器来运作，利用在对平移质量施加角速度时产生的科里奥利力（图 9.13）：在微型机械音叉陀螺的情况下，施加在音叉轴上的角速率，使得音叉受制于科里奥利力，对传感器轴造成扭力。这些力与施加的角速率成正比，可激起在硅器件内部的可测量电容位移，或在石英晶体内的压电位移。此类陀螺计，由于其尺寸小，硅强度高等特性，适用于存在极高加速度下的应用[33]。

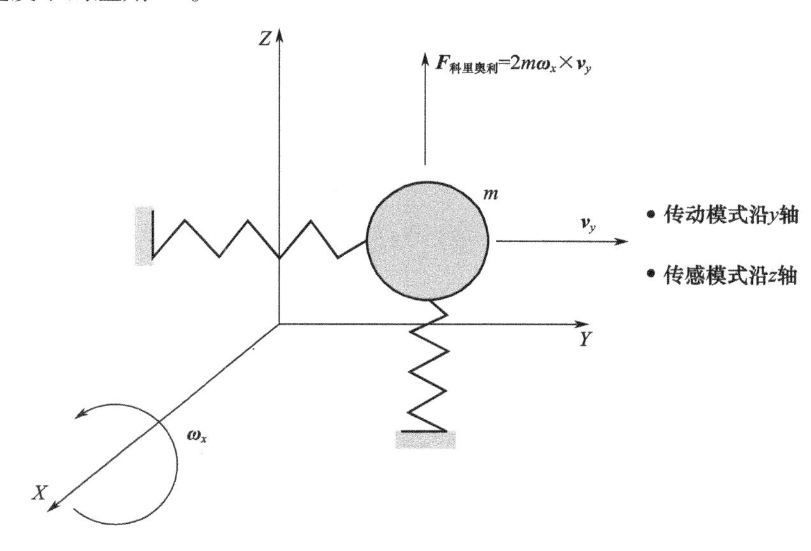

图 9.13 振动陀螺仪物理学

微型机械加速度计通常包含一个悬挂在固定框架横梁上的验证质量块；加速度计的数学模型为一个二阶质量阻尼弹簧（图 9.14）[38]。当外部加速造成支撑框架相对于检测质量模块发生位移时，模块会对弹簧产生压力变化；要获得对外部加速度的评估，需同时利用相对位移和弹簧压力。微型机械加速度计中利用的传导机制涉及较宽范围：压阻、电容、隧道作用、共振、热量、电磁和压电。硅加速度计可在诸多应用中使用，包括从自动气囊和驾驶控制到具有竞争力的军火和自动车辆等。石英共振加速度计可用于战术和商业（如工厂自动化）应用[33,38-39]。

光学 MEMS 传感器，也称为微光电机械系统（MOEMSs），由于其可在低损耗波导和极窄带宽光源情况下工作，因此是 MEMS 技术的尖端领域。MOEMSs 将成为真正的固态设备[33]。

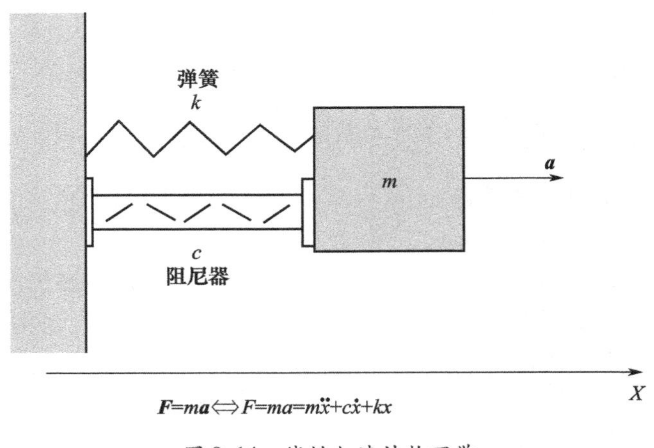

图 9.14 线性加速计物理学

9.3 与通信系统的集成

9.3.1 2G/3G 移动网络

在过去数年中,FCC(联邦通信委员会)E-911 指令一直是将 GPS 接收机集成融入无线手机的推动力。规则要求,到 2001 年 10 月 1 日,PSAP(公共安全应答点)服务人员必须能够准确定位 911 移动电话的呼入者,精确等级参见表 9.3[40-41]。

在欧洲,欧洲委员会针对 E-112 电话采取了类似措施。

2001 年 10 月 1 日被美国 FCC 设定为无线 E-911 项目Ⅱ阶段的开始日期。该阶段承接 0 阶段和Ⅰ阶段,按计划于 2005 年 12 月 31 日完成。0 阶段的要求是,不论呼入者是否为移动订户,移动 911 电话必须转接至 PSAP。Ⅰ阶段要求当地 PSAP 必须知晓无线 911 呼入者的电话号码,以及接受通话的天线的具体位置[42-43]。

FCC 一直致力于推广无线 E-911。2001 年,FCC 委托"Hartfield Report"[42]研究 E-911 技术和运作部署;2002 年,FCC 承担了相关规则制定任务,以评估将 E-911 规则延伸至其他通信服务当中的可能性。最终,在 2003 年,FCC 签发了《无线 E-911 合作方案》以期通过在各负责方之间交流经验和可能发展战略定义来加速 E-911 运作。其重点在于诸多项目,包括 PSAP 升级、无线载体推行和优化、LEC(本地交换运营商)问题,以及郊区运营商所面临的问题[42-43]。

表 9.3 的定位要求在城市以外的地区只能够通过卫星导航手段来完成,因此对基于结合使用全球卫星导航系统和其他蜂窝式网络基础设施的定位技术需求和关注度相当强烈。

表 9.3 定位移动电话的准确率要求

方法	67% 的呼入电话/10^6	95% 的呼入电话/10^6
基于手机	50	150
基于网络	100	300

实际上,可以这样说,全球卫星导航系统和蜂窝式网络可视为是补充技术:GPS 或 GALILEO 遵照美国 FCC E-911 指令提供相关方法,甚至可达到更为精确的要求;而蜂窝式网络同样可帮助全球卫星导航系统在恶劣环境下良好运作,传播卫星信号。这些恶劣环境包括城市峡谷、建筑物内部、植物密集地带、隧道、地下停车场等。

2G/3G 系统的移动电话定位方法包括 Cell-ID(基站定位方式)、到达时间、TDOA(到达时差)、增强观测时差、A – FLT(先进前向链路三角测量法)、AOA(到达角)和 GPS 辅助方法[44-47]。

除了依照美国 FCC E – 911 指令保障人身安全外,定位移动电话的目的也在于相关用户具有不断高涨的需求,要求服务供应商为其订户提供移动位置服务,如定位信息(当地旅店、饭店、酒吧、银行)和商业信息(广告、特殊宣传等)。

此外,了解移动电话的位置,可用于增加 CDMA 网络的容量[48]或者用于计划新型交换策略以最小化干扰的可能性,提高网络所提供的服务质量[49-50]。

9.3.1.1 辅助 GPS

第 8 章内容提到了 A – GPS,并介绍了其在室内环境中的应用。而本节内容解释了其构架元素和运作特点,突出其对于蜂窝式网络的支持。

A – GPS 的推行起源于在移动站装备有部分或完整 GPS 接收机的情况下,开发一种双向无线连接以便在移动站和蜂窝式网络间传递数据。其中"部分"指示网络可执行定位计算(在本节此后内容中,此类情况被定义为"用户装备协助 GPS")。根据 UTRAN(通用地面无线电访问网络)和 GERAN(GSM/EDGE 无线接入网)所使用的技术,移动站点或手机指代为 UE,而基站指代为节点 B。此外,若 UE 位置在网络进行计算,则其为 UE 协助方式;若 UE 位置在移动电话一端进行确定,则其为基于 UE 的方式。

如前所述,A – GPS 使用 GPS 参考网络。该网络由诸多 A – GPS 服务器或局域服务器,或 1 个 WADPGS 网络构成,并连接至蜂窝式基础设施,内部包含可持续发现 GPS 信号并实时监控卫星星座的 GPS 接收机(图 9.15)。

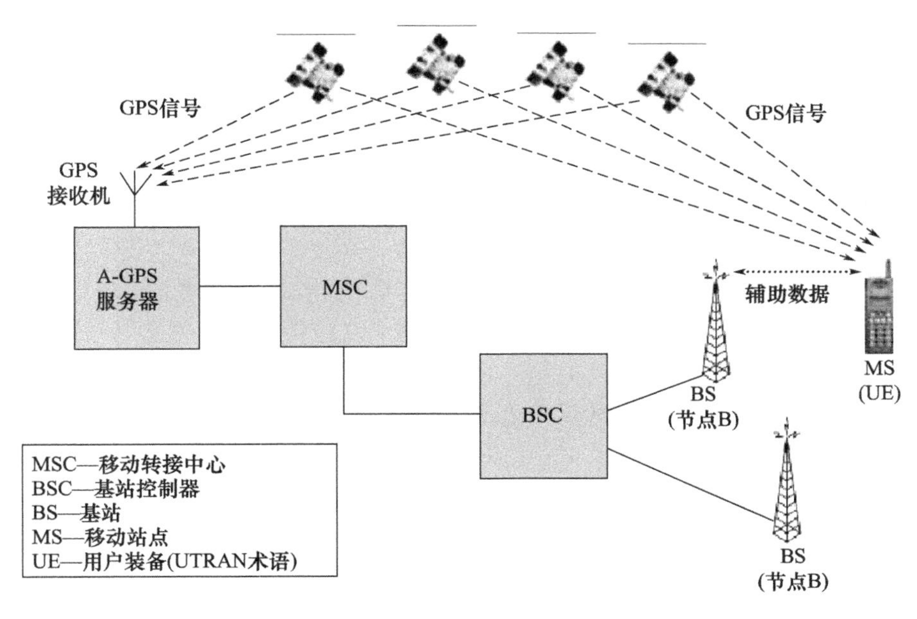

图 9.15 A – GPS 结构

参考网络具有多项任务,如提供 UE 大致位置或节点 B 位置、卫星参数、多普勒数据等。支持信息从 GPS 参考网络传输至 UE,实现以下好处[51]:

- 缩短启动时间(即 TTFF 时间从 30s 缩短至数秒);
- 促进 GPS 接收机的灵敏度,使其在信号弱的环境下也能确定位置;
- 将定位的精度提升至差分 GPS 所能获取的层次等级。

在传统 GPS 接收机中，GPS 卫星信号的获取阶段，实际上就是在整个可能的频率上和电码延迟空间内搜索的过程：卫星移动引入多普勒频移 $\pm\Delta f_{D,\mathrm{sat}}$，在这个基础上的进一步多普勒频移 $\pm\Delta f_{D,\mathrm{rec}}$，由终端的接收机移动所导致，需在此进行补充。此外，GPS 接收机 PRN（伪随机噪声）电码的多普勒频移 $\pm\Delta f_{D,\mathrm{PRN}}$ 也需加以考虑，但其由于 PRN 电码的低频特性，也远小于其他两项频移。因此，接收机必须搜索多维空间（$\pm\Delta f_{D,\mathrm{sat}}\pm\Delta f_{D,\mathrm{rec}}\pm\Delta f_{D,\mathrm{PRN}}$）$\times 1023$ 来获取 1 个 GPS 卫星信号，如图 9.16(a)所示。因此，在首次校准时，对一个空间至少要进行 4 次搜索，因而造成了相对较长的 TTFF（首次定位时间）。

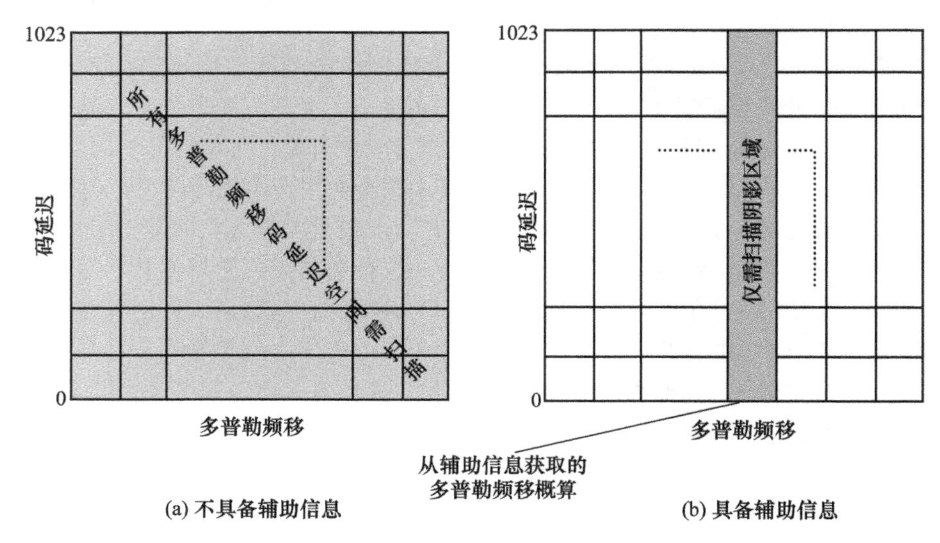

图 9.16　GPS 信号搜索空间

如果 GPS 接收机知道大致的多普勒频移（所有提及的组成部分的代数综合），TTFF 则会相对较短，如图 9.16(b)所示。A－GPS 服务器的主要任务是从 UE 的粗略位置中为 GPS 接收机提供大致的多普勒位移。UE 的粗略位置通过移动转接中心获取，该转接中心与 UE 活动地区的基站部门相关的基站控制器相连接（图 9.15）。

辅助信息帮助接收机跟踪环路带宽收紧，增加接收机的灵敏度，使其可以以低强度发送信号。此外，带宽减小的环形过滤去除了更多噪声，提高了定位精度。

GPS 接收机在发现 GPS 信号方面的另一项提升，可通过灵敏度辅助，也称为调制消除来实现。其为 1 个包含预测导航片段的信息，用以解调在既定时间内既定卫星传输的 GPS 信号[52]。

其他辅助数据可能为码延迟估算[53]、实时完好性、差分 GPS 校正、卫星年鉴、电离层延迟及 UTC 偏离[45]。

1 个 A－GPS UE 可以以下述 1 种或 2 种模式运行[45,51]：

- UE 协助（或 MS 协助）GPS；
- 基于 UE 的（或基于 MS）GPS。

在 UE 协助方式中，UE 获取 GPS 信号，通过对本地产生的 PRN 电码与所接收的 GPS 信号进行关联来进行计算，并确定向 A－GPS 服务器传输的时间标识伪距，对 UE 进行定位计算。实际上，交换的信息元素为：

- 从 UE 至 A－GPS 服务器
- 定位请求
- UE 的粗略位置

- 时间标识伪距
- 从 A - GPS 服务器至 UE
- 可视卫星列表
- 观测卫星信号多普勒和码相位,或大致手机位置和星历
- GPS 参考时间

局域服务器也可对从 UE 接收的伪距或对其确定的定位值进行不同校正。由于 UE 的运作类似于 A - GPS 服务器的数据收集前端,因此 UE 必须设有 1 部天线、1 个 RF 射频部件和 1 个数字处理器。

相反地,在基于 UE 的方式中,UE 必须包含一个全功能 GPS 接收机(即该装备不仅要能够获取 GPS 信号,同时还需计算 UE 位置)。部分或全部传输的 IE(信息元素)包含:

- 从 UE 至 A - GPS 服务器
- 定位请求
- UE 的粗略位置
- UE 的计算位置
- 从 A - GPS 服务器至 UE
- 可视卫星列表
- 观测卫星多普勒和码相位
- 精确卫星轨道元素(星历),有效时间为 2 ~4h,也可延长至卫星可见的全周期(12h)
- 差分 GPS 校正
- GPS 参考时间
- 实时完好性(已失效/当前可能失效卫星信息)

基于 UE 的 GPS 具有相对较短的上行信息元素,而下行辅助信息元素则相对较长。UE 辅助 GPS 的情况则与此刚好相反。

如果使用了星历表周期延长部分,辅助信息元素有效期可达 2 ~4h 或长达 12h,则跟踪或导航应用可选择基于 UE 的方式。UE 辅助方式也可用于跟踪或导航应用,只是需要考虑到更多的信号,因为相对于基于 UE 的 GPS 辅助信息元素,UE 辅助 GPS 的辅助信息元素的有效期更短。

UE 辅助方式可节省 UE 的计算功率和内存,而基于 UE 的方式则可用作独立的 GPS 接收机[45]。

1) 混合方式

A - GPS 和以上例举的 2G/3G 定位方式在不同环境下具有不同等级的精度和覆盖范围。因此,混合方式(即结合 A - GPS 和基于移动电话的定位)由于能够彼此互补,可带来更为健全的定位技术。在密集的城市环境中,GPS 信号会受到覆盖和遮挡,因此这些环境最适合使用 2G/3G 定位方法,因为具有最高密度的 BS(基站)。相反,在开放式空间,A - GPS 则更具优势,因为 GPS 具有最佳的覆盖率,而低密度的 BS 则无法通过基于网络的方式来获取较高的精度[51-52]。

A - GPS 和蜂窝式定位方法的混合式方法示例如下:

- A - GPS/Cell - ID[54]:Cell - ID(基站定位)是精度最差的蜂窝式定位方法,因为 MS 定位是通过服务 BS 定位来确定的。但是基站定位在所有的蜂窝式网络中均可用。
- A - GPS/TDOA - TOA[44]:传输时间(TOA)可通过计算无线电波在 MS 和 BS 之间的传播时差(同样用于 GPS 伪距测量,见第 2 章),来确定 MS 和 BS 之间的距离。此项技术要求 MS 和 BS 必须同步时间[51]。TDOA 则是双曲线定位技术,主要基于信号从 MS 向 2 个 BS 传播的时差;由于信号从 MS 向各 BS 传输的距离和时间直接具有固定的比例,因此传播的时差可直接转换为

MS 与 2 个 BS 之间的距离差。根据该距离差可确定一个双曲线。通过使用 3 对 BS,以 BS 为焦距可确定 3 对双曲线,其共同交叉点则确定了二维空间[44,51]中的唯一 MS 位置。TDOA 技术的精度取决于 BS 相对的几何位置及 MS 和 BS 之间的时间同步。

- A - GPS/E - OTD[55]:E - OTD[44,47]为一种用于 GSM 网络(异步网络)的 TDOA 定位技术,该网络已然存在 OTD(观测时差)特性。
- A - GPS/A - FLT[56-57]:A - FLT[44]是一种用于 CDMA 网络(同步网络)中的 TDOA 推广,该网络具有时间同步性,使得时差计算(即 CDMA 导频信号对之间的相位延迟计算)更为简便。

A - GPS/Cell - ID 是一种简单的集成,提供了巨大的漫游优势,可在高密度人口的网络中应用[54]。

在文献[44]中,推行混合型定位技术实际上主要考虑综合 A - GPS 和 TDOA 或 A - GPS 和传输时间 TOA。此外,也存在 A - GPS 用以验证支持 TDOA/TDA 的情况。例如,在笔直的高速上移动时,TDOA 较难提供定位方法,因为"接听"BS 很大可能是沿着高速设置,无法提供较为合适的几何配置。A - GPS 和 TDOA/TDA 的集成则解决了此类不利情况。在二维空间中,通过使用最少 3 个参考点的配置(即 1 个卫星和 2 个 BS,1 个 BS 和 2 个卫星等),可实现定位方案。

同样的系统化论证在文献[55]中有所报告,其中提及非标准化辅助信息,尤其在艾米丽项目(EMILY Project)中的使用[58-59]。其为一种混合型、基于 MS 的 E - OTD/A - GPS 定位系统,其中除了常规的辅助数据外,也用到了 MS 服务基站和卫星,RTD_{BS-SAT}之间的实时时差(图 9.17)。

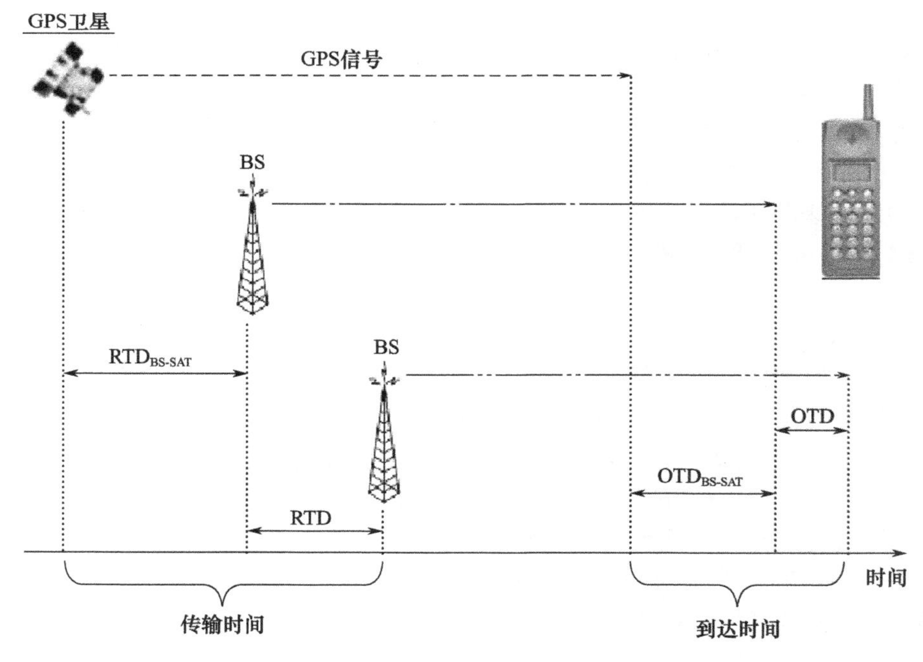

图 9.17　艾米丽定位确定程序

2）集成的技术方式

全球卫星导航系统和蜂窝式定位技术的集成要求针对手机设计和装配开发新型技术。由于该方面涉及生产过程和经济问题,不可避免需要列举出已开发的诸多装置,由此为诸多生产商和携带者作参考。此项清单也越来越满,很多新型装置也在不断涌现。

迄今为止的手机内置有 GPS 接收机和数字时代蜂窝电话。因此,提供给 GPS 接收机的辅助信号可通过使用 SMS 或 GPRS 传输信道发送,该方式要优于 GSM 传输,因为 GPRS 具有更好的数据包路由方式。

随着基于卫星的导航在我们生活诸多方面的影响不断增加(见第 8 章),相关研究正专注于寻找方法共享集成全球卫星导航系统/移动电话的各功能组件,以实现装置的更小型化、更低成本化、功耗更小化。

在 3G 蜂窝手机方面,已经研究了使用移动电话接收机的某些部分来发现卫星无线信号的可能性。此外,GALILEO[61] 信号结构和当前 GPS 现代化(见第 6 章)是在集成全球卫星导航系统/UMTS – CDMA2000 构架中搜索有效协同的另一项动机。

GPS Ⅲ 和 GALILEO 都具有 DS – CDMA(直接序列码分多址)技术,以及第三代蜂窝通信空中接口。由于全球卫星导航系统和 3G 通信具有不同的频带分配(图 9.18),有必要使用特定的双频接收机[62-63]。

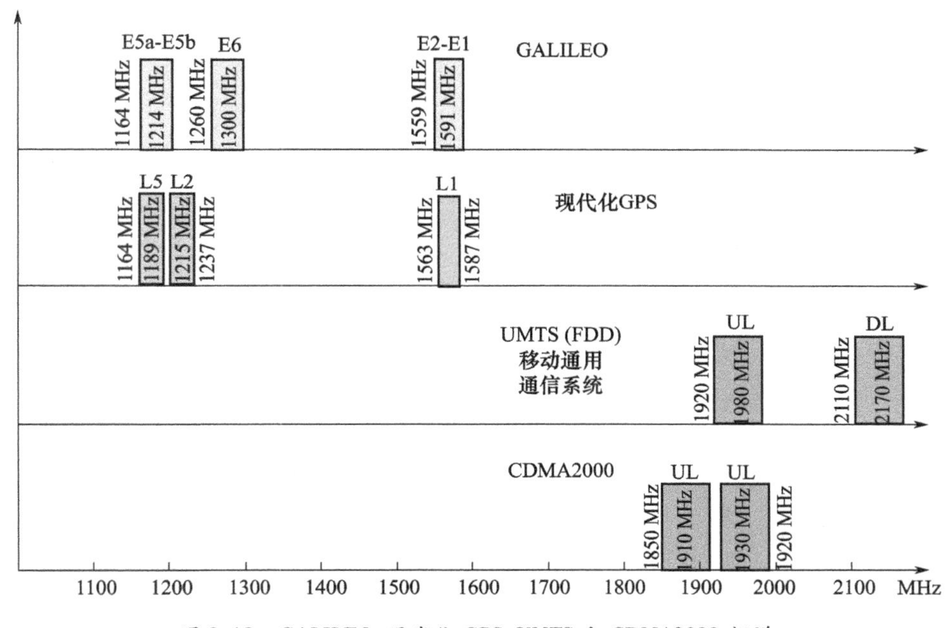

图 9.18 GALILEO、现代化 GPS、UMTS 和 CDMA2000 频谱

即使 DS – CDMA 技术同时在卫星导航和蜂窝移动通信中应用,它们的不同目标(即分别为全球 3D 定位和计时,以及大量数据的无误差传输)也使得推行不同用户装备成为必要,大部分装备主要用于编码获取和编码跟踪。通常来说,单独的全球卫星导航系统接收机具有一个编码获取可变调节器,用于同步各跟踪卫星接收的 PRN 代码并在本地同步生成副本;一旦获得编码,便可通过延迟锁相环方式进行卫星信号跟踪。另外,用于 CDMA 通信的移动电话使用 RAKE 接收机,其中相应的滤波可同步接收 PRN 代码和在本地同步生成的副本。两种接收机结构概念设计详见图 9.19[60]。

在文献[60]中可见,改进的 RAKE 接收机构架最适合在同一移动用户装备中,同时满足卫星导航和 3G 通信的需求。

近期,对 GPS 和 WCDMA 无线电前端的集成已经被提出和验证[64],同时突出了系统间(从无线系统到 GPS 的干扰等级)的问题和系统内(GPS 接收机内生成的 GPS 天线干扰等级)的孤立问题，前者在文献[65]中有详细描述。

9.3.2 卫星网络

全球卫星导航系统和诸多卫星网络的集成在以下各节内容中有重点说明。

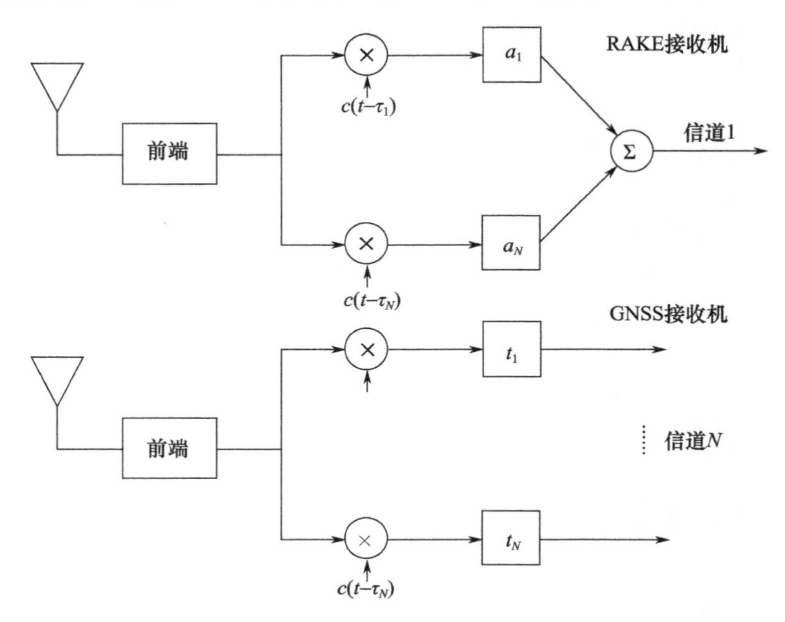

图 9.19 全球卫星导航系统和 RAKE 接收机概念设计

9.3.2.1 国际海事卫星

国际海事卫星可视为全球移动卫星通信的先驱。作为成立于 1979 年专注于海洋领域的跨政府机构，国际海事卫星自 1999 年转型成为有限公司，到 2004 年共运作 9 颗地球同步远距离通信卫星。除了无法准确覆盖的两极和高纬度地区外，同步卫星几乎能覆盖全球范围。国际海事卫星已研发了许多海上、航空和便携终端，能够提供语音、传真、互联网、数据传输、网络链接、视频会议和应急无线电通信服务，并能够监管跟踪和控制服务。此外，部分国际海事卫星携带有星基增强系统导航应答器，可用于 EGNOS 和 WAAS。国际海事卫星通过两类 GPS/国际海事卫星集成终端可对相关装备进行监管和跟踪，此类终端被称为国际海事卫星 mini - C 和国际海事卫星 D+。通过这些移动终端，可进行数据包通信(达数百字节)。信息的传输采用的是储存和转发的方法。从其发送到接收，至少需要 5 ~ 10min。此类终端的部分示例参见图 9.20。

图 9.20 GPS/国际海事卫星集成终端

数百对的国际海事卫星组组成的网络覆盖了全球80余个国家,并致力于终端出售。

国际海事卫星由设在伦敦的总部所管控,该地驻有国际海事卫星组织的母公司国际海事卫星股份有限公司(Inmarsat Group Holdings Ltd.)和IMSO(国际移动卫星组织)。IMSO担负着控制公司公共服务职责的任务以支持GMDSS(全球海事安全系统),并为航空组织提供卫星辅助空中交通控制。

国际海事卫星商业战略旨在将新型国际海事卫星I-4送入太空。该型卫星是最大型的商业通信航天器,于2005年开始服务,作为计划中的BGAN(宽带全球区域网络)服务的主力。BGAN服务可提供速度高达432kbit/s的互联网络访问、移动多媒体及其他先进应用服务。相较于当前的国际海事卫星网络,BGAN通信容量至少要优越10倍以上[66]。

9.3.2.2 铱星

铱星是有史以来发射入太空中最具挑战的通信卫星系统。铱星的太空部分由66个在LEO(近地轨道)运行的卫星和14个备份卫星组成。每个卫星可在Ka波段进行反卫星链接,在L波段进行直接用户通信。该系统最开始在全球范围预设11个网关,以便进行预测的大流量电话通信传输。目前,整个铱星系统在亚利桑那州坦佩使用的是单一商业网关。铱星项目所经历的各种困难细节则超出了本书范围。可以这么说,铱星项目的诸多故事非常有趣,也完全颠覆了全球对卫星通信的看法[67]。铱星可覆盖全球(包括两极),并可从世界的任何地点向另一地点发送语音、数据、短消息、传真和寻呼。具有集成GPS特性的新型铱星解调器已经开始进入市场(图9.21)。铱星为增值应用,如装备跟踪和舰队管理等,提供了SBD(短脉冲数据)传输。其目标服务定位为商业或政府相关服务,包括要求实时传输位置、速度和时间的地面或空中应用。

图9.21 GPS/铱星集成调制解调器

9.3.2.3 全球星

全球星是一种卫星远程通信的国际多团体合作伙伴关系。全球性系统是全球最为广泛使用的手持卫星电话服务。该系统由48个在近地轨道运行的卫星以及4个额外备份卫星组成。全球星的覆盖范围几乎包括全球。

其卫星使用S波段(下行)和L波段(上行)来与用户通信,并使用C波段作为馈线链路。全球星使用简单的“弯头”构架进行数据传输,无需星上处理。该系统提供的主要服务包括语音、数据、传真、寻呼、短消息服务及定位服务。定位服务主要通过卫星信号的时间、角度和距离信息测量,结合算法完成经纬度地理位置确定。该服务的水平精度约为10km。此外,近期全球星针对装备跟踪提供了一种有趣的用户终端,称为AXTracker。该终端综合了1个低功率GPS模块、1个传感器输入接口和1个全球星单工卫星发射机。单工调制解调器的设计用于为低功率和低成本装置发送分包交换数据,以为遥感和监控应用提供通信。AXTracker详见图9.22,为一种电池供电的坚固装置,用于舰队管理、货物及其他移动装备跟踪。

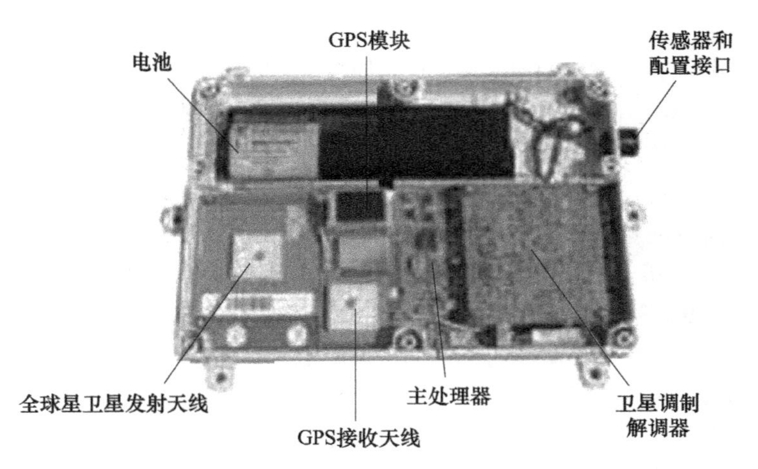

图 9.22 AXTracker 终端

9.3.2.4 Thuraya

Thuraya(舒拉亚)是1997年于阿联酋成立的一家卫星远程通信公司,是私营的股份制公司。其股东包括国家电信协会(阿联酋、卡塔尔、利比亚、科威特、巴林、阿曼、也门、埃及、阿尔及利亚、苏丹、突尼斯、巴基斯坦)和投资公司(阿布扎比投资公司(阿联酋)、迪拜投资 PJSC(阿联酋)、Al Murjan 贸易和工业公司(沙特阿拉伯)、海湾投资公司(科威特)、德国电信咨询 GmbH(德国),以及国际资本贸易公司(阿联酋))[68]。其主要为全球近三分之一的人口提供低成本的、基于卫星的移动电话服务。

其星座由2颗位于东经44°和东经28.5°的地球同步轨道卫星组成。第3颗卫星由波音卫星系统实现,计划于2005部署完毕[69]。其设想是拓宽其覆盖面以包含亚洲国家。用户终端为双重模式,因此可通过地面 GSM 网络或在 L 波段上与舒拉亚卫星进行通信。其主要支持服务为语音、传真、数据、短消息和地点定位(GPS)。定位服务通过在 GSM/卫星用户终端上集成 GPS 接收机来开发完成。

手持终端可向用户指示此前储存位置的距离和方向。该特性对于在巨大开阔空间,如沙漠地区的导航非常有用。终端自身也可通过 SMS 进行位置传输。车载终端则主要用于车队管理。其通信通过使用 SMS 在卫星或 GSM 地面网络上进行发送。

9.3.2.5 Orbcomm

Orbcomm(轨道通信公司)是一个由遍布全球的多个合作伙伴组成的卫星数据通信公司,其中包括轨道通信公司、Andes Caribe 轨道通信公司、南美轨道通信公司、欧洲轨道通信公司、欧洲数据通信股份公司、马格里布卫星通信公司、卫星通信国际集团有限公司、马来西亚 Celcom Berhad 通信公司、韩国轨道通信有限公司、日本轨道通信有限公司。轨道通信公司具有增值转售服务,可为顾客提供专业支持[70]。

Orbcomm 提供全球范围的包交换信息传递能力。其由30个在低地球轨道上运作的卫星组成,这30个卫星发射进入6个轨道平面中。该系统设计上用于信息收发、机器至机器通信以及位置信息发送。其传输频率为经济的 VHF 波段。目前在用户终端集成 GPS 的应用与跟踪移动装备(包括卡车、船只或火车)相关,并致力于提供信息交通服务。Echoburst 公司推出的用户终端集成了以下特性:

- 16信道的 GPS 接收机;
- 用于 WAAS、EGNOS 和 MSAS 的星基增强系统引擎;

- 基于陀螺仪的航迹推算器；
- GSM、GPRS 和 EDGE 通信能力；
- 轨道通信公司的通信能力；
- 语音通信。

该终端可实现高级车队管理服务，提供全球定位和跟踪服务，用于特殊应用，如安全车辆市场等。

9.3.2.6 QZSS

日本目前对于 GPS 相关大众市场产品具有巨大需求。2003 年日本约有 380 万台装有 GPS 的移动电话[71]，每年日本要售出约 200 万装有 GPS 的车辆导航装置。根据市场预测，该数字将到达每年 270 万。MSAS 无法单独在所有环境下支持所需求的基于定位的服务，因为地球同步卫星无法在日本大都市的密集地区进行跟踪（高耸建筑区）。日本工业中的一个名为 ASBC（先进空间商业公司）的财团，包含三菱电气公司、日立公司和全球卫星导航系统技术公司，得到政府的支持，目前正在研发一个称为 QZSS 的系统，即准天顶卫星系统。该系统据估计于 2008 年开始运行，并基于通信、视频、音频、数据传播、定位及 GPS 增强等，为移动应用提供新型集成服务。其目标服务为 ITS、LBS 以及移动通信。QZSS 的创新概念是轨道的选择。卫星星座由 3 个运行在亚洲地区上方高地球轨道上的卫星组成。部分可能的卫星星座配置（图 9.23）目前正在研究中。

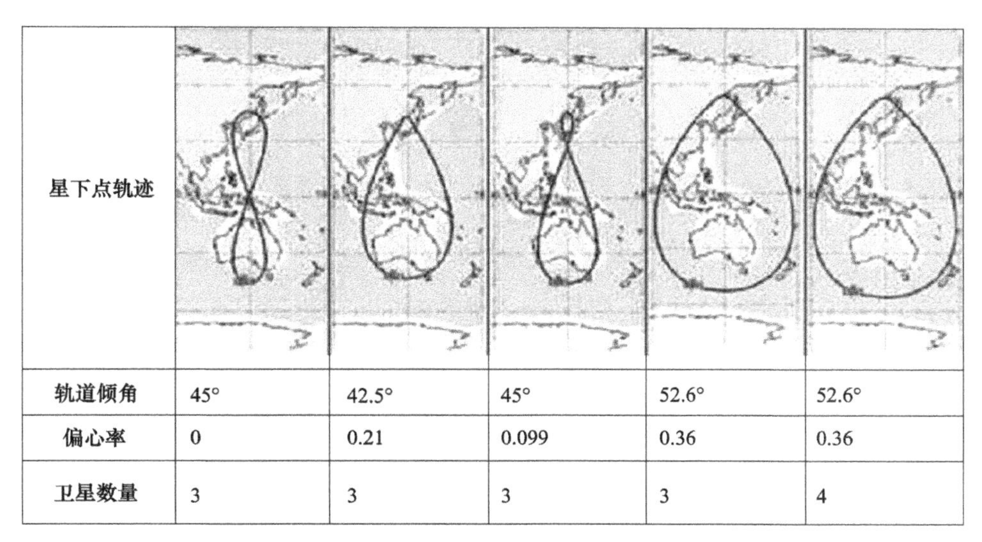

星下点轨迹					
轨道倾角	45°	42.5°	45°	52.6°	52.6°
偏心率	0	0.21	0.099	0.36	0.36
卫星数量	3	3	3	3	4

图 9.23 QZSS 卫星星座研究

该卫星星座的优势在于其高可用度，即使是在高隐蔽角度的情况下。该优势主要源自其准天顶的位置。QZSS 是导航和通信在系统层面的集成，它是为特殊定位用户群体服务的一个典型范例。

9.3.3 应急网络

如此前各章节所述，基于卫星的导航系统对于在应急应用中提供支持及援助至关重要。就“集成”来说，全球卫星导航系统服务可拓展为专用应急网络的一个模块。一个代表示例为 GALILEO 系统 SAR 服务，其集成了全球卫星导航系统和应急 COSPAS - SARSAT 系统（见第 5 章）。

其他已报道的例子包括希腊阿提卡辖区用于救护车管理和紧急事故处理的一个基于 GIS/GPS/GSM 的系统[72]。该集成系统预计于希腊国家即时支援中心(希腊的 ETAK)运行,通过协调和导引救护车前往合适医院,在前往医院途中为病人提供医疗护理来解决紧急医疗事故。另一个系统,台湾的 EVE(紧急 E 先锋)系统,用于在救援行动中为救援和急救工作提供帮助[73]。EVE 系统的救助者装备有可穿戴 PDA(个人数字助理),其卫生员配备有具备 GPS 的便携式电脑,其救助指挥中心由救助和医疗队伍的领导管控,其监控子系统包含物理传感器,如血氧计、电子心电图,可对伤员情况进行无线传输。EVE 系统的各部分之间可用蓝牙进行通信。图 9.24 显示了该系统的构架。其中一个 GPS 模块——Ever More GM - X205,支持 NMEA 设定的 NXMEA - 0813 输出格式——安装在户外医疗人员使用的各台便携式电脑中。其可通过卫星发送的信息来计算医护人员的位置,并通过蓝牙将位置信息传送至服务器,以便在服务器电子地图上显示坐标位置。该系统进一步应用的未来设想包括为慢性病患者提供家庭护理。

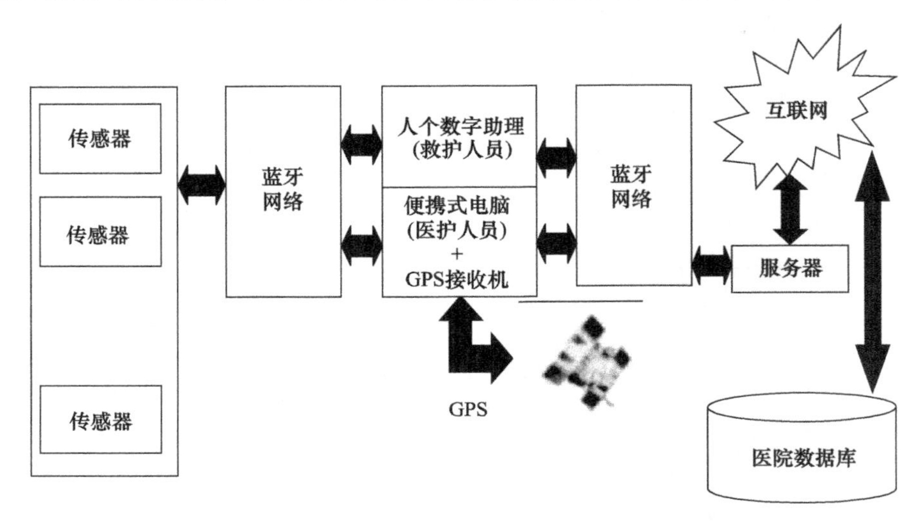

图 9.24　EVE 系统构架

集成的另一个例子为日本用于直升机安全和高效操作的空对空监视系统。该系统由 1 个基于 GPS 的定位传感器、1 个 VDL(VHF 数据链)和 1 个 DTI(交通信息驾驶室屏显)组成[74]。其在空对空情况下的使用已被成功证实,并在对周围交通的态势感知方面实现了巨大进步——一种"看见并躲避"能力。之后进一步的应用也已形成设想,如空对地数据链通信和特定空域监视地面监控系统,特别是应用于 EMS(紧急医疗勤务)直升机(图 9.25)。

进一步集成应用报告见文献[75],其有关于 GLASE(基于 GPS 的地面搜索环境系统)当中的 GPS 定位收发器的研发。GLASE 系统旨在为新斯科舍的韦弗利地面搜救战术搜索管理团队提供在外搜救人员的准确定位信息。

目前正在研发的 1 个紧急情况相关应用为 SCORE(基于 EGNOS 的协调行动应急和救援)项目,该项目将设置紧急情况电话呼入定位(E - 112,欧洲版的美国 E - 911 电话),并在事故和自然灾害期间为救援兵力提供指导服务[76]。

在军事领域,CSAR(战斗搜索与救援)项目值得一提。CSAR 的核心是 CSEL(战斗幸存者/逃兵定位器)无线电,该通信系统为幸存者/逃兵,如坠落的驾驶员,提供一些集成的工具。这些工具是基于 GPS 的精确地理定位和导航数据、向 JSRC(联合搜救中心)传输的 OTH(超视距)保密数据通信、OTH 信标操作和视距语音通信以及扫频信标功能[77-78]。另一项应用则关于在人员危险环境下的机器人使用,如跨越放射物、生物战或化学滴漏物污染区,具有余震的地震区,以

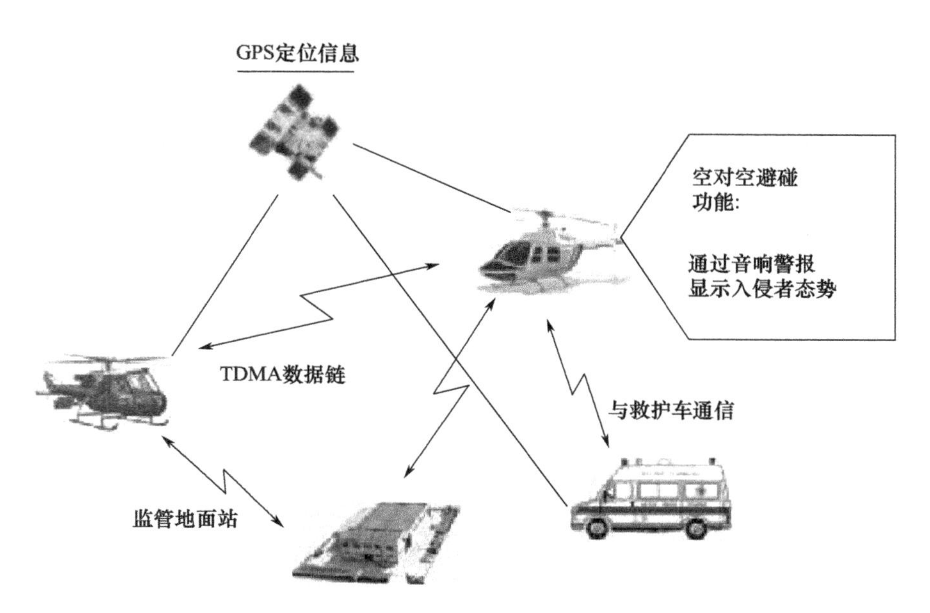

图 9.25 EMS 直升机综合系统架构

及布雷区或交火区。虽然单个士兵或应急人员可将背囊大小的机器人背负至相关区域,但用于检查感兴趣区域的必要任务载荷则可能无法全部运送至现场。因此在此背景下,引入了领导/跟随机器人概念:一个机器人通过用户控制和自动导航探索出安全路径,其他机器人通过使用领导/跟随运行方式可经相同路径进行运送。在执行返程穿越任务时,同样可下发指令"命令"领导机器人参照自身路径返回。GPS 自然而然地被领导和跟随机器人用于规划规避危险的路径[79]。

参考文献

[1] Schiller,J. ,Mobile Communications,Reading,MA:Addison - Wesley,2000.

[2] Prasad,R. ,and M. Ruggieri,Technology Trends in Wireless Communications,Norwood,MA:Artech House,2003.

[3] Kayton,M. ,and W. R. Fried,Avionics Navigation Systems,2nd ed. ,New York:John Wiley & Sons,1997.

[4] Galati,G. ,"Detection and Navigation Systems/Sistemi di Rilevamento e Navigazione," Rome,Italy:Texmat,2002.

[5] Parkinson,B. W. ,and J. J. Spilker Jr. ,(eds.),Global Positioning System:Theory and Applications,Vol. 163 and 164,Washington, D. C. :American Institute of Aeronautics and Astronautics,1996.

[6] Roth,L. ,et al. ,"Status of U. S. Loran Evaluation and Integrated GPS/Loran Development Program—Ability of a Modern Loran System to Augment and Backup GNSS,"GNSS 2003,The European Navigation Conference,Graz,Austria,April 2003.

[7] van Willigen,D. ,G. W. A. Offermans,and A. W. S. Helwig,"EUROFIX:Definition and Current Status,"IEEE Position Location and Navigation Symposium,April 1998,pp. 101 - 108.

[8] van Willigen,D. ,et al. ,"Improving GPS UTC Service by LORAN - C/Eurofix,GNSS 2003,The European Navigation Conference, Graz,Austria,April 2003.

[9] Tetley,L. ,and D. Calcutt,Electronic Navigation Systems,3rd ed. ,Boston,MA:Butterworth - Heinemann,2001.

[10] http://www. rednova. com/news/stories/1/2004/10/14/story122. html.

[11] Kleusberg,A. ,"Comparing GPS and GLONASS,"GPS World,Vol. 1,No. 6,November/December 1990,pp. 52 - 54.

[12] Daly,P. ,et al. ,"Frequency and Time Stability of GPS and GLONASS Clocks,"International Journal of Satellite Communications, Vol. 9,No. 1,1991,pp. 11 - 22.

[13] Anodina,T. G. ,"Status and Prospects for the Development of the GLONASS Satellite Navigation System,"Proc. FAANS(Ⅱ)/4 - WP/47,ICAO,Montreal,Canada,September 1993.

[14] Langley, R. B., "GLONASS Review and Update," GPS World, Vol. 8, No. 7, July 1997, pp. 46 – 51.

[15] Misra, P., et al., "Receiver Autonomous Integrity Monitoring (RAIM) of GPS and GLONASS," Navigation, Vol. 40, Spring 1993, pp. 87 – 104.

[16] Bazlof, Y. A., et al., "GLONASS to GPS: A New Coordinate Transformation," GPS World, Vol. 10, No. 1, January 1999, pp. 54 – 58.

[17] "GALILEI—Navigation Systems Interoperability Analysis," Gali – THAV – DD080, October 2002.

[18] "GALILEO and GPS Will Navigate Side by Side: EU and US Sign Final Agreement," IP/04/805, Brussels, Belgium, June 2004.

[19] "Progress in GALILEO – GPS Negotiations," IP/04/173, Brussels, Belgium, 2004.

[20] Doherty, J., "Directions 2004 Part 1," GPS World, December 1, 2003.

[21] Gibbons, G., "Interoperability: Not So Simple," GPS World, December 1, 2003.

[22] Issler, J. L., et al., "GALILEO Frequency & Signal Design," GPS World, June 1, 2003.

[23] Godet, L., et al., "GALILEO Spectrum and Interoperability Issue," Proc. GNSS 2003, Graz, Austria, April, 2003.

[24] Belli, R. G., "GPS and GALILEO—Capabilities and Compatibility," Proc. European Satellites for Security Conference, Brussels, Belgium, June 2002.

[25] Turner, D. A., "Compatibility and Interoperability of GPS and GALILEO: A Continuum of Time, Geodesy, and Signal Structure Options for Civil GNSS Services," in M. Rycroft, (ed.), Satellite Navigation Systems: Policy, Commercial and Technical Interactions, Boston, MA: Kluwer, 2003, pp. 85 – 102.

[26] Karner, J., "Status of GPS – GALILEO Cooperation—A US Perspective," Munich Satellite Navigation Summit, March 2004, http://www.munich – satellite – navigation – summit.org/Summit2004.

[27] Hilbrecht, H., "GALILEO Institutional and International Issues," Munich Satellite Navigation Summit, March 2004, http://www.munich – satellite – navigation – summit.org/Summit2004.

[28] Vultaggio, M., A. Greco, and L. Russo, "The NETNAV Integrated Navigation System/Il Sistema Integrato di Navigatzione NETNAV," Atti IIN, No. 172, September 2003, pp. 46 – 55.

[29] El – Rabbany, A., Introduction to GPS: The Global Positioning System, Norwood, MA: Artech House, 2002.

[30] Kaplan, E. D., (ed.), Understanding GPS: Principles and Applications, Norwood, MA: Artech House, 1996.

[31] Curey, R. K., et al., "Proposed IEEE Inertial Systems Terminology Standard and Other Inertial Sensor Standards," Proc. of Position Location and Navigation Symposium, Monterey, CA, April 2004.

[32] Barbour, N., "Inertial Components—Past, Present and Future," Proc. AIAA GNC Conf., Montreal, Canada, August 2001.

[33] Barbour, N., and G. Schmidt, "Inertial Sensor Technology Trends," IEEE Sensors Journal, Vol. 1, No. 4, December 2001.

[34] Lawrence, A., Modern Inertial Technology: Navigation, Guidance, and Control, 2nd ed., New York: Springer – Verlag, 1998.

[35] Dalla Mora, M., A. Germani, and C. Manes, "Introduzione Alla Teoria Dell'identificazione Dei Sistemi," Edizioni EUROMA – La Goliardica, Rome, Italy, 1997.

[36] Hajiyev, C., and M. A. Tutucu, "Development of GPS Aided INS Via Federated Kalman Filter," Proc. of Int. Conf. on Recent Advances in Space Technologies, Istanbul, Turkey, 2003.

[37] Hide, C., T. Moore, and M. Smith, "Adaptive Kalman Filtering Algorithms for Integrating GPS and Low Cost INS," Proc. of Position Location and Navigation Symposium, Monterey, CA, April 2004.

[38] Song, C., B. Ha, and S. Lee, "Micromachined Inertial Sensors," Proc. of the 1999 IEEE/RSJ Int. Conf. on Intelligent Robots and Systems, Kyongju, Korea, October 1999.

[39] Yazdi, N., F. Ayazi, and K. Najafi, "Micromachined Inertial Sensors," Proc. of the IEEE, Vol. 86, No. 8, August 1998.

[40] "Revision of the Commission's Rules to Ensure Compatibility with Enhanced 911 Emergency Calling Systems," Report and Order and Further Notice of Proposed Rulemaking, FCC, Washington, D. C., June 1996.

[41] FCC Acts to Promote Competition and Public Safety in Enhanced Wireless 911 Services, WT Rep. 99 – 27, FCC, Washington, D. C., September 15, 1999.

[42] U. S. Federal Communication Commission Web Site About E – 911, http://www.fcc.gov/911/enhanced.

[43] National Emergency Number Association (NENA) Web Site About E – 911, http://www.nena.org/Wireless911/index.htm.

[44] Zhao, Y., "Mobile Phone Location Determination and Its Impact on Intelligent Transportation Systems," IEEE Trans. on Intelligent Transportation Systems, Vol. 1, No. 1, March 2000, pp. 55 – 64.

[45] Zhao, Y., "Standardization of Mobile Phone Positioning for 3G Systems," IEEE Communications Magazine, Vol. 40, No. 7, July 2002.

[46] Christie, J. , et al. , "Development and Deployment of GPS Wireless Devices for E911 and Location Based Services," IEEE Position, Location and Navigation Symposium, Palm Springs, CA, April 15 – 18, 2002.

[47] Lopes, L. , E. Viller, and B. Ludden, "GSM Standards Activity on Location," Proc. of IEEE Colloquium on Novel Methods of Location and Tracking of Cellular Mobiles and Their System Application (Ref. No. 1999/046), London, England, May 17, 1999.

[48] Lee, D. J. Y. , and W. C. Y. Lee, "Optimize CDMA System Capacity with Location," Proc. of 12th IEEE Int. Symp. on Personal, Indoor and Mobile Radio Communications 2001, San Diego, Calif. , September 30 – October 3, 2001, pp. D144 – D148.

[49] Lee, D. – S. , and Y. – H. Hsueh, "Bandwidth – Reservation Scheme Based on Road Information for Next – Generation Cellular Networks," IEEE Trans. on Vehicular Technology, Vol. 53, No. 1, January 2004, pp. 243 – 252.

[50] Chiu, M. H. , and M. A. Bassiouni, "Predictive Schemes for Handoff Prioritization in Cellular Networks Based on Mobile Positioning," IEEE Journal on Selected Areas in Communications, Vol. 18, Issue 3, March 2000, pp. 510 – 522.

[51] Feng, S. , and C. L. Law, "Assisted GPS and Its Impact on Navigation in Intelligent Transportation Systems," Proc. of IEEE 5th International Conference on Intelligent Transportation Systems, Singapore, September 3 – 6, 2002.

[52] Djuknic, G. M. , and R. E. Richton, "Geolocation and Assisted GPS," IEEE Computer Magazine, Vol. 34, No. 2, February 2001, pp. 123 – 125.

[53] Enge, P. , R. Fan, and A. Tiwari, "GPS Reference Networks' New Role—Providing Continuity and Coverage," GPS World, July 2001, pp. 38 – 45.

[54] "Location Technologies for GSM, GPRS and UMTS Networks," SnapTrack—A QUALCOMM Company, Location Technologies White Paper X2, 2003; http://www.cdmatech.com/resources/pdf/location_tech_wp_1 – 03.pdf.

[55] Martin – Escalona, I. , F. Barcelo, and J. Paradells, "Delivery of Nonstandardized Assistance Data in E – OTD/GNSS Hybrid Location Systems," Proc. of the 13th IEEE Int. Symp. on Personal, Indoor and Mobile Radio Communications, Lisbon, Portugal, September 2002, pp. 2347 – 2351.

[56] Nissani, D. N. , and I. Shperling, "Cellular CDMA (IS – 95) Location, A – FLT (Assisted Forward Link Trilateration) Proof – of – Concept Interim Results," Proc. of the 21st IEEE Convention of the Electrical and Electronic Engineers in Israel, Tel – Aviv, Israel, April 11 – 12, 2000, pp. 179 – 182.

[57] http://www.cdmatech.com/solutions/products/gpsone_cdma.jsp.

[58] EMILY Project Web site, http://www.emilypgm.com.

[59] "Cellular/GNSS Hybrid Module Specification and Interfaces," EMILY. IST – 2000 – 26040, Deliverable 9, September 9, 2003.

[60] Heinrichs, G. , R. Bischoff, and T. Hesse, "Receiver Architecture Synergies Between Future GPS/GALILEO and UMTS/IMT – 2000," Proc. of 56th IEEE Vehicular Technology Conference, Vancouver, Canada, September 24 – 28, 2002.

[61] Issler, J. – L. , et al. , "GALILEO Frequency & Signal Design," GALILEO's World, June 1, 2003.

[62] Hekmat, T. , and G. Heinrichs, "Dual – Frequency Receiver Technology for Mass Market Applications," Proc. of the Institute of Navigation ION GPS – 01 International GPS Conference, Salt Lake City, UT, September 2001.

[63] Eissfeller, B. , et al. , "Real – Time Kinematic in the Light of GPS Modernization and GALILEO," GALILEO's World, October 1, 2002.

[64] Spiegel, S. J. , and I. I. G. Kovacs, "An Efficient Integration of GPS and WCDMA Radio Front – Ends," IEEE Trans. on Microwave Theory and Techniques, Vol. 52, No. 4, April 2004, pp. 1125 – 1131.

[65] Spiegel, S. , et al. , "Improving the Isolation of GPS Receivers for Integration with Wireless Communication Systems," Proc. IEEE Radio Frequency Integrated Circuits Symposium, Philadelphia, PA, June 2003.

[66] Inmarsat Web site, http://www.inmarsat.com.

[67] Chen, C. , "Iridium: From Punch Line to Profit?" Fortune, Vol. 146, No. 4, 2002, p 42.

[68] Thuraya Web Site, http://www.thuraya.com.

[69] From the Official Web Site for the Ministry of Information and Culture in the United Arab Emirates, http://www.uaeinteract.com/news/default.asp? ID = 257.

[70] Orbcomm Web Site, http://www.orbcomm.com.

[71] Petrovsky, I. G. , "QZSS—Japan's New Integrated Communication and Positioning Service for Mobile Users," GPS World, June 2003.

[72] Derekenaris, G. , et al. , "An Information System for Effective Management of Ambulances," Proc. of 13th IEEE Symposium on Computer – Based Medical Systems, Houston, TX, 2000.

[73] Chen, S. C. , et al. , "E – Vanguard for Emergency—A Wireless System for Rescue and Healthcare," Proc. of IEEE Enterprise Net-

working and Computing in Healthcare Industry, Santa Monica, CA, June 2003, pp. 29 – 35.
[74] Yokota, M., Y. Kubo, and N. Kuraya, "Some VDL Applications for Helicopter Safety and Efficient Operation," Proc. of the 21st IEEE Digital Avionics Systems Conference, Irvine, CA, October 2002, pp. 10. A. 3 – 1 – 11.
[75] Bower, D., et al., "Design and Development of the GLASE Position Location Transceiver," Proc. of 1994 Canadian Conference on Electrical and Computer Engineering, Halifax, Canada, September 1994.
[76] "ALCATEL to the Rescue with Project SCORE," GPS World, May 1, 2004.
[77] Luccio, M., "Guiding Weapons, Finding Soldiers," GPS World, July 31, 2002.
[78] "Interstate to Support CSEL Rescue Radios," GPS Inside – December 2002, GPS World, December 1, 2002.
[79] Hogg, R., "Send in the 'Bots,'" GPS World, August 1, 2002.

第10章 公开问题和前景

10.1 实现航空应用:自由飞行

过去十年间,空中交通流量每年显著增加已成为其重要特征,这导致了航空延误事件的大量增加,同时也暴露了其在安全和效率方面存在的问题。在接下来几年中,空中交通流量预计将保持每年2.5%的增长[1-2]。因此,需要采取积极措施来应对空中交通增长带来的负面影响。设计并开发一个新的ATM概念——自由飞行来优化空域使用已非常必要。这一未来ATM概念旨在增加系统容量、改进安全标准、充分利用容量资源来显著提高ATM的效率。

自由飞行概念早在20世纪90年代就已提出,联邦航空局官方也表现出兴趣,建立了一个特别工作组——航空无线电技术委员会自由飞行特别工作组,来进行该项目的研究和开发。1995年RTCA的官方报告对自由飞行概念进行定义[3]:

> 仪表飞行规则下安全且高效的飞行操作能力,操作员能够实时地自由选择其路径和航速。
>
> ——航空无线电技术委员会,1995年

NASA正在参与自由飞行研究任务,制定了一个长期操作概念:分布式空/地交通管制。分布式空/地交通管制概念要素5(CE5)[4]详细说明了途中和航站过渡飞行阶段的操作。此外,分布式空/地交通管制CE5提出了一个新的飞行操作分类:自主飞行规则。安装自主飞行规则的飞机经授权可动态性规划并执行推荐的飞行航路计划,无需与地面空中交通勤务管理员进行协调。因此,配备自主飞行规则飞机的机组人员需要遵守由空中交通勤务管理员建立的飞行间隔和操作限制规定,以维护特殊用途空域,应付航站空域密集的交通流。在正常操作下,空中交通勤务管理员不需要直接参与到途中或航站过渡飞行阶段的自主飞行规则程序中,但他/她仍需要为非自主飞行的飞机提供仪表飞行规则服务。

在交通流量超出地面自主飞行规则系统管理能力后能自行调节适应,这是采用自主飞行规则后可以预见到的一项重要优势。

需要特别强调,自由飞行并不表示"无任何约束",飞行机组人员/驾驶员仍要受到空中交通限制的约束。然而,这些限制约束仅在处理某些特殊问题[3]时的特定范围和时间内有效。地面ATS管理员仅在以下四种情况下才进行干预:

- 防止超出机场容量;
- 确保飞行间隔;
- 禁止擅自飞越特殊用途空域;
- 确保飞行安全。

需要特别指出,在标准环境中,DAG TM CE5规定,自主飞行飞机和空中交通勤务管理员之间的交互包括交通流量管理,其通过时基抵达计量来完成这一任务:空中交通勤务管理员向自主飞行飞机机组发送要求到达时间许可和越境约束。飞机飞越定位点前的时间内,空中交通勤务管理员和飞机之间进行最低程度的交流通信[5]。

自由飞行概念给予了飞行员更多的自由和独立空间,能够通过先进技术维持IFR提供的传

统安全防护，而不再依附地面空中交通管理系统[3]。

因此，自由飞行可使影响地面空中交通管理系统运行效率的空中交通限制降至最少或被移除，允许飞行员自由选择路径，飞越最佳航线。

自由飞行的理想状态可显著改进 ATM 效率，提供最具性价比的空中交通服务。

联邦航空局自由飞行项目划分为三个阶段（表 10.1[6]）。

表 10.1　自由飞行项目时间计划表

	起始时间	终止时间
自由飞行项目阶段 1（FFP1）	1998	2002
自由飞行项目阶段 2（FFP2）	2003	2005
自由飞行项目阶段 3（FFP3）	2006	2015

自由飞行项目阶段一（FFP1）开始于 1998 年 10 月，2002 年 12 月结束，开发了新的 ATM 工具，并在自由飞行概念下测试了其操作可行性。FFP1 最终结论大部分都比较成功，这也进一步推动了联邦航空局继续进行自由飞行项目开发。接下来是 FFP2 阶段，其目标是改善和扩展 FFP1 的能力。此外，一个新的数据链系统——空管员飞行员数据链通信（CPDLC），也将研发出来以提升空地通信能力。第三阶段，FFP3，2006 年开始，完成软件和硬件的装配，实现前两个阶段的其他成果[6]。FFP1 的成功同样也会推动欧洲积极参与并为自由飞行项目作出贡献。1999 年，意大利空中交通局和 ENAV，与几个欧洲航空机构和公司协作，共同开创了一个 5 年大型项目，即地中海自由飞行（MFF）。该项目旨在研究地中海空域自由飞行的可行性。项目开始于 2000 年，由 2 个操作阶段构成，分别为 2000—2003 年和 2004—2005 年[7]。

在实现自由飞行目标的过程中，全球卫星导航系统和其先进功能将发挥关键作用。事实上，自由飞行概念为飞行员提供了自由选择路径的功能，在空中交通管制中实现最高级别的安全和效率，首要且关键的要求便是精确定位和自主功能。

需要注意的是，在应用新技术、规程和设备的过程中，人仍然是最重要的因素。在未来的自由飞行环境下，飞行机组/飞行员应该能够使用电子设备查看并处理任何一个紧急状况。尤其是飞机之间的互通信能力，在冲突检测和处理中，将发挥关键作用。基于全球卫星导航系统的技术目前正在开发中，即空对空广播式自动相关监视（ADS - B）。装备了 ADS - B 的飞机能够向周边附近的任意“听众”（其他飞机）自动广播它们的位置[8]。

10.2　基于 HAP 的融合网络

正如第 8 章中提到的，HAP 是无人长航时飞行器，在 15000 ~ 30000m 高空运行。它们价格低廉、适应能力更强，比起人造卫星，它们更接近地面。此外，它们的飞行路径能从地面控制，因而能被指挥为不同区域提供服务[9]。

另外，第 5 章和第 8 章也提到，GALILEO 的本地组件将在未来导航系统中发挥重要作用。GALILEO 的本地组件将增强 GALILEO 系统的导航性能和能力，满足特定市场或用户需求，GALILEO 的全球组件是无法独自完成这些的。GALILEO 本地组件由 GALILEO 本地单元构成，它是整体 GALILEO 定义的一部分。GALILEO 计划预计将带动一些选择试验性本地单元的研发。

HAP 能作为全球卫星导航系统的本地组件发挥某些功能（图 10.1）。

依据 HAP 实现的功能间的逻辑分割，可对任务进行分类：

- 第 1 层:增强所需导航性能(例如精度、可用性、完好性和连续性);
- 第 2 层:增强通信能力,提供先进的导航和定位服务。

尽管这个分割主要是逻辑上的,但有时它也不能与 HAP 有效载荷中物理部分的分割保持一致。

关于第 1 层,由于其有限的视距范围,单独一个 HAP 就能够增强局部区域(从数百米到数百千米)的所需导航性能,而对于整个大陆,则需要一个 HAP 集群。下面总结了 HAP 作为系统来改进所需导航性能功能的可能方式[9]:

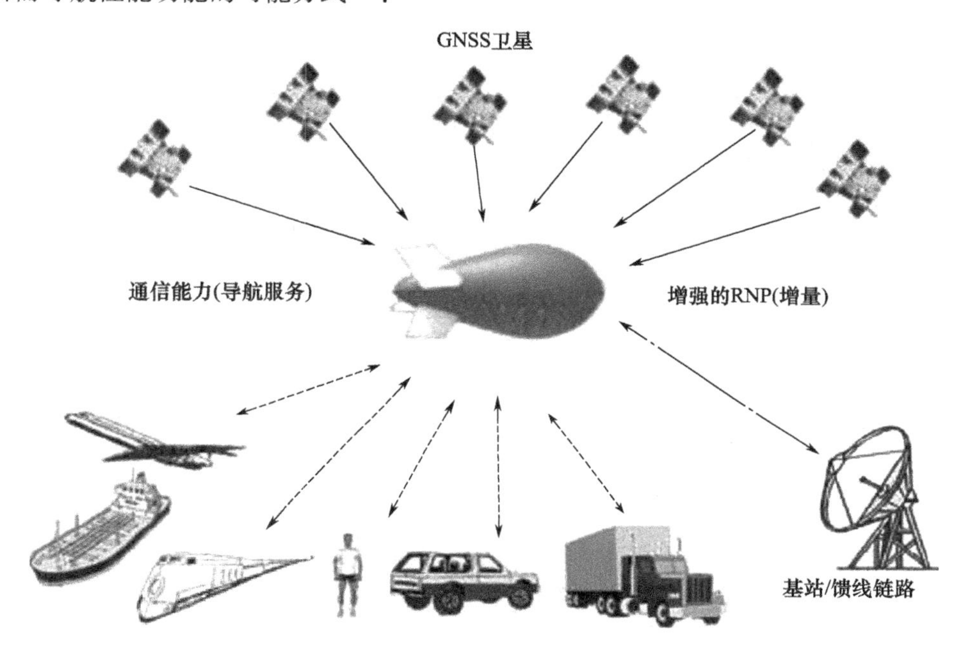

图 10.1 HAP 作为全球卫星导航系统的本地部分

- 平流层测距和监控站。HAP 可作为地面测距与完好性监测站网络的一部分,即移动的测距与完好性监测站。
- 综合信息广播(增加完好性)。HAP 可广播由地面测距与完好性监测站计算或自动计算(接收机自主完好性监测)得出的完整信息。
- 距离修正广播(增加精度)。HAP 能够对卫星星历、时钟和电离层传播误差进行修正。
- 附加测距信号(增加可用性和连续性)。
- 本地辅助导航服务(增加可用性和连续性,尤其是恶劣环境条件下)。这涉及降低 TTFF 和接收机跟踪门限的相关技术,需要一个实时双向通信向用户发送伪距和星历信息。

关于第 2 层,导航和移动通信网络的集成,能够提供全球卫星导航系统附加价值服务。可以设想,以下通信模式将能够被集成:

- 广播和组播通信;
- 多点到点通信;
- 双向窄带通信;
- 双向宽带通信。

在这个设想下,HAP 可以作为 LBS 的本地组件。HAP 同样能被用来进行无连接的多点到点通信。若只考虑和导航相关的服务,航行器(汽车、舰船或飞机)管理和交通控制将能以新的低成本的方式进行研发:移动用户(例如卡车或私家车)可以使用低成本的发送机终端向 HAP 传输他们的位置(由 GALILEO 计算提供)、速度和识别码;数据被转发至控制中心进行交通控制或管理。同样的系统基础设施能被用于防止盗窃事件或发送紧急信息(例如自动事故监测)。相较于卫星星座(例如 ORBCOMM),该系统的优势体现在以下三个方面:

- 服务的成本(对每一个 HAP 而言)能均摊到其他通信服务中。
- 单独一个 HAP 既是一个完整功能的本地系统,例如在大城市中进行航行器管理。
- 改进的链路预算在缩减用户终端的尺寸和成本的同时,也降低了发射功率水平。

与地面通信系统进行航行器管理(例如 SMS)相比,HAP 的优势得益于其无连接通信,它能够实现低成本和高速率的信息传输。

HAP 和移动网络的集成能够为使用双向宽带和窄带通信的一大批导航服务带来类似优势,包括先进驾驶辅助系统、个人导航系统数字地图更新等。相关导航服务应使用与因特网和语音服务同样的网络,以共同分担成本。

GALILEO 研究汇编[10](欧盟第五研究框架程序组中增长主题计划下的研究论文集)定义了大量 3G 和 4G 地面通信网络集成的方案。"本地组件"概念将实现商业应用。这些集成方案提出了一个框架来保障高级远程信息处理技术和信息移动应用的服务协议。最终,该框架将为"公共事业服务""最佳商业服务"和"担保商业服务"的策略进行定价。

如第 8 章所述,HAP 被认为是未来通信导航集成计划中的关键建设环节。

10.3 B3G 移动网络

从目前超三代移动通信系统(B3G)研发(R&D)情况看,为了提供新的应用和服务,势必将出现一个技术上的进步。然而,任何定义新通信方式或新多媒体服务的尝试都会与用户的移动性需求相冲突。因此,未来的大规模市场化用户终端设备必须具备轻巧、手持便携、低功耗或者低成本,方能够被用户接受。尽管这些要求具有挑战性,但对用户终端设备的制造商来说仍具有一定吸引力。事实上,未来用户终端将具备可穿戴性,拥有可投影或柔性显示屏,投影键盘,语音识别功能,轻型并符合多重标准。B3G 的大部分创新将主要集中于终端设备。B3G 方案中移动网络的作用是对具有不同标准、协议和技术的各个网络进行无缝集成。所有这些特征都将为用户提供更高的带宽和全球无缝覆盖:其终极目标是实现任何时候任何场合的高速无线因特网、语音以及移动视频会议。B3G 方案将对先前的服务和应用进行改进,以实现在低性能的 3G 网络环境下的开发。此外,3G 正在全球范围内缓慢普及,它的新服务不仅由用户需求所决定,同样还取决于可用技术。3G 曾被认为是对用户需要和要求的更深一步认识。

回想移动通信的历史,我们依然记得 1G 网络仅能提供低质量和低覆盖的语音服务。初期的终端设备大部分都是车载的,之后才变成具有低自主性的便携式设备。随后便是移动通信的变革。

现在,卫星导航终端主要能提供路径引导服务;大规模市场化用户终端设备主要是低自主性和低覆盖的车载和移动便携两种(无法在室内或市区高楼间使用)。新的变革即将开始,其驱动因素主要有两个:

- 与 B3G 网络整合以实现高级 LBS;
- 全球移动定位。

也许,移动用户在刚接通电话时普遍可能会问的问题就是"你在哪?"这意味民众对定位服务有需求,该需求目前仍无法被现有的技术满足。在 B3G 方案[11]中,以用户为中心是非常普遍的,这意味着网络将能够了解我们的需求,并在我们提出需求前便能够满足它们。这个概念可通过网络实现，通过研究我们的行为来定义一个用户配置文件。如果网络无法获悉我们的位置，那么该模型也将无法运行并发挥效能。在不远的将来，通过 B3G 网络，当我们走进商店的时候，折扣信息会推送至我们的设备，我们能找到附近的素食饭店，告诉我们好朋友在哪里以及如何联系接近他/她，当我们最终抵达饭店的时候，饭店的订位以及菜都恰好准备就绪。所有这些服务都需要利用用户的位置信息，并将该信息集成进 B3G 网络。此外，也需要随时随地能够获取该服务。卫星导航仅仅只是全球移动定位概念中的一个组成部分。目前比较热门的课题是研究如何利用通信中使用的技术进行室内定位，包括无线局域网[12-14]、蓝牙[15-18]、A - GPS[19]以及各种技术的组合。卫星导航系统将仅用于户外（或者半室内）定位，并且与通信网络的融合将促成全球移动定位的无缝覆盖。每一项技术都会给出原始的距离或角度测量值，然后再通过网络计算并向用户提供位置信息。由于功能设计，B3G 网络将对定位信息进行集中控制，因此届时将存在一个完整的系统间的互通。

10.4 数字鸿沟

数字鸿沟通常表示不同团体在获取新技术能力上存在的差距。

人类存在很多物资短缺：工作、住宅、食物、医疗保障以及饮用水。今天，切断基础无线电通信服务，如同剥夺其他服务一样严重，并且确实会减少寻找补救办法的机会。

——科菲·安南，联合国秘书长，1999 年

发达国家中，每引入一项新技术，必将考虑其环境影响、道德标准以及数字鸿沟。考虑到对新技术的获取能力，发达国家与发展中国家之间的差距正日益拉大。产生这种情况的原因是多方面的，包括：

- 几乎没有将新技术转移至第三世界国家的国内市场；
- 新技术花费高昂，并需要昂贵的基础设施配套；
- 社会、环境、文化和教育上的差异使得当地人无法使用发达国家同样的技术设备。

太空技术在打通数字鸿沟上发挥的作用将至关重要。太空基础设施不需要大量的额外投入就能够为广大地区提供服务。有很多这样的例子：地球同步轨道无线电通信卫星的覆盖范围通常包含发展中地区；地球观测低地轨道卫星的覆盖范围通常包含发展中国家；卫星导航系统本质上是全球定位系统。

然而，在城外以及广阔区域，例如沙漠或山区，定位服务确实非常有用。当前，数字鸿沟已经是政府部门、政客以及其他机构的关注焦点。应该鼓励技术创造人员为发展中国家设计特殊的服务，以满足他们的需求。

10.5 B2G 全球卫星导航系统

熟悉移动通信技术的读者可能还记得 1999—2000 年间发生的事情。当 GSM（也就是 2G 移动系统）取得全球性成功，所有工程和技术人员都在努力研发 3G 移动网络的时候，一些专业人员已开始聚集，并设想讨论，试图勾勒出 4G 移动通信系统的未来，那时的设备是什么样子，具备什么功能[21-22]。

导航技术的发展正在经历一个类似的情景：GPS（即 1G - 全球卫星导航系统）已经取得了全球成功。2G - 全球卫星导航系统（即 GALILEO、GPS Ⅲ）的研发正在如火如荼进行。自然地，对

3G－全球卫星导航系统概念研究也会随之开展。可以想象，在第三代移动通信中，导航服务以及用户终端的功能、体积和成本等都将发生质与量的提升。

惊喜和创新可能会来自于空间部分。在卫星星座发展进程中，将出现两个主要方向：开拓全新的频率范围，以获取更高的容量，能够以较高速率传输大量数据；研发高度互联的卫星星座，使用轨道间链路（IOL）来提高系统效率。目前正在制定计划，对极高频（EHF）尚未开发的频率范围进行试验。其中，意大利航天局正使用 W 波段（75～110GHz）进行传播和通信试验，使用 85GHz 频率试验地－星链路上传，75GHz 频率进行星－地链路下载[23-24]。由于信道近乎自由的空间特征，它避免了因大气环境导致的额外衰减影响，因此将 W 波段应用于轨道间链路似乎具有非常光明的前景。

可以说，3G－全球卫星导航系统的发展经历了一个增强版的 2G－全球卫星导航系统（即 2.5G－全球卫星导航系统），其增强的链路在 W 波段具有较高的速率。3G－全球卫星导航系统星座可以装备轨道间链路功能，也许会配备 W 波段的轨道间链路。

宏观来看，导航卫星星座可以看成是一个由不同层级组成的复杂集成结构的建筑群：地面层级、高空平台（HAP）层级、卫星（近地轨道、中地球轨道、地球同步轨道）层级[25]。图 10.2 显示了多层级结构，层级内和层级间都可以进行链接。

文中，全球卫星导航系统增强版可以看成是 MEO 层级（全球卫星导航系统）与例如 GEO 层级（增强版卫星）之间的层级间链接。可以设想，全球卫星导航系统可能存在众多的层级间增强链接。通常，当系统在不同层级和/或在多个层级上运行时，就会出现集成情况。

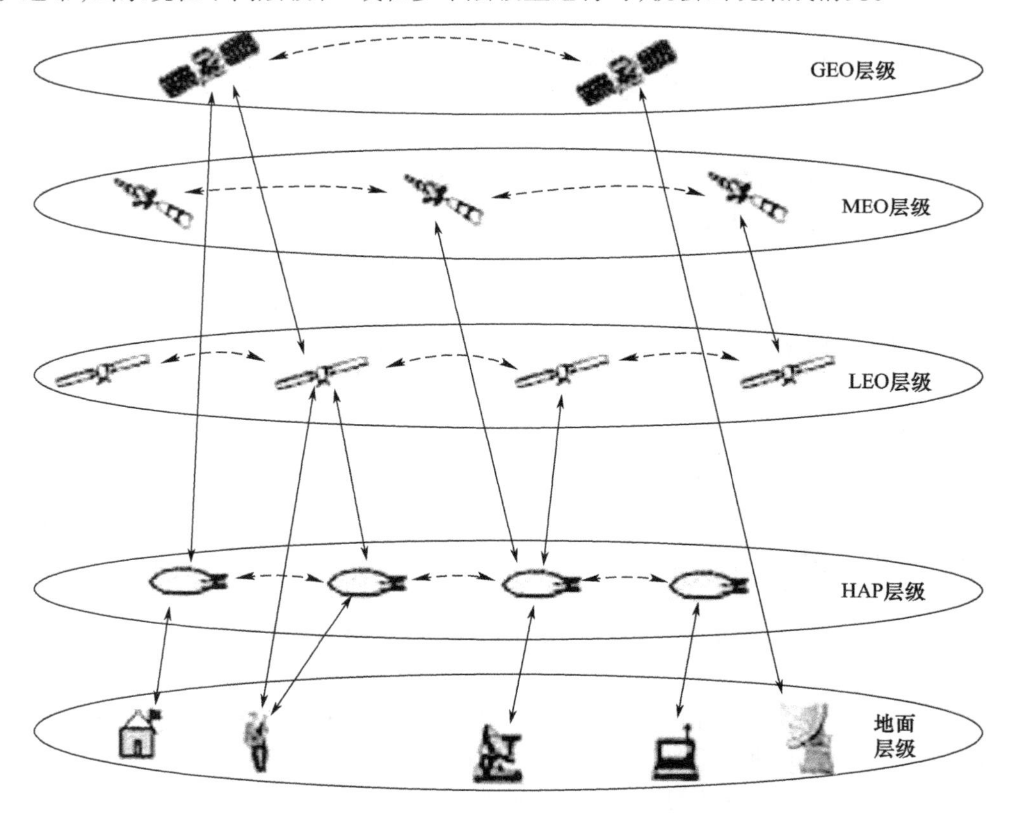

图 10.2　多层级系统结构

在未来，某些特定元素将发挥重要作用：互联、速率/频率范围和集成。任何一个我们想要创建的方案，都将把这些元素进行组合，依据方案的不同，对各元素按不同比例进行组合。

10.6 导航服务的应用

第 8 章已经用了大量的图例来说明全球卫星导航系统的应用情况,涉及完全不同的领域,并进入了某些特定领域,这在几年前是无法想象的。本节将展示全球卫星导航系统在不同市场应用情况的一些数据。在过去几年中,全球卫星导航系统产业相关的公司企业数量持续增长,他们利用卫星导航来提供附加服务,业务覆盖范围从地理信息系统(GIS)和土地勘测,到移动位置服务(LBS)和智能交通系统(ITS)。提供用户服务,早在 20 世纪 90 年代[26-28]的大量研究中就已做出预测,最近的研究成果也随后予以证实(主要是在选择可用性被停用前)。据报道[29],GPS 产品的营业收入,在航空市场有 10% 的增长,海运市场 11%,军事和校时均接近 25%,土地勘测市场超过 24%。北美 GPS 市场营业总额的近 62% 来自土地勘测。随着选择可用性(SA)的停用,定位精度的提升正不断催生新的导航服务。GPS 的现代化升级和欧洲导航技术的发展,更进一步加速了向服务提供的转变,2004 年引入欧洲同步导航覆盖服务(EGNOS),GALILEO 导航系统于 2008 年开始运行。2000 年,欧洲委员会开始了 GALILEO 项目,并对其进行了初步分析调查和技术要求定义。其中一个主要结论,即早期认为 GALILEO 和 GPS 将形成竞争的观点被推翻,接收设备将默认能同时使用 GPS 和 GALILEO。预测认为,GPS/GALILEO 组合接收设备在 2012 年将成为标准配置,而在 2020 年前将有超过 25 亿支持 GALILEO 的接收设备在使用[30](图 10.3)。

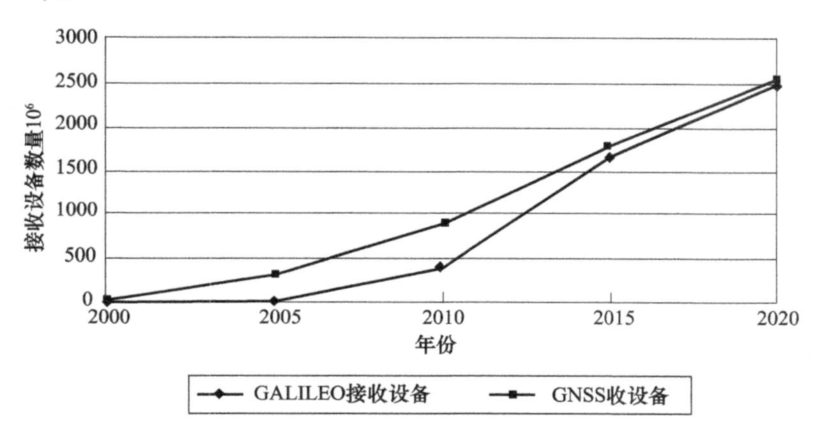

图 10.3 2000—2020 年间全球卫星导航系统接收设备

GALILEO 计划预计终端产品市场将在 2015 年后开始饱和并逐渐失去其营收主要地位,但是其服务市场将成为主要驱动力直到 2020 年。后一阶段中,移动电话和公路运输导航服务(车载远程信息处理技术、公路充电、先进驾驶辅助系统(ADAS))将占据其他市场。GALILEO,作为第二个卫星星座,将增强服务的可用性及总体性能,提升用户对服务的体验感受,继而支持市场持续发展。支持全球卫星导航系统的移动电话数量预计在 2020 年将达到 20 亿(图 10.4)[31]。相当于整个移动电话市场(约 29 亿的手持设备)70% 的普及率[31]。

至于公路运输,预计在 2020 年,将有 4.95 亿辆汽车装备全球卫星导航系统终端设备[30],包括拥有大量市场的乘用车(即小汽车)和商业运营车辆(即卡车、公共汽车和轻型商业车辆),如图 10.5 和图 10.6 所示[31]。

在乘用车市场,北美和欧洲将占据主导位置,2020 年前将拥有相当数量的汽车装备全球卫星导航系统接收设备。

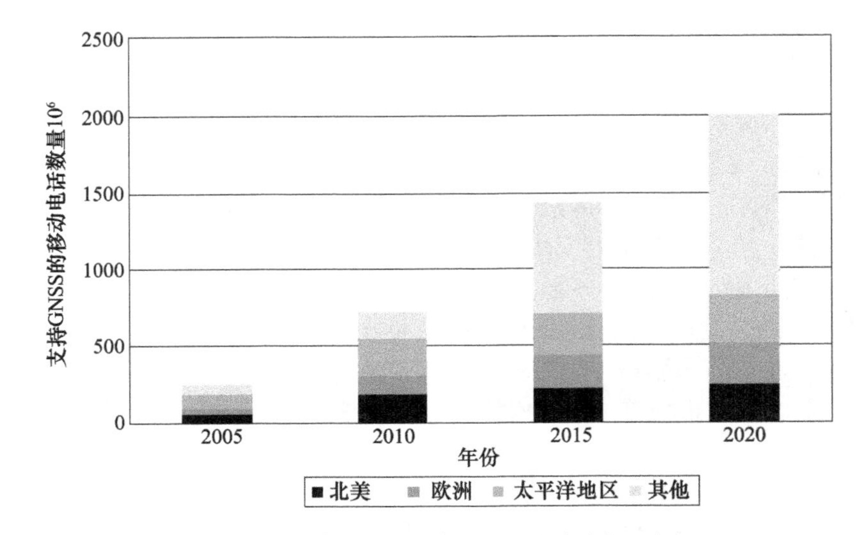

图 10.4　支持全球卫星导航系统的移动电话市场

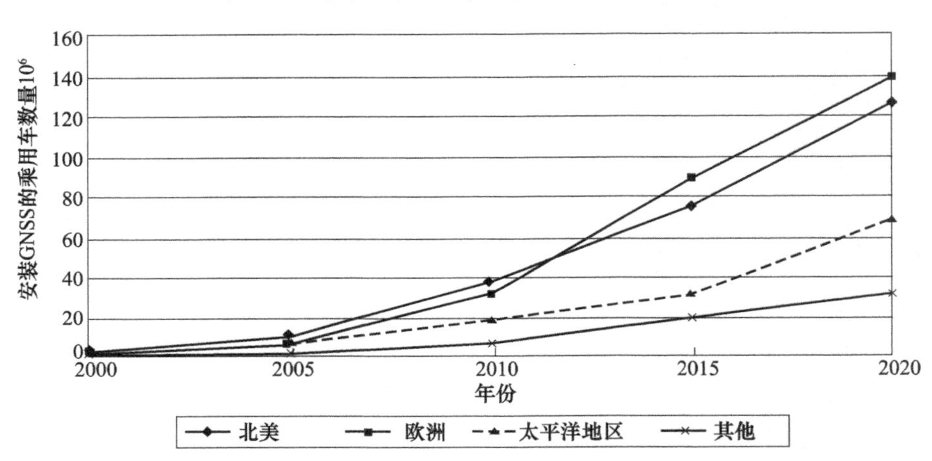

图 10.5　安装全球卫星导航系统的乘用车数量

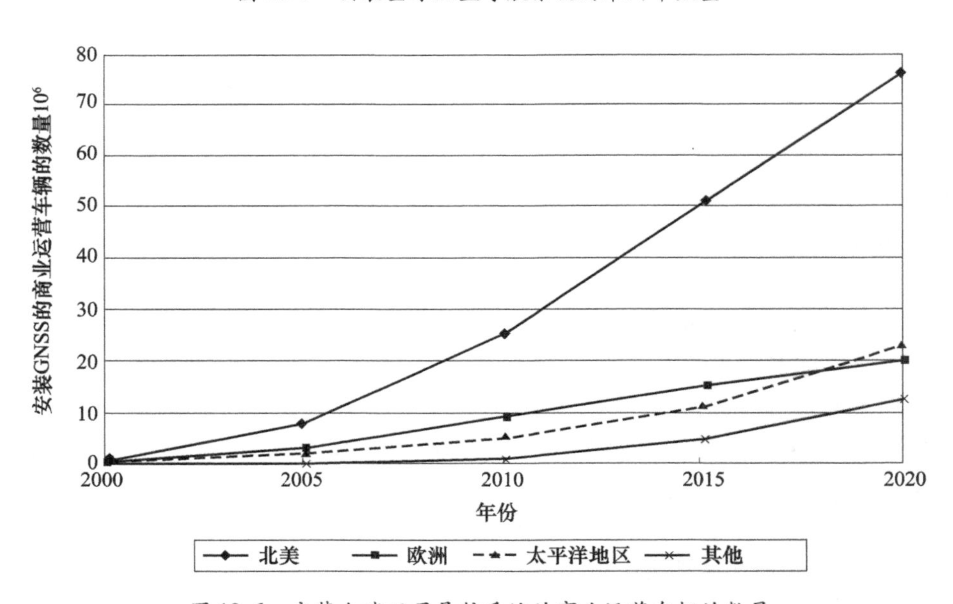

图 10.6　安装全球卫星导航系统的商业运营车辆的数量

然而在欧洲,乘用车数量更庞大,由于交通更加拥堵,从而对导航信息服务的需求则更强烈。这些特点使得欧洲汽车市场全球卫星导航系统接收设备的应用普及覆盖率比北美市场要高,如图 10.5 中欧洲市场更大斜率的曲线所示。相反,在商业运营车辆市场,北美的数据领先(其中,将 SUV 划入了商业运营车辆)。在整个商业运营车辆市场,预计 2020 年,这些系统的应用覆盖率将达到 50%(绝对净值 1.3 亿)。需要注意,考虑到商业运营车辆上 GALILEO 设备的使用,卡车或公共汽车等已经使用了 GPS 接收设备,它们的更换周期比移动电话要长。预计,到 2010 年,将有 1600 万商业运营车辆完全装备 GPS/GALILEO 组合接收设备,而 2020 年这个数字将达到 1.14 亿[31]。

再看已售全球卫星导航系统接收设备数量的整个市场规模,移动位置服务(LBS)比例中,移动电话和公路运输部分到 2020 年将上升至 92%(绝对数值分别为 20 亿和 4.95 亿),而剩余的 8%(绝对数值 1.8 亿)为其他部分[31]。

从营业总额角度看,比较这两个"牛市"市场,公路车辆全球卫星导航系统接收设备市场的营业额并不比移动手持设备的营业额低,尽管它终端销售的数量比移动设备要少。这是因为车载全球卫星导航系统终端包含各种外设设备,例如 CD 播放器、大屏彩色显示屏等,因此它的售价更高。这一数字,到 2020 年,车载市场将达到 760 亿欧元,而移动设备为 940 亿[30]。

10.7 结　论

通过前 9 章的讨论,我们可以确信,即使是最持怀疑态度的读者也会注意到,比起导航服务给社会带来的巨大甚至是大到无法表述的潜在影响来说,卫星导航系统现在和将来的应用数量实在是太小太小了。

在这一章,我们尝试介绍导航服务当前的应用情况,并基于最新的基础科学/技术背景和成果,来设想全球卫星导航系统的一些可能应用场景。本书可以作为读者了解空间导航和通信(现在和未来)发展情况的基础用书。

参考文献

[1] Annual Report of the Council 2003, ICAO, 2004.

[2] Annual Report Eurocontrol 2003, Eurocontrol, 2004.

[3] Final Report of the RTCA Board of Directors' Select Committee on Free Flight, Radio Technical Commission for Aeronautics, Technical Report, Washington, D. C., January 18, 1995.

[4] "DAG - TM Concept Element 5 En Route Free Maneuvering Operational Concept Description," NASA Advanced Air Transportation Technologies Project Office, 2002.

[5] Krishnamurthy, K., et al., "Autonomous Aircraft Operations Using RTCA Guidelines for Airborne Conflict Management," 22nd Digital Avionics Systems Conference, Indianapolis, IN, October 12 - 16, 2003.

[6] Post, J., and D. Knorr, "Free Flight Program Update," 5th USA/Europe Air Traffic Management R&D Seminar, Budapest, Hungary, June 2003.

[7] Iodice, L., G. Ferrara, and T. Di Lallo, "An Outline About the Mediterranean Free Flight Programme," 3rd USA/Europe Air Traffic Management R&D Seminar, Naples, Italy, June 2000.

[8] "National Airspace System Capital Investment Plan Fiscal Years 2002 - 2006," Federal Aviation Administration, April 2001.

[9] Avagnina, D., et al., "Wireless Network Based on High - Altitude Platforms for the Provision of Integrated Navigation/Communication Services," IEEE Communications Magazine, Vol. 40, No. 2, February 2002.

[10] "Summary of Local Element Customization Study," Galilei, July 2003.

[11] Prasad, R., and M. Ruggieri, Technology Trends in Wireless Communications, Norwood, MA: Artech House, 2003.

[12] Kotanen, A., et al., "Positioning with IEEE 802.11b Wireless LAN," 14th IEEE Proc. on Personal, Indoor and Mobile Radio Communications, Vol. 3, September 2003, Beijing, China, pp. 2218-2222.

[13] Kitasuka, T., T. Nakanishi, and A. Fukuda, "Wireless LAN-Based Indoor Positioning System WiPS and Its Simulation," IEEE Pacific Rim Conference on Communications, Computers and Signal Processing, Vol. 1, Victoria, British Columbia, Canada, August 2003, pp. 272-275.

[14] Vossiek, M., et al., "Wireless Local Positioning," IEEE Microwave Magazine, Vol. 4, No. 4, December 2003, pp. 77-86.

[15] Kotanen, A., et al., "Experiments on Local Positioning with Bluetooth," Proc., International Conference on Information Technology: Coding and Computing (Computers and Communications), Las Vegas, NV, April 2003, pp. 297-303.

[16] Hallberg, J., M. Nilsson, and K. Synnes, "Positioning with Bluetooth," 10th International Conference on Telecommunications, Vol. 2, Tahiti, February-March 2003, pp. 954-958.

[17] Thongthammachart, S., and H. Olesen, "Bluetooth Enables Indoor Mobile Location Services," 57th IEEE Semiannual Vehicular Technology Conference, Vol. 3, Jeju, Korea, April 2003, pp. 2023-2027.

[18] Anastasi, G., et al., "Experimenting an Indoor Bluetooth-Based Positioning Service," Proc., 23rd International Conference on Distributed Computing Systems Workshops, Providence, RI, May 2003, pp. 480-483.

[19] Kedong, W., et al., "GpsOne: A New Solution to Vehicle Navigation," Position Location and Navigation Symposium, Monterey, CA, April 2004, pp. 341-346.

[20] Dhruv, P., J. Ravi, and E. Lupu, "Indoor Location Estimation Using Multiple Wireless Technologies," 14th IEEE Proc. on Personal, Indoor and Mobile Radio Communications, Vol. 3, Beijing, China, September 2003, pp. 2208-2212.

[21] Prasad, R., and M. Ruggieri, (eds.), Special Issue on "Future Strategy for the New Millenium Wireless World," Wireless Personal Communications, Vol. 17, Nos. 2-3, June 2001, pp. 149-153.

[22] Prasad, R., and M. Ruggieri, (eds.), Special Issue on "Designing Solutions for Unpredictable Future," Wireless Personal Communications, Vol. 22, No. 2, August 2002, pp. 103-108.

[23] Ruggieri, M., et al., "The W-Band Data Collection Experiment of the DAVID Mission," IEEE Trans. on Aerospace and Electronic Systems, Special Section on "The DAVID Mission of the Italian Space Agency," Vol. 38, No. 4, October 2002, pp. 1377-1387.

[24] De Fina, S., M. Ruggieri, and A. V. Bosisio, "Exploitation of the W-Band for High-Capacity Satellite Communications," IEEE Trans. on Aerospace and Electronic Systems, Vol. 39, No. 1, January 2003, pp. 82-93.

[25] Cianca, E., and M. Ruggieri, "SHINES: A Research Program for the Efficient Integration of Satellites and HAPs in Future Mobile/Multimedia Systems," Proc. WPMC, Yokosuka, Japan, October 2003.

[26] Kaplan, E. D. (ed.), Understanding GPS: Principles and Applications, Norwood, MA: Artech House, 1996.

[27] "Differential GPS Markets in the 1990s, a Cross-Industry Study," KV Research, 1992.

[28] "Global Positioning System—Market Projections and Trends in the Newest Global Information Utility," The International Trade Administration, Office of Telecommunications, U. S. Department of Commerce, September 1998.

[29] "GPS Report," Frost & Sullivan, May 2000.

[30] "The Galilei Project—GALILEO Design Consolidation," European Commission, Esys Plc., Guildford, United Kingdom, August 2003.

[31] Styles, J., N. Costa, and B. Jenkins, "In the Driver's Seat—Location-Based Services Power GPS/GALILEO Market Growth," GPS World, October 1, 2003.

缩略语表

A - FLT	advanced forward link trilateration	先进前向链路三角测量法
A - GPS	assisted - GPS	辅助 GPS
A/D	analog - to - digital	模数转换
AAIM	aircraft autonomous integrity monitoring	飞机自主完好性监测
ABAS	aircraft - based augmentation systems	空基增强系统
ADF/NDB	automatic direction finder/nondirectional beacon	自动测向仪/全向信标
ADAS	advanced driver assistance systems	先进驾驶辅助系统
ADS - B	Air - to - Air Automatic Dependent Surveillance - Broadcast	空空广播式自动相关监视
AHRS	Attitude and Heading Reference System	高度和航向基准系统
AHS	Automated Highway System	自动高速公路系统
AII	Accuracy Improvement Initiative	精度改善计划
AKF	adaptive Kalman filter	自适应卡尔曼滤波
AMCS	alternate master control station	备用主控站
AOA	angle of arrival	到达角度
APV	approach for vertical guidance	垂直引导进近
ARNS	Aeronautical Radio Navigation Services	航空无线电导航服务
ARRC	Alaska Railroad Corporation	阿拉斯加铁路公司
ARTEMIS	Advanced Relay Technology Mission	(欧洲)先进中继技术任务
ASBC	Advanced Space Business Corporation	先进空间商业公司
AS	antispoofing	反欺骗
ASQF	Application Specific Qualification Facility	应用特殊限定设备
ATM	air traffic management	空中交通管理
AUV	autonomous underwater vehicles	自动潜航器
B3G	beyond third generation	超三代移动通信系统
BGAN	broadband global area network	宽带全球区域网络
BIH	Bureau International de l' Heure	国际时间局
BIPM	Bureau International des Poids et Mesures	国际度量衡局
BPSK	binary phase shift keying	二相移键控
BS	base station	基站
BSC	base station controller	基站控制器

BTS	Bureau of Transportation Statistics	(美国)运输统计局
BTS84	BIH Terrestrial System 1984	BIH 地球参考系 1984
C – WAAS	Canadian WAAS	加拿大广域增强系统
CARAT	Computer And Radio Aided Train control system	计算机和无线通信辅助列车控制系统
CENC	China – Europe global Navigation satellite system technical training and cooperation Center	中欧卫星导航技术培训合作中心
CAS	collision avoidance system	防撞避让系统
CC	composite clock	合成时钟
CCDS	Consultative Committee for Definition of Second	秒定义咨询委员会
CCF	central control facility	中央控制设施
CDGPS	conventional DGPS	常规/传统差分全球定位系统
CDMA	code division multiple access	码分多址
CDU	control display unit	控制显示组件
CGSIC	Civil GPS Service Interface Committee	民间 GPS 服务接口委员会
COSPAS – SARSAT	Cosmicheskaya Sistyema Poiska Avariynich Sudov – Search and Rescue Satellite – Aided Tracking	搜索与救援卫星辅助跟踪
CPDLC	controller pilot data link communications	管制员飞行员数据链路通信
CPF	central processing facility	中央处理设施
CRV	crew return vehicle	乘员返回舱
CS	commercial service	商业服务
CSAR	combat search and rescue	战斗搜索与援救
CSEL	combat survivor/evader locator	战斗幸存者/逃兵位置
CTP	conventional terrestrial pole	协议地极
CTRS	conventional terrestrial reference systems	协议陆地参考系统
DECT	Digital European Cordless Telecommunications	欧洲数字无线电话
DEM	Digital Elevation Model	数字高程模型
DGNSS	differential GNSS	差分全球导航卫星系统
DGPS	differential GPS	差分全球定位系统
DGRS	differential GPS reference station	差分全球定位系统基准站
DL	design life	设计年限/设计使用寿命
DLL	delay – lock loop	延迟锁相环
DMA	Defense Mapping Agency	国防测绘局
DME	distance measuring equipment	测距设备/测距仪
DNSS	Defense Navigation Satellite System	国防导航卫星系统
DOC	Department of Commerce	(美国)商务部

DoD	Department of Defense	(美国)国防部
DOP	dilution of precision	精度因子
DORIS	Doppler Orbitography Radiopositioning Integrated by Satellite	星基多普勒轨道确定和无线电定位组合系统
DORIS	Differential Ortho - Rectification Imaging System	差分偏振成像系统
DOT	Department of Transportation	(美国)运输部
DSP	digital signal processor	数字信号处理器
DTG	dynamically tuned gyroscope	动态调谐陀螺仪
DTI	display for traffic information	交通信息显示
E - OTD	enhanced observed time difference	增强型观测时间差
EATCHIP	European Air Traffic Control Harmonization and Integration Program	欧洲空中交通管制协调和集成项目
EC	European Commission	欧洲委员会
ECAC	European Civil Aviation Conference	欧洲民航会议
ECEF	Earth - centered Earth - fixed	地心地固坐标
ECI	Earth - centered inertial	地心惯性
EDGE	enhanced data rates for GSM evolution	增强型数据速率 GSM 演进技术
EGNOS	European Geostationary Navigation Overlay Service	欧洲地球同步卫星导航覆盖服务
ELT	emergency location terminals	紧急定位终端
EMS	emergency medical service	紧急医疗服务
ENT	EGNOS network time	EGNOS 网络时间
EPIRB	Emergency Position Indicating Radio Beacons	紧急位置指示无线电信标
EPN	EUREF Permanent Network	欧洲永久性连续运行网
EPS	electronic payment services	电子支付服务
ERNP	European Radio Navigation Plan	欧洲无线电导航计划
ERTMS	European Rail Traffic Management System	欧洲铁路运输管理系统
ESA	European Space Agency	欧洲航天局
ETCS	European Train Control System	欧洲列车控制系统
ETML	European traffic management layer	欧洲铁路运输管理层
ETRS89	European TRS 1989	欧洲大地参考坐标系 1989
EU	European Union	欧盟
EUROCAE	European Organization for Civil Aviation Electronics	欧洲民用航空电子学组织
EVE	E - Vanguard for Emergency	紧急救护电子系统(无线)
EWAN	EGNOS wide area communication network	EGNOS 广域通信网
FAA	Federal Aviation Administration	(美国)联邦航空局

FANS	Future Air Navigation Systems	(国际民航组织)未来空中导航系统
FCC	Federal Communications Commission	(美国)联邦通信委员会
FDE	fault detection and exclusion	故障检测与排除
FDI	fault detection and isolation	故障检测和隔离
FEC	forward error correction	前向纠错
FFP	Free Flight Phase	自由飞行阶段
FGC	Ferrocarriles Generalitat Catalunya	加泰罗尼亚政府铁路公司
FHWA	Federal Highway Administration	(美国)联邦公路管理局
FOC	full operational capability	全运行能力
FOG	fiber – optic gyroscopes	光纤陀螺仪
FRA	Federal Railroad Administration	(美国)联邦铁路管理局
FRS	Federal Radionavigation Systems	(美国)联邦无线电导航系统
FTA	Federal Transit Administration	(美国)联邦交通管理局
GA	ground antenna	地面天线
GA	general aviation	通用航空
GAGAN	GPS and GEO augmented navigation	GPS 和 GEO 增强导航系统
GAN	global area network	全域网
GBAS	ground – based augmentation system	陆基增强系统
GCC	GALILEO Control Center	GALILEO 控制中心
GDOP	geometric dilution of precision	几何精度因子
GEO	geostationary Earth orbit	地球同步轨道
GERAN	GSM EDGE Radio Access Network	GSM EDGE 无线接入网
GIAC	GPS Interagency Advisory Council	GPS 跨机构咨询委员会
GIS	geographic information system	地理信息系统
GLAS	GALILEO locally assisted service	GALILEO 本地辅助服务
GLASE	GPS – based Land Search Environment system	基于 GPS 的地面搜索环境系统
GLONASS	GLObal' naya NAvigatsionnaya Sputnikovaya Sistema	(俄罗斯)全球导航卫星系统
GMDSS	Global Maritime Distress and Safety System	全球海事安全系统
GNSS	Global Navigation Satellite System	全球导航卫星系统
GOC	GALILEO Operating Company	GALILEO 特许经营公司
GPRS	general packet radio service	通用分组无线服务
GPS	global positioning system	全球定位系统
GRACE	gravity recovery and climate experiment	重力场探测与大气试验(卫星)
GRI	group repetition interval	组重复间隔

GRS	geodetic reference system	大地基准系统
GSM	global system for mobile communications	全球移动通信系统
GSOS	GALILEO satellite - only services	GALILEO 卫星独享服务
GST	GALILEO system time	GALILEO 系统时间
GSS	GALILEO sensor station	GALILEO 传感站
GSSB	GALILEO System Security Board	GALILEO 系统安全委员会
GTRF	GALILEO terrestrial reference frame	GALILEO 地球参考系
GUS	GALILEO uplink station	GALILEO 卫星上行站
HAL	horizontal alert limit	水平告警门限
HAP	high - altitude platform	高空平台
HDOP	horizontal dilution of precision	水平分量精度因子
HARM	high - speed antiradiation missile	高速反辐射导弹
HEO	highly elliptical orbit	高椭圆轨道
HHA	harbor/harbor approach	港口/入港道
HPL	horizontal protection limit	水平保护限制
HRG	hemispherical resonant gyroscope	半球型谐振陀螺仪
I/O	input/output	输入/输出
IAG	International Association of Geodesy	国际大地测量学协会
IARP	Italian Antarctic Research Program	意大利南极研究项目
IAU	International Astronomical Union	国际天文学协会
ICAO	International Civil Aviation Organization	国际民航组织
ICD	interface control document	界面控制文件
ICS	integrated control system	集成控制系统
IEEE/AES	Institute of Electrical and Electronics Engineers/Aerospace and Electronics Systems Society	电气与电子工程师学会/航空航天电子系统学会
IERS	International Earth Rotation and Reference Systems Service	国际地球自转和参考系服务
IFOG	interferometric fiber - optic gyroscope	干涉型光纤陀螺仪
IFR	instrument flight rules	仪表飞行规则
IGIS	Indoor Guidance and Information System	室内导航与信息系统
IGS	International GPS Service for Geodynamics	国际地球动力学 GPS 服务机构
ILS	Instrument Landing System	仪表着陆系统
IMO	International Maritime Organization	国际海事组织
IMSO	International Mobile Satellite Organization	国际移动卫星机构
IMU	inertial measurement unit	惯性测量单元
INS	Inertial Navigation System	惯性导航系统

IOC	initial operational capability	初始运行能力
IOL	interorbit link	轨道间链路
IRM	IERS reference meridian	IERS 参考子午面
IRP	IERS reference pole	IERS 参考极
IRU	inertial reference unit	惯性基准单元
ISA	inertial sensor assembly	惯性传感器组合件
ISL	intersatellite link	卫星间链路
ISS	International Space Station	国际空间站
ITRF	international terrestrial reference frame	国际地球参考系
ITRS	International Terrestrial Reference System	国际地球参考系统
ITRS – PC	ITRS Product Center	ITRS 产品中心
ITS	Intelligent Transportation System	智能交通系统
ITS – JPO	Intelligent Transportation Systems Joint Program Office	智能交通系统联合项目办公室
IUGG	International Union of Geodesy and Geophysics	国际大地测量与地球物理学联盟
ITU	International Telecommunication Union	国际电信联盟
JPO	Joint Program Office	联合项目办公室
JSRC	Joint Search and Rescue Center	联合搜索与救援中心
JU	joint undertaking	联合执行体
KOMPSAT – 1/2	Korea Multipurpose Satellite	韩国多用途卫星 – 1/2(即阿里郎 1/2 号卫星)
LAAS	Local Area Augmentation System	本地(局域)增强系统
LADGPS	local area DGPS	本地(局域)差分全球定位系统
LBS	location – based service	基于位置的服务
LEC	local exchange carrier	当地交换运营商
LEO	low Earth orbit	近地轨道
LF	low frequency	低频
LFSR	linear feedback shift register	线性反馈移位寄存器
LGF	LAAS ground facility	LAAS 地面设施
LIDAR	LIght Detection And Ranging	“莱达”,(机载)激光雷达
LLR	lunar laser ranging	月球激光测距
LNAV/VNAV	lateral navigation/vertical navigation	横向导航/垂直导航
LNM	local notice to mariners	当地航海通告
LOP	line of position	定位线
LORAN – C	LOng RAnge Navigation	“罗兰 C”,远程导航系统
LOS	line – of – sight	瞄准线,视线
LPV	lateral precision vertical guidance	带垂直引导的横向精密进近
LRS	long range terrestrial navigation system	远程陆地导航系统

LS	landing system	着陆系统
LUT	local user terminal	本地用户终端
M2M	machine to machine	机器对机器
MARAD	Maritime Administration	海事管理局
MC	master clock	主时钟
MCC	mission control center	任务控制中心
MCS	master control station	主控站
MEMS	microelectromechanical system	微型机电系统
MEO	medium Earth orbit	中地球轨道
MF	medium frequency	中频
MFF	Mediterranean Free Flight	地中海自由飞行
MLS	microwave landing system	微波着陆系统
MMD	mean mission duration	平均任务持续时间
MMS	mobile mapping system	移动绘图系统
MMAE	multiple model adaptive estimation	多模型自适应估计算法
MOEMS	Micro – optical – electromechanical system	微光机电系统
MOPS	minimum operational performance standards	最低运行性能规范
MS	monitor station	监控站
MSAS	MTSat Satellite Augmentation System	多功能传送卫星增强系统
MSC	mobile switching center	移动业务交换中心
MSK	minimum shift keying	最小频移键控
MSN	monitor station network	监测站网络
MTSat	Multifunction Transport Satellites	(日本)多功能传送卫星
MUS	mission uplink station	任务上行站
MVDS	microwave vehicle detection system	微波车辆检测系统
NAS	National Airspace System	国家空域系统
NASA	National Aeronautics and Space Administration	(美国)国家航空航天局
NANU	notice advisory to navigation users	导航用户咨询通告
NAVCEN	NAVigation CENter	(美国海岸警卫队)导航中心
NAVSTAR	NAVigation Satellite Timing And Ranging	导航卫星计时与测距
NDGPS	networked DGPS	网络差分 GPS
NGS	National Geodetic Survey	国家测地勘察
NHTSA	National Highway Traffic Safety Administration	国家公路交通安全管理局
NIMA	National Imagery and Mapping Agency	国家图像与测绘局
NIS	Navigation Information Service	导航信息服务

NLES	Navigation Land Earth Station	导航陆地地面站
NMEA	National Marine Electronics Association	国家海事电子协会
NNSS	Navy Navigation Satellite System	(美国)海军导航卫星系统,又名子午仪导航卫星
NOAA	National Oceanic and Atmospheric Administration	(美国)国家海洋与大气局
NOTAM	Notice to Airmen	航行通知
NPA	nonprecision approach	非精密进近
NSWCDD	Naval Surface Warfare Center Dahlgren Division	(美国)海军水面战中心达尔格伦分部
NTS	navigation technology satellite	(美国海军)导航技术卫星
OCS	operational control segment	运行控制部分
OS	open service	开放服务
OTH	over – the – horizon	超视距
PACF	Performance Assessment and system Checkout Facility	性能评估和系统检测设备
PDA	personal digital assistant	个人数字助理
PDOP	position dilution of precision	位置精度因子
PHM	passive hydrogen maser	被动型氢钟,惰性氢微波激射器原子钟
PL	pseudolite	伪卫星
PNU	precision navigation upgrade	精确导航升级系统
PPP	public – private partnership	公共部门与私人企业合作模式,PPP 模式
PPS	precise positioning service	精密定位服务
PPT	personalized public transit	个性化公共交通
PRIMA	Italian Multi – Applications Reconfigurable Platform	意大利多应用可重构平台
PRN	pseudo random noise	伪随机噪声
PRS	public regulated service	公共管制服务
PSAP	public safety answering point	公共安全应答点
PVT	position, velocity, and timing	位置、速度和时间
QPSK	quadrature phase shift keying	四相相移键控
QZSS	Quasi Zenith Satellite System	(日本)准天顶卫星系统
RAIM	receiver autonomous integrity monitoring	接收机自主完好性监测
Rb	Rubidium	铷
RC	ranging code	测距码
RCC	Rescue Coordination Center	救援协调中心
RCS	Regional Control Station	地区控制站

RDC	R&D center	研发中心
RF	radio frequency	无线电频率
RIMS	Ranging and Integrity Monitoring Station	距离修正与完好性监测站
RINEX	Receiver IndepeNdent Exchange	与接收机无关的数据交换格式
RLG	ring laser gyroscope	环形激光陀螺仪
RLSP	return link service provider	返回链路服务提供商
RNP	required navigation performance	所需导航性能
RNSS	Radio Navigation Satellite Service	无线电导航卫星服务
RRA	reference receiver antenna	基准接收天线
RS	reference station	基准站
RSPA	Research and Special Programs Administration	研究与特殊计划管理局
RTCA	Radio Technical Commission for Aeronautics	(美国)航空无线电技术委员会
RTCMSC - 104	Radio Technical Commission for Maritime Services, Special Committee 104	海事无线电技术委员会,第 104 专委会
RTK	real - time kinematic	实时动态载波相位差分法
SA	selective availability	选择可用性
SAR	search and rescue	搜救
SARPS	Standard And Recommended PracticeS	(国际)标准与建议措施
SBAS	satellite - based augmentation system	星基增强系统
SBD	short burst data	脉冲短数据
SEAD	suppression of enemy air defenses	压制敌方防空
SFD	satellite failure detection	卫星故障检测
SIS	signal in space	空间信号
SLBM	submarine launched ballistic missile	潜射弹道导弹
SLR	satellite laser ranging	卫星激光测距
SLSDC	St. Lawrence Seaway Development Corporation	圣劳伦斯海道发展公司
SLSS	Secondary Lines Signaling System	支线信号系统
SMS	short message service	短消息服务
SNAS	Satellite Navigation Augmentation System	卫星导航增强系统
SNUGL	Seoul National University GPS Lab	首尔国立大学 GPS 实验室
SoL	safety of life	生命安全
SOLAS	safety of life at sea	海上生命安全,海上安全认证
SPS	standard positioning service	标准定位服务
SRS/MRS	short/middle range terrestrial radio navigation system	近/中程陆地无线电导航系统
TACAN	Tactical Air Navigation	战术空中导航(塔康导航系统)

TAI	international atomic time	国际原子时
TANS	Trimble Advanced Navigation Sensor	(美国)特林布尔先进导航传感器
TCAR	three – carrier phase ambiguity resolution	三载波相位模糊度解算
TCXO	Temperature – Compensated Crystal Oscillators	有温度补偿的晶体振荡器
TDOA	time difference of arrival	到达时差/到达时间差
TDOP	time dilution of precision	时间精度因子
TDRSS	Tracking and Data Relay Satellite System	跟踪与数据中继卫星系统
TEC	total electron content	总电子含量
TEN	Trans European transport Network	泛欧交通运输网
TIMATION	TIMe/navigATION	时间导航
TMC	traffic message channel	交通信息频道
TOA	time of arrival	到达时间
TRF	terrestrial reference frame	陆地基准系
TRS	terrestrial reference system	陆地参考系统
TSO	technical standard order	技术标准指令
TT&C	tracking, telemetry and command	跟踪、遥测和指挥
TTA	time to alert	报警时间
TTFF	time – to – first – fix	首次定位时间
UE	user equipment	用户设备
UEE	user equipment error	用户设备误差
UERE	user equivalent range error	用户等效测距误差
UHF	ultra high frequency	特高频
UMTS	Universal Mobile Telecommunications System	通用移动电信系统
URE	user range error	用户测距误差
USAF	U. S. Air Force	美国空军
USCG	United States Coast Guard	美国海岸警卫队
USNO	United States Naval Observatory	美国海军天文台
UTRAN	Universal Terrestrial Radio Access Network	通用地面无线接入网
UT	universal time	国际标准时间/世界时
UT	user terminal	用户终端
UTC	universal time coordinated	协调世界时
VAL	vertical alert limit	垂直告警门限
VAR	value – added reseller	增值营销商
VBA	vibrating beam accelerometer	振动电波加速计
VDB	VHF data broadcast	甚高频数据广播

VDL	VHF data link	甚高频数据链路
VDOP	vertical dilution of precision	垂直分量精度因子
VeRT	vehicular remote tolling	车辆远程通行费支付
VFR	visual flight rules	目视飞行规则
VHF	very high frequency	甚高频
VLBI	very long baseline interferometry	特长基线干扰测量法
VLF	very low frequency	甚低频
VMS	variable message signs	可变信息交通标志
VOR	very high frequency omni range	“伏尔”甚高频全向(无线电)信标
VPEMS	vehicle performance and emissions monitoring system	车辆性能和尾气监测系统
VRS	virtual reference station	虚拟基准站
VTS	vessel traffic systems	岸基船只交通系统
WAAS	wide area augmentation system	广域增强系统
WAD	wide area differential	广域差分
WADGPS	wide area DGPS	广域差分全球定位系统
WCDMA	wideband code division multiple access	宽带码分多址
WGS – 84	World Geodetic System – 1984	全球测地系统 – 1984
W – LAN	wireless local area network	无线局域网
WMS	wide area master station	广域主控站
WRS	wide area reference station	广域基准站